丛书主编　柯　洪

全国一级造价工程师职业资格考试十年真题·九套模拟

建设工程计价

上册　十年真题

主编　柯　洪　吴绍艳

中国建筑工业出版社
中国城市出版社

图书在版编目（CIP）数据

建设工程计价／柯洪，吴绍艳主编．— 北京 ：中国城市出版社，2024.4

全国一级造价工程师职业资格考试十年真题·九套模拟／柯洪主编

ISBN 978-7-5074-3707-2

Ⅰ．①建…　Ⅱ．①柯…　②吴…　Ⅲ．①建筑造价-工程造价-资格考试-习题集　Ⅳ．①TU723.32-44

中国国家版本馆 CIP 数据核字（2024）第 083538 号

本书由“十年真题”和“九套模拟”两部分组成，分别对考生复习备考起到不同的指导和帮助作用。

其中，“十年真题”通过关注高频考点、关注常见考试题型、关注考题中干扰项的选择三方面的研读层层推进，带动考生深刻了解考试的内涵及发展趋势，不仅帮助考生牢固掌握知识点，还可以帮助考生对考试的各项要求了如指掌、成竹于胸，使考生具备深厚的考试基础知识的沉淀。同时，在通过“十年真题”牢固掌握基础知识、熟悉考试规律的基础上，通过“九套模拟”不断训练及提升考生运用知识及应对考试的能力。与其他的模拟试卷相比，九套模拟试题具有循序渐进、循环提高、关注新版教材中新增及修订的知识点、配合解析、掌握易错考点等特色。

责任编辑：朱晓瑜　张智芊

责任校对：张　颖

全国一级造价工程师职业资格考试十年真题·九套模拟

丛书主编　柯　洪

建设工程计价

主编　柯　洪　吴绍艳

*

中国建筑工业出版社、中国城市出版社出版、发行（北京海淀三里河路 9 号）

各地新华书店、建筑书店经销

北京鸿文瀚海文化传媒有限公司制版

建工社（河北）印刷有限公司印刷

*

开本：787 毫米×1092 毫米　1/16　印张：28¼　字数：665 千字

2024 年 5 月第一版　2024 年 5 月第一次印刷

定价：**78.00** 元（上、下册）

ISBN 978-7-5074-3707-2

（904724）

前　言

一、一级造价工程师职业资格考试的要求及特点分析

1. 自2022年起造价工程师的报考条件发生了变化，《人力资源社会保障部关于降低或取消部分准入类职业资格考试工作年限要求有关事项的通知》（人社部发〔2022〕8号）将一级造价工程师的报考条件调整为：

（1）具有工程造价专业大学专科（或高等职业教育）学历，从事工程造价、工程管理业务工作满4年；具有土木建筑、水利、装备制造、交通运输、电子信息、财经商贸大类大学专科（或高等职业教育）学历，从事工程造价、工程管理业务工作满5年。

（2）具有工程造价、通过工程教育专业评估（认证）的工程管理专业大学本科学历或学位，从事工程造价、工程管理业务工作满3年；具有工学、管理学、经济学门类大学本科学历或学位，从事工程造价、工程管理业务工作满4年。

（3）具有工学、管理学、经济学门类硕士学位或者第二学士学位，从事工程造价、工程管理业务工作满2年。

（4）具有工学、管理学、经济学门类博士学位。

（5）具有其他专业相应学历或者学位的人员，从事工程造价、工程管理业务工作年限相应增加1年。

随着报考条件中对工作年限要求的进一步降低，必然带来考生数量大幅度增加。为保证职业资格考试的水平，一级造价工程师的考试难度有总体提升的趋势。如何复习备考才能顺利获取职业资格，也是广大考生重点关心的问题。

2. 2024年继续采用2019年版《造价工程师职业资格考试大纲》，“建设工程造价管理”“建设工程技术与计量”“建设工程计价”课程满分为100分，考试时间为150分钟；“建设工程造价案例分析”课程满分为120分，考试时间为240分钟。

3. 2024年依然沿用2023年的考试指定教材。在《建设工程工程量清单计价规范》以及《建设项目总投资费用项目组成》等重要文件可能在2024年

颁布并实施的大背景下，2025 年必然迎来教材及考试内容的大调整，从而给各位考生带来更大的不确定性。因此，抓住 2024 年教材未修订的机会争取考试合格，取得一级造价工程师的职业资格就显得尤为紧迫和重要。

二、考生在复习备考时遇到的困难

经过长期以来对考生复习状况的跟踪调研，以及“十年真题 · 九套模拟”系列自 2019 年出版以来各位主编通过线上直播和线下授课方式与部分考生代表的沟通，大部分积极备考的考生普遍反映教材的内容并不难理解和掌握，但在考试时还是会不断出现判断、选择或计算错误。造成这些应考困境的主要原因是：

1. 造价工程师职业资格考试的教材内容就专业知识层面来说并不是很深，大多是从事专业领域工作应具备的基础知识。很多考生学习起来并不是很吃力，但经常出现顾此失彼的现象。因为同时进行四门课程的备考，不免在时间和精力分配上力不从心。并且各门课程的内容容易相互干扰，每一个知识点都不难掌握，但把四门课的知识点都集中在一起不免有顾此失彼之感。

2. 经过二十多年的发展，造价工程师职业资格考试已经形成了比较稳定的模式。也就是不仅仅要求考生能够学会教材中的各个知识点，还必须能够牢固掌握并灵活运用。造价工程师职业资格考试的题目有时可能在一个相对简单的知识点上设计一些难度较大的题目，考生如不能掌握考试规律，很难取得理想的分数。

3. 考生备考时有时会有无从下手之感。面对厚厚的几百页教材，考生往往会抓不住重点，不了解主要的考点，不了解主要的题型，不了解主要的考试方式。如果在复习备考中不辅助以大量的高质量习题训练，可能最终会有事倍功半的结果。

三、本书的主要特点

本书由“十年真题”和“九套模拟”两部分组成，分别对考生复习备考起到不同的指导和帮助作用。

1. “十年真题”部分。对真题的详细研读永远是复习备考的不二法门，但很多考生只满足于用历年真题测试自己的知识掌握程度，殊不知这种方法的帮助是很有限的。有时用某一年真题自行测试效果较为理想，用另一年真题自行测试却成绩较差。因此直接采用真题进行模拟考核并不是效率很高的学习方法，即使测试效果较好也并不能必然表示今年的考核就可以顺利通过。再加上教材更新比较频繁，很多考生并不了解历次教材的修订情况，反而会被过去的知识点所影响，对目前教材的内容产生理解困惑。基于这些困境，本书“十年真题”部分主要通过真题研读的方式帮助考生掌握每门课程的核心考点和要求，同时避免常犯的考试错误：

（1）研读要点一：关注高频考点。虽然在十年中，教材已多次更新，既包括知识点范畴的更新，也包括某知识点具体内容的更新，但是在历次变化中，高频考点表现出相对的稳定性，通过“十年真题”中各考点的出现频次，可以准确掌握全书的考试重点，事半功倍。

（2）研读要点二：关注常见考试题型。在掌握高频考点的基础上，还应进一步熟悉各考点在历次考核中的常见题型。从历年真题的情况来看，通常每一高频考点会有两到三种常见的考试题型，包括计算题、概念填选题、综合理解题、比较选择题（对于案例来说，可以掌握在一道大题中常见的考核小点），掌握了常见题型，就可以应对考试时可能出现的各种变化。

（3）研读要点三：关注考题中干扰项的选择。这是广大考生最容易忽略的一点，恰恰也是最重要的一点。很多考生在看历年真题时，重点关注的都是正确答案的选择，鲜有关注其他干扰项的设置。其实干扰项的设置是大有道理的，都是根据考生对知识点的常见错误理解而设计的，并且对于大多数考点来说，干扰项的选择也有其规律性，很多干扰项的重复使用率也非常高。熟悉常见考点的常用干扰项，避免众多考生常犯的错误（对于案例来说，就是在计算时经常出现的计算遗漏、计算错误或者考虑欠缺等情况），才能真正做到知己知彼，百战不殆。

“十年真题”通过以上三方面的研读层层推进，带动考生深刻了解考试的内涵及发展趋势，不仅帮助考生对知识点的掌握更加牢固，还可以对考试的各项要求了如指掌，成竹于胸。使考生具备深厚的考试基础知识的沉淀。

2. “九套模拟”部分。在通过“十年真题”牢固掌握基础知识，熟悉考试规律的基础上，本书通过“九套模拟”不断训练及提升考生运用知识及应对考试的能力。与其他模拟试卷相比，本书独具以下特点：

（1）循序渐进，循环提高。本书主要针对参加土建和安装专业的考生，各专业课程都准备了九套模拟题，并创新性地将其分为逆袭卷（五套）、黑白卷（三套）和定心卷（一套）。逆袭卷用于考前45~60天的阶段，主要特点是全面覆盖所有知识点和考点，以帮助考生深入掌握教材内容；黑白卷用于考前30天的阶段，主要特点是模拟题集中于教材的重点、难点及高频考点，帮助考生以最快速度最大程度掌握考试中分值占比最大的知识点；定心卷用于考前7~15天的阶段，主要特点是全真模拟考题难度，考生可以更加真实地测定出知识的掌握程度。

（2）关注考试的发展趋势。虽然2024年考核依然沿用2023年版教材，但2023年版教材基于以往教材的修订在2024年依然会成为考试的重点内容。

本书的各套真题针对这些知识点亦重点关注，反复用不同题型进行训练，提高考生掌握的熟练程度。

（3）配合解析，掌握易错考点。考生往往面临“知其然不知其所以然”的困境。针对这一难题，本书选择了部分真题进行详细解析，详尽深入阐述各易错考点，同时还在一些重要题目上配备了视频或音频讲解。考生可举一反三，避免在考试中被类似题型迷惑，可以取得更好的成绩。

“十年真题·九套模拟”系列辅导用书自发行以来受到了广大考生的欢迎，同时也提出了很多建设性批评意见，编写者针对这些意见对该辅导用书进行了完整修订。相信通过对本书的学习，考生可以大幅提高对各知识点的掌握程度，取得理想的考试成绩。由于编者水平有限，书中难免会有疏漏，还请各位考生体谅并提出宝贵意见。

目 录

上册 十年真题

下册　九套模拟

第一章　建设工程造价构成

一、本章概览

参见图 1-1。

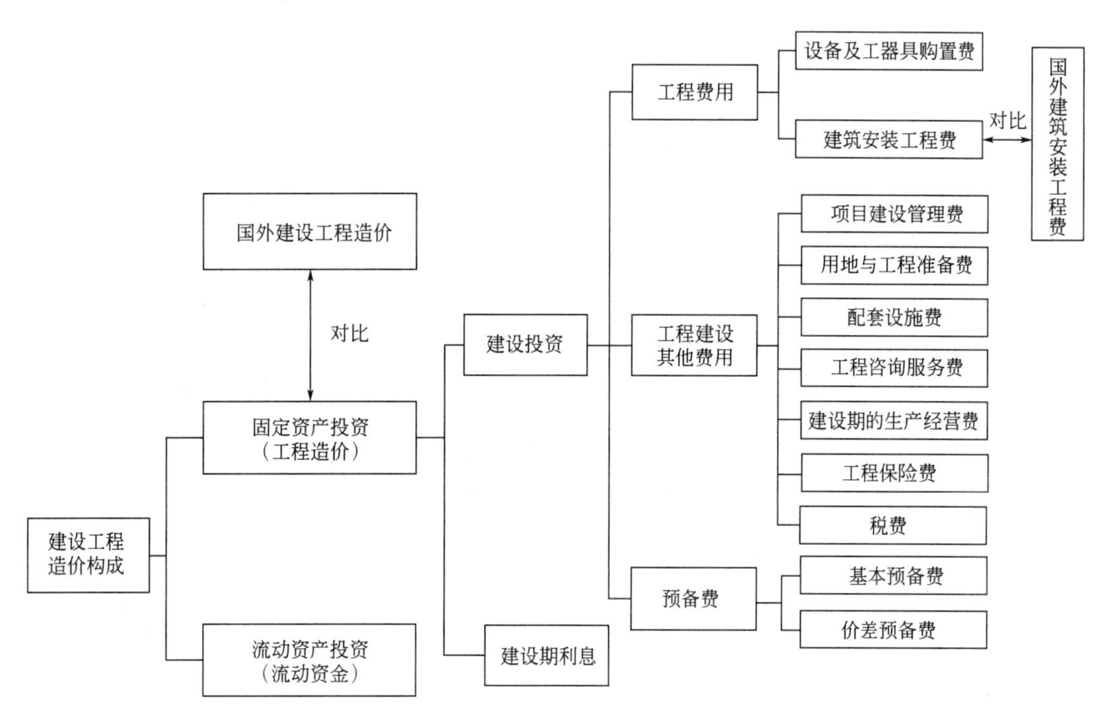

图 1-1　“建设工程造价构成”框架图

二、考情分析

参见表 1-1。

表 1-1　　2021～2023 年第一章各节考点分值分布表

考试年度	2023 年					2022 年					2021 年				
题型	单选题		多选题		分值	单选题		多选题		分值	单选题		多选题		分值
第一节　概述	2 道	2 分	0 道	0 分	2 分	1 道	1 分	0 道	0 分	1 分	1 道	1 分	0 道	0 分	1 分
第二节　设备及工、器具购置费的构成和计算	2 道	2 分	1 道	2 分	4 分	2 道	2 分	1 道	2 分	4 分	2 道	2 分	1 道	2 分	4 分

续表

考试年度	2023年					2022年					2021年				
题型	单选题		多选题		分值	单选题		多选题		分值	单选题		多选题		分值
第三节 建筑安装工程费用构成和计算	3道	3分	1道	2分	5分	2道	2分	1道	2分	4分	2道	2分	1道	2分	4分
第四节 工程建设其他费用的构成和计算	1道	1分	1道	2分	3分	2道	2分	1道	2分	4分	2道	2分	1道	2分	4分
第五节 预备费和建设期利息的计算	2道	2分	0道	0分	2分	2道	2分	0道	0分	2分	2道	2分	0道	0分	2分
本章小计	10道	10分	3道	6分	16分	9道	9分	3道	6分	15分	9道	9分	3道	6分	15分
本章得分	16分					15分					15分				

第一节 概述

一、名师考点

参见表1-2。

表1-2 **概述考点**

教材点		知识点
一	我国建设项目总投资及工程造价的构成	建设项目总投资、固定资产投资、建设投资、预备费的概念和构成；工程建设其他费、流动资金和铺底流动资金的概念
二	国外建设项目总投资构成	区分项目基本建设成本、项目相关建设成本、场地购置费和业主其他费用的构成

二、真题回顾

Ⅰ 我国建设项目总投资及工程造价的构成

（一）单项选择题

1. 某建筑工程项目建设投资为12000万元，工程建设其他费为2000万元，预备费为500万元，建设期利息为900万元，流动资金为300万元。该项目的固定资产投资额为（ ）万元。（2023年）

A. 12900　　B. 13400

C. 15400　　D. 15700

2. 生产性建设项目工程费用为15000万元，设备费用为5000万元，工程建设其他费为3000万元，预备费为1000万元，建设期利息为1000万元，铺底流动资金为500万元，则该项目的工程造价为（ ）万元。（2021年）

A. 19000　　B. 20000

C. 20500　　　　D. 25500

3. 根据我国现行建设项目总投资构成规定，固定资产投资的计算公式为（　　）。（2020 年）

A. 工程费用+工程建设其他费用+建设期利息

B. 建设投资+预备费+建设期利息

C. 工程费用+工程建设其他费用+预备费

D. 工程费用+工程建设其他费用+预备费+建设期利息

4. 根据我国现行建设工程总投资及工程造价的构成，下列资金在数额上和工程造价相等的是（　　）。（2019 年）

A. 固定资产投资+流动资金　　　　B. 固定资产投资+铺底流动资金

C. 固定资产投资　　　　D. 建设投资

5. 根据现行建设项目投资构成相关规定，固定资产投资应与（　　）相对应。（2018 年）

A. 工程费用+工程建设其他费用　　　　B. 建设投资+建设期利息

C. 建设安装工程费+设备及工器具购置费　　　　D. 建设项目总投资

6. 根据现行建设项目工程造价构成的相关规定，工程造价是指（　　）。（2017 年）

A. 为完成工程项目建造，生产性设备及配合工程安装设备的费用

B. 建设期内直接用于工程建造、设备购置及其安装的建设投资

C. 为完成工程项目建设，在建设期内投入且形成现金流出的全部费用

D. 在建设期内预计或实际支出的建设费用

7. 关于我国建设项目投资，以下说法正确的是（　　）。（2016 年）

A. 非生产性建设项目总投资由固定资产投资和铺底流动资金组成

B. 生产性建设项目总投资由工程费用、工程建设其他费用和预备费三部分组成

C. 建设投资是为了完成工程项目建设，在建设期内投入且形成现金流出的全部费用

D. 建设投资由固定资产投资和建设期利息组成

（二）多项选择题

暂无真题。

Ⅱ　国外建设项目总投资构成

根据国际建设项目计量标准（CMS），下列费用中，应计入项目相关建设成本的是（　　）。（2023 年）

A. 场外设施费　　　　B. 附属工程费

C. 拆除和场地平整费　　　　D. 场地购置费

三、真题解析

Ⅰ　我国建设项目总投资及工程造价的构成

（一）单项选择题

1. **【答案】** A

【解析】 本题考查的是我国建设项目总投资及工程造价的构成。固定资产投资＝工程造价＝建设投资+建设期利息＝12000+900＝12900（万元）。工程建设其他费、预备费、流动资金在本题均为干扰项。

2. **【答案】** B

【解析】 工程造价＝15000+3000+1000+1000＝20000（万元）。

3. **【答案】** D

【解析】 固定资产投资与建设项目的工程造价在量上相等，由建设投资和建设期利息组成，而建设投资由工程费用、工程建设其他费用和预备费三部分组成，因此正确答案为 D。

4. **【答案】** C

【解析】 固定资产投资与建设项目的工程造价在量上相等，因此正确答案为 C。

5. **【答案】** B

【解析】 固定资产投资与建设项目的工程造价在量上相等，由建设投资和建设期利息组成，因此正确答案为 B。

6. **【答案】** D

【解析】 工程造价（在量上与固定资产投资相等）是指在建设期内预计或实际支出的建设费用，因此正确答案为 D。选项 C 所描述的为建设投资。

7. **【答案】** C

【解析】 非生产性建设项目总投资没有铺底流动资金，故 A 错误；生产性建设项目总投资包括建设投资、建设期利息和流动资金三部分，故 B 错误；建设投资包括工程费用、工程建设其他费用和预备费三部分，故 D 错误。因此正确答案为 C。

（二）多项选择题

暂无真题。

Ⅱ　国外建设项目总投资构成

【答案】 A

【解析】 本题考查的是国外建设项目总投资构成。根据国际建设项目计量标准（CMS），工程项目的总建设成本（相当于我国的建设项目总投资），包括基本建设成本、相关建设成本、场地购置费和业主其他费用三部分。其中项目相关建设成本包括场外设施费用、工器具及生产家具购置费、与项目建设有关的咨询费和监理费、风险准备金等，不包括场地购置费和业主为实现项目发生的其他费用。

第二节　设备及工、器具购置费的构成和计算

一、名师考点

参见表 1-3。

表 1-3　　设备及工、器具购置费的构成和计算考点

教材点		知识点
一	设备购置费的构成和计算	国产设备原价的构成及计算、进口设备原价的构成和计算、设备运杂费的构成和计算
二	工具、器具及生产家具购置费的构成和计算	工具、器具及生产家具购置费的构成及计算

二、真题回顾

Ⅰ　设备购置费的构成和计算

（一）单项选择题

1. 某项目采购一台国产非标准设备，制造厂生产该设备的材料、加工费等费用为 30 万元，外购配套件费为 8 万元，利润率为 7%，增值税率为 13%。不计其他费用，则用成本估价法计算的该台设备原价为（　　）万元。（2023 年）

A. 44.27　　B. 44.91

C. 45.31　　D. 45.95

2. 下列选项中，属于进口设备运杂费的是（　　）。（2023 年）

A. 国际运费　　B. 国际运输保险费

C. 过境费　　D. 采购及保管费

3. 生产非标准设备所用的材料，辅助材料和加工费合计为 6 万元，专用工具和废品损失费为 0.5 万元，外购配套件费为 1.5 万元。若利润率为 10%，增值税率为 13%，设备原价按成本计算估价法确定，在不发生其他费用的情况下，该设备的增值税销项税额为（　　）万元。（2022 年）

A. 0.930　　B. 1.040

C. 1.125　　D. 1.144

4. 关于进口设备原价消费税的计算，下列计算方式正确的是（　　）。（2022 年）

A. 到岸价×消费税率　　B. （到岸价+关税）×消费税率

C. 到岸价+关税+消费税　　D. （到岸价+关税+增值税）×消费税率

5. 国内生产某台非标准设备，材料费、加工费、辅助材料费、专用工具费合计 50 万元，废品损失费 5 万元，外购配套件费 15 万元，包装费率 5%。假设利润率为 10%，则用成本计算估价法计算该设备的利润是（　　）万元。（2021 年）

A. 7.350　　B. 6.825

C. 5.850　　D. 5.775

6. 对进口设备计算进口环节增值税时，作为计税基数组成计税价格的是（　　）。（2021 年）

A. 到岸价+消费税　　B. 到岸价+关税

C. 关税完税价格+消费税　　D. 关税完税价格+关税+消费税

7. 某国内设备制造厂生产某台非标准设备的生产制造成本及包装费用为 20 万元，外

购配套件费为 3 万元，利润率为 10%，增值税率为 13%，则生产该台设备的利润为（ ）万元。（2020 年）

A. 2.00　　B. 2.26

C. 2.30　　D. 2.60

8. 某应纳消费税的进口设备到岸价为 1800 万元，关税税率为 20%，消费税率为 10%，增值税率为 16%，则该台设备进口环节增值税额为（ ）万元。（2020 年）

A. 316.80　　B. 345.60

C. 380.16　　D. 384.00

9. 关于设备原价的说法，正确的是（ ）。（2019 年）

A. 进口设备的原价是指其到岸价

B. 国产设备原价应通过查询相关交易价格或向生产厂家询价获得

C. 设备原价通常包含备品备件费在内

D. 设备原价占设备购置费比重增大，意味着资本有机构成的提高

10. 某进口设备人民币货价 400 万元，国际运费折合人民币 30 万元，运输保险费率为 3‰，则该设备应计的运输保险费折合人民币（ ）万元。（2019 年）

A. 1.200　　B. 1.204

C. 1.290　　D. 1.294

11. 国内生产某台非标准设备需材料费 18 万元，加工费 2 万元，专用工器具费率为 5%，废品损失率 10%，包装费 0.4 万元，利润率为 10%，用成本计算估价法计得该设备的利润是（ ）万元。（2018 年）

A. 2.00　　B. 2.10

C. 2.31　　D. 2.35

12. 国际贸易双方约定费用划分与风险转移均以货物在装运港被装上指定船时为分界点。这种交易价格被称为（ ）。（2018 年）

A. 离岸价　　B. 运费在内价

C. 到岸价　　D. 抵岸价

13. 关于进口设备到岸价的构成及计算，下列公式中正确的是（ ）。（2017 年）

A. 到岸价=离岸价+运输保险费　　B. 到岸价=离岸价+进口从属费

C. 到岸价=运费在内价+运输保险费　　D. 到岸价=运输在内价+进口从属费

14. 某进口设备到岸价为 1500 万元，银行财务费、外贸手续费合计 36 万元，关税 300 万元，消费税率和增值税率分别为 10%、17%，则该进口设备原价为（ ）万元。（2017 年）

A. 2386.8　　B. 2376.0

C. 2362.0　　D. 2352.6

15. 已知生产某非标准设备所需材料费、加工费、辅助材料费、专用工器具费合计为 30 万元，废品损失率为 10%，外购配套件费为 5 万元，包装费率为 2%，利润率为 10%。用成本估算法计算该设备的利润为（ ）万元。（2016 年）

A. 3.366　　B. 3.370

C. 3.376　　　　D. 3.876

16. 进口设备的原价是指进口设备的（　　）。(2016年)

A. 到岸价　　　　B. 抵岸价

C. 离岸价　　　　D. 运费在内价

17. 采用成本计算估价法计算非标准设备原价时，下列表述中正确的是（　　）。(2015年)

A. 专用工器具费=(材料费+加工费)×专用工器具费率

B. 加工费=设备总重量×(1+加工耗损系数)×设备每吨加工费

C. 包装费的计算基数中不应包含废品损失费

D. 利润的计算基数中不应包含外购配套件费

18. 关于进口设备外贸手续费的计算，下列公式中正确的是（　　）。(2015年)

A. 外贸手续费=FOB×人民币外汇汇率×外贸手续费率

B. 外贸手续费=CIF×人民币外汇汇率×外贸手续费率

C. 外贸手续费=FOB×人民币外汇汇率/(1-外贸手续费率)×外贸手续费率

D. 外贸手续费=GIF×人民币外汇汇率/(1-外贸手续费率)×外贸手续费率

19. 某批进口设备离岸价格为1000万元人民币，国际运费为100万元人民币，运输保险费率为1%。则该批设备关税完税价格应为（　　）万元人民币。(2015年)

A. 1100.00　　　　B. 1110.00

C. 1111.00　　　　D. 1111.11

20. 关于设备及工具、器具购置费用，下列说法中正确的是（　　）。(2014年)

A. 它是由设备购置费和工具、器具及生活家居购置费组成

B. 它是固定资产投资中的消极部分

C. 在工业建设中，它占工程造价比重的增大意味着生产技术的进步

D. 在民用建设中，它占工程造价比重的增大意味着资本有机构成的提高

21. 已知国内制造厂生产某非标准设备所用材料费、加工费、辅助材料费、专用工器具费、废品损失费共20万元，外购配套件费3万元，非标准设备设计费1万元，包装费率1%，利润率为8%，若其他费用不考虑，则该设备的原价为（　　）万元。(2014年)

A. 25.82　　　　B. 25.85

C. 26.09　　　　D. 29.09

（二）多项选择题

1. 关于进口设备原价的构成内容，下列说法正确的有（　　）。(2022年)

A. 设备在出口国内发生的运杂费　　　　B. 设备的国际运输费用

C. 设备供销部门手续费　　　　D. 设备验收、保管和收发发生的费用

E. 未达到固定资产标准的设备购置费

2. 关于设备原价，下列说法正确的有（　　）。(2021年)

A. 进口设备原价是指采购设备的到岸价

B. 国产设备原价一般指设备制造厂交货价或订货合同价

C. 进口设备原价通常包含备品备件费

D. 国产非标准设备原价中的增值税是指销项税与进项税的差额

E. 国产非标准设备原价中包含该设备设计费

3. 关于设备购置费中的设备原价，下列说法正确的是（　　）。(2020 年)

A. 包含随设备同时订购的首套备品备件费

B. 包括施工现场自制设备的制造费

C. 包括达到固定资产标准的办公家具购置费

D. 包括进口设备从来源地到买方边境的运输费

E. 包括设备采购、保管人员的工资费

4. 采用成本计算估价法计算国产非标准设备的原价时，下列费用中，应作为利润计算基础的是（　　）。(2019 年)

A. 加工费　　B. 辅助材料费

C. 废品损失费　　D. 外购配套件费

E. 包装费

5. 构成进口设备原价的费用项目中，应以到岸价为计算基数的有（　　）。(2018 年)

A. 国际运费　　B. 进口环节增值税

C. 银行财务费　　D. 外贸手续费

E. 进口关税

6. 计算设备进口环节增值税时，作为计算基数的计税价格包括（　　）。(2017 年)

A. 外贸手续费　　B. 关税完税价格（CIF）

C. 设备运杂费　　D. 关税

E. 消费税

7. 下列费用中应计入设备运杂费的有（　　）。(2016 年)

A. 设备保管人员的工资

B. 设备采购人员的工资

C. 设备自生产厂家运至工地仓库的运费、装卸费

D. 运输中的设备包装支出

E. 设备仓库所占的固定资产使用费

8. 关于设备购置费的构成和计算，下列说法中正确的有（　　）。(2015 年)

A. 国产标准设备的原价中，一般不包含备品备件的价格

B. 成本计算估价法适用于非标准设备原价的价格

C. 进口设备原价是指进口设备到岸价

D. 国产非标准设备原价中包含非标准设备设计费

E. 达到固定资产标准的工器具，其购置费用应计入设备购置费中

9. 国产非标准设备按其成本估算其原价时，下列计算式中正确的有（　　）。(2014 年)

A. 材料费 = 材料净重 × 每吨材料综合价

B. 加工费 = 设备总重量 × 设备每单位重量加工费

C. 辅助材料费 = 设备总重量 × 辅助材料费指标

D. 增值税 = 进项税额 − 当期销项税额

E. 当期销项税额=销售额×适用增值税率

Ⅱ　工具、器具及生产家具购置费的构成和计算

（一）单项选择题

下列费用项目中，属于工具、器具及生产家具购置费计算内容的是（　　）。（2013 年）

A. 未达到固定资产标准的设备购置费　　B. 达到固定资产标准的设备购置费

C. 引进设备时备品备件的测绘费　　D. 引进设备的专利使用费

（二）多项选择题

暂无真题。

Ⅲ　本节综合题

（一）单项选择题

暂无真题。

（二）多项选择题

关于设备及工器具购置费的构成，下列说法正确的有（　　）。（2023 年）

A. 国产设备原价中包含未达到固定资产标准的备品备件费

B. 国产设备运杂费包括从设备出厂到运至工地仓库发生的所有合理费用

C. 进口设备抵岸价是指设备抵达买方边境、港口或车站时的价格

D. 工器具及生产家具购置费包含生产、办公、生活家具购置费

E. 设备运杂费中包括设备供销部门的手续费

三、真题解析

Ⅰ　设备购置费的构成和计算

（一）单项选择题

1. **【答案】** C

【解析】 本题考查的是国产设备原价的构成及计算。题中出现的各项费用均为设备原价构成，需要先计算出利润和销项税，注意利润的计算基数中不含外购配套件费。

利润=30×7%=2.1（万元），税金中销项税=(30+8+2.1)×13%=5.213（万元），设备原价=30+8+2.1+5.213=45.313≈45.31（万元）。

2. **【答案】** D

【解析】 本题考查的是设备运杂费的构成。进口设备运杂费是指国外采购设备自到岸港运至工地仓库或指定堆放地点发生的采购、运输、运输保险、保管、装卸等费用，只有选项 D 在此范围内。选项 A、B、C 所涉及的费用，均属于进口设备原价的构成。

3. **【答案】** C

【解析】 此题包装费为 0，同时需要计算利润并注意利润的计算基数里不含外购配套件费。增值税销项税额=销售额×适用增值税率=[(材料费+加工费+辅助材料费+专用工具费+废品损失费+包装费)×(1+利润率)+外购配套件费]×13%=[(6+0.5+0)×(1+10%)+1.5]×13%=1.1245(万元)≈1.125（万元）。

4.【答案】C

【解析】进口设备原价消费税、进口环节增值税、进口车辆购置税的组成计税价格均为到岸价（关税完税价格）+关税+消费税。因此正确答案为C。

5.【答案】C

【解析】利润=[（50+5+15）×（1+5%）-15]×10%=5.850（万元）。

6.【答案】D

【解析】这是一个基本概念题，进口环节增值税的组成计税价格=关税完税价格+关税+消费税。

7.【答案】A

【解析】此题主要考查国产设备原价构成和计算。外购配套件费不作为利润计算的基数，利润=（生产制造成本+包装费）×利润率=20×10%=2（万元）。

8.【答案】D

【解析】增值税=（到岸价+关税+消费税）×增值税率=[（到岸价+关税）/（1-消费税率）]×增值税率=[（到岸价+到岸价×关税税率）/（1-消费税率）]×增值税率=[（1800+1800×20%）/（1-10%）]×16%=384（万元）。

9.【答案】C

【解析】进口设备的原价是指其抵岸价；国产设备原价要区分国产标准设备原价和国产非标准设备原价，只有国产标准设备原价应通过查询相关交易价格或向生产厂家询价获得；在生产性工程建设中，设备及工、器具购置费用占工程造价比重的增大，意味着生产技术的进步和资本有机构成的提高。因此选项A、B、D都是错误的，正确答案为C。

10.【答案】D

【解析】

$$运输保险费=\frac{原币货价(FOB)+国际运费}{1-保险费率}\times保险费率=(400+30)\times3‰/(1-3‰)$$

$$\approx1.294\ （万元）$$

11.【答案】D

【解析】专用工器具费=（材料费+加工费+辅助材料费）×专用工器具费率=（18+2）×5%=1（万元）；

废品损失费=（材料费+加工费+辅助材料费+专用工器具费）×废品损失率

=（18+2+1）×10%=2.1（万元）；

利润=（材料费+加工费+辅助材料费+专用工器具费+废品损失费+包装费）×利润率

=（18+2+1+2.1+0.4）×10%=2.35（万元）；

因此正确答案为D。

12.【答案】A

【解析】在三种交易价格形式下，风险转移均以货物在指定的装运港被装上指定船时为分界点。只有在FOB/离岸价格交易价格形式下，费用划分与风险转移的分界点相一致。因此正确答案为A。

13. 【答案】C

【解析】到岸价=离岸价+国际运费+运输保险费=运费在内价+运输保险费。因此正确答案为C。

14. 【答案】B

【解析】消费税=(1500+300)×10%/(1−10%)=200（万元）；

增值税=(1500+300+200)×17%=340（万元）；

进口设备原价=1500+36+300+200+340=2376（万元）；

或：消费税+增值税=(1500+300)×(10%+17%)/(1−10%)=540（万元）；

进口设备原价=1500+36+300+540=2376（万元）；

因此正确答案为B。

15. 【答案】C

【解析】废品损失费=(材料费+加工费+辅助材料费+专用工器具费)×废品损失率=30×10%=3（万元）；

包装费=(材料费+加工费+辅助材料费+专用工器具费+废品损失费+外购配套件费)×包装费率=(30+3+5)×2%=0.76（万元）；

利润=(材料费+加工费+辅助材料费+专用工器具费+废品损失费+包装费)×利润率

=(30+3+0.76)×10%=3.376（万元）。

16. 【答案】B

【解析】进口设备的原价是指进口设备的抵岸价，即设备抵达买方边境、港口或车站，缴纳完各种手续费、税费后形成的价格。抵岸价通常是由进口设备到岸价（CIF）和进口从属费构成，因此正确答案为B。

17. 【答案】D

【解析】专用工器具费=(材料费+加工费+辅助材料费)×专用工器具费率，加工费=设备总重量×设备每吨加工费，包装费的计算基数中包含废品损失费，利润的计算基数中不应包含外购配套件费，因此正确答案为D。

18. 【答案】B

【解析】外贸手续费的计算基数为CIF×人民币外汇汇率×外贸手续费率，因此正确答案为B。

19. 【答案】D

【解析】关税完税价格=CIF=(离岸价+国际运费)/(1−保险费率)

=(1000+100)/(1−1%)

=1111.11（万元）；

因此正确答案为D。

20. 【答案】C

【解析】设备及工具、器具购置费用是由设备购置费和工具、器具及生产家具购置费组成，它是固定资产投资中的积极部分。在生产性工程建设中，设备及工具、器具购置费用占工程造价比重的增大，意味着生产技术的进步和资本有机构成的提高。因此正确答案为C。

21. 【答案】B

【解析】包装费=(材料费+加工费+辅助材料费+专用工器具费+废品损失费+外购配套件费)×包装费率=(20+3)×1%=0.23（万元）。

利润=(材料费+加工费+辅助材料费+专用工器具费+废品损失费+包装费)×利润率

=(20+0.23)×8%=1.6184(万元)≈1.62（万元）。

设备原价=材料费+加工费+辅助材料费+专用工器具费+废品损失费+外购配套件费+包装费+利润+销项税+非标准设备设计费=20+3+0.23+1.62+0+1=25.85（万元）。

（二）多项选择题

1. 【答案】AB

【解析】进口设备的原价是指进口设备的抵岸价，即设备抵达买方边境、港口或车站，缴纳完各种手续费、税费后形成的价格，由此可以判断无论是设备在出口国内发生的运费还是设备的国际运输费用均在此范畴内，故选项 A、B 正确。设备供销部门手续费、采购与仓库保管费（即采购、验收、保管和收发设备所发生的各种费用）属于设备运杂费的内容，不属于设备原价，故选项 C 和选项 D 错误。未达到固定资产标准的设备购置费属于工具、器具及生产家具购置费，因此选项 E 错误。

2. 【答案】BCE

【解析】进口设备原价是指采购设备的抵岸价，而非到岸价，因此 A 错误；国产非标准设备原价中的增值税是指销项税额，因此选项 D 错误。

3. 【答案】ABD

【解析】设备购置费是指购置或自制的达到固定资产标准的设备、工器具及生产家具等所需的费用，由设备原价和设备运杂费构成，其中设备原价通常包含备品备件费（指设备购置时随设备同时订购的首套备品备件所发生的费用），因此选项 A、B 正确，选项 C 错误；进口设备从来源地到买方边境的运输费属于设备原价里的国际运费，因此选项 D 正确；设备采购、保管人员的工资费属于设备运杂费，不属于设备原价，因此选项 E 错误。

4. 【答案】ABCE

【解析】利润=(材料费+加工费+辅助材料费+专用工器具费+废品损失费+包装费)×利润率,因此正确答案为 ABCE。

5. 【答案】DE

【解析】以 CIF/到岸价为计算基数的费用有运输保险费、外贸手续费和进口关税；以 FOB/离岸价为计算基数的费用有国际运费、银行财务费；因此正确答案为 DE。

6. 【答案】BDE

【解析】消费税、增值税和车辆购置税的计算基数为“关税完税价格（CIF）+关税+消费税”，因此正确答案为 BDE。

7. 【答案】ABDE

【解析】设备运杂费中包括的运费和装卸费是指：国产设备由设备制造厂交货地点起至工地仓库（或施工组织设计指定的需要安装设备的堆放地点）止所发生的运费和装卸费；进口设备则由我国到岸港口或边境车站起至工地仓库（或施工组织设计指定的需安

装设备的堆放地点）止所发生的运费和装卸费，故答案C错误。设备运杂费是指国内采购设备自来源地、国外采购设备自到岸港运至工地仓库或指定堆放地点发生的采购、运输、运输保险、保管、装卸等费用。通常由运费和装卸费、包装费、设备供销部门的手续费、采购与仓库保管费（包括设备采购人员、保管人员和管理人员的工资、工资附加费、办公费、差旅交通费、设备供应部门办公和仓库所占固定资产使用费、工具用具使用费、劳动保护费、检验试验费等）等构成，因此选项A、B、D、E的说法都是正确的。

8. **【答案】** BDE

【解析】 无论是国产设备原价还是进口设备原价，其构成中均包含备品备件的价格，因此选项A错误；进口设备原价是指进口设备抵岸价，因此选项C错误。非标准设备原价有多种不同的计算方法，如成本计算估价法、系列设备插入估价法、分部组合估价法、定额估价法等。设备购置费是指购置或自制的达到固定资产标准的设备、工器具及生产家具等所需的费用。

单台非标准设备原价＝{[(材料费+加工费+辅助材料费)×(1+专用工器具费率)×(1+废品损失费率)+外购配套件费]×(1+包装费率)−外购配套件费}×(1+利润率)+外购配套件费+销项税额+非标准设备设计费。因此选项B、D、E的说法正确。

9. **【答案】** BCE

【解析】 材料费＝材料净重×(1+加工损耗系数)×每吨材料综合价，所以选项A错误；增值税＝当期销项税额−进项税额，所以选项D错误。选项B、C、E的公式是正确的。

Ⅱ 工具、器具及生产家具购置费的构成和计算

（一）单项选择题

【答案】 A

【解析】 工具、器具及生产家具购置费是指：新建或扩建项目初步设计规定的，保证初期正常生产必须购置的没有达到固定资产标准的设备、仪器、工卡模具、器具、生产家具和备品备件等购置费用。

（二）多项选择题

暂无真题。

Ⅲ 本节综合题

（一）单项选择题

暂无真题。

（二）多项选择题

【答案】 BE

【解析】 本题综合考核了设备及工器具购置费整节内容。设备购置费是指为工程建设项目购置或自制的达到固定资产标准的设备、工器具及生产家具等所需的费用，由设备原价和设备运杂费构成，其中设备原价通常包含备品备件费在内，故选项A错误。进口设备抵岸价（原价）不仅包括设备抵达买方边境、港口或车站时的价格，还包括

各种手续费和税费，选项 C 错误。工器具及生产家具购置费，是指保证初期正常生产必须购置的没有达到固定资产标准的设备、仪器、工卡模具、器具、生产家具和备品备件等的购置费用，故选项 D 错误。设备运杂费是指国内采购设备自来源地、国外采购设备自到岸港运至工地仓库或指定堆放地点发生的所有合理费用，如运费、装卸费、包装费、设备供销部门的手续费、采购与仓库保管费等，故选项 E 正确。选项 B 中虽然出厂与来源地概念不完全等同，但本题是多选题，为了至少选两个答案，可以近似算正确。

第三节 建筑安装工程费用构成和计算

一、名师考点

参见表 1-4。

表 1-4 建筑安装工程费用构成和计算考点

教材点		知识点
一	建筑安装工程费用的构成	区分建筑工程费用和安装工程费用；建筑安装工程费用项目组成
二	按费用构成要素划分建筑安装工程费用项目构成和计算	人工费、材料费、施工机具使用费、企业管理费、规费的构成；增值税的计算和税务筹划
三	按造价形成划分建筑安装工程费用项目构成和计算	措施项目费的 13 项构成、安全文明施工措施费的主要内容；应予计量的措施项目的计量单位；不宜计量的措施项目的计算基数；其他项目费的组成和概念
四	国外建筑安装工程费用的构成	各单项工程费用中分部分项工程费和开办费的内容构成

二、真题回顾

Ⅰ 建筑安装工程费用的构成

（一）单项选择题

根据现行建筑安装工程费用项目组成规定，下列费用项目属于造价形成划分的是（ ）。（2018 年）

A. 人工费　　B. 企业管理费

C. 利润　　D. 税金

（二）多项选择题

暂无真题。

Ⅱ 按费用构成要素划分建筑安装工程费用项目构成和计算

（一）单项选择题

1. 关于一般计税方法和简易计税方法的选择，下列说法正确的是（ ）。（2023 年）

A. 允许采用简易计税方法时，选择何种方法主要取决于可抵扣的进项税额

B. 计税方法一经选择，48 个月内不得变更

C. 同一时期承包人的不同项目只能选择相同的计税方法

D. 不允许发包人在招标合同条款中要求选择特定的计税方法

2. 下列费用中，属于施工企业管理费中财务费的是（ ）。(2022 年)

A. 财务专用工具购置费　　B. 预付款担保

C. 审计费　　D. 财产保险费

3. 根据现行建筑安装工程费用项目组成规定，下列关于施工企业管理费中工具用具使用费的说法正确的是（ ）。(2018 年)

A. 指企业管理使用，而非施工生产使用的工具用具费用

B. 指企业施工生产使用，而非企业管理使用的工具用具费用

C. 采用一般计税方法时，工具用具使用费中增值税进项税额可以抵扣

D. 包括各类资产标准的工具用具的购置、维修和摊销费用

4. 根据现行建筑安装工程费用项目组成的规定，下列费用项目中，属于施工机具使用费的是（ ）。(2017 年)

A. 仪器仪表使用费　　B. 施工机械财产保险费

C. 大型机械进出场费　　D. 大型机械安拆费

5. 关于建筑安装工程费用中建筑业增值税的计算，下列说法中正确的是（ ）。(2017 年)

A. 当事人可以自主选择一般计税法或简易计税法计税

B. 一般计税法、简易计税法中的建筑业增值税率均为 11%

C. 采用简易计税法时，税前造价不包含增值税的进项税额

D. 采用一般计税法时，税前造价不包含增值税的进项税额

6. 根据我国现行建设安装工程费用项目组成的规定，下列有关费用表述中不正确的是（ ）。(2014 年)

A. 人工费是指支付给直接从事建筑安装工程施工作业的生产工人的各项费用

B. 材料费中的材料单价由材料原价、材料运杂费、材料损耗费、采购及保管费五项组成

C. 材料费包含构成或计划构成永久工程一部分的工程设备费

D. 施工机具使用费包含仪器仪表使用费

7. 关于建筑安装工程费用中的规费，下列说法中正确的是（ ）。(2014 年)

A. 规费是指由县级及以上有关权力部门规定必须缴纳或计取的费用

B. 规费包括社会保险费和住房公积金

C. 投标人在投标报价时填写的规费可高于规定的标准

D. 社会保险费中包括建筑安装工程费一切险的投保费用

(二) 多项选择题

1. 在不增加施工成本的前提下，下列关于承包人增加增值税可抵扣进项税额的方法，正确的有（ ）。(2023 年)

A. 可采用劳务分包方式获取抵扣进项税额

B. 材料的采购应在价格低廉和能取得增值税专用发票之间选择后者

C. 自购施工机具取得的可抵扣进项税额需一次性抵扣

D. 检验试验费中的增值税进项税额按6%的适用税率扣减

E. 办公费中的增值税进项税额按9%的适用税率扣减

2. 下列保险、担保费用中，属于建筑安装工程费中企业管理费的有（　　）。(2022年)

A. 工伤保险费　　B. 施工管理用车辆保险

C. 劳动保险费　　D. 履约担保费

E. 设备运输保险费

3. 根据我国现行建筑安装工程费用项目构成规定，包含在企业管理费中的费用项目有（　　）。(2021年)

A. 工地转移费　　B. 工具用具使用费

C. 仪器仪表使用费　　D. 检验试验费

E. 材料采购与保管费

4. 下列费用中，属于建筑安装工程费中企业管理费的有（　　）。(2020年)

A. 施工机械年保险费　　B. 劳动保险费

C. 工伤保险费　　D. 财产保险费

E. 工程保险费

5. 根据我国现行建筑安装工程造价计税方法，下列情况可以选择适用简易计税法的有（　　）。(2019年)

A. 小规模纳税人发生的应税行为

B. 一般纳税人以清包工形式提供的建筑服务

C. 一般纳税人为甲供工程提供的建筑服务

D.《建筑工程施工许可证》注明的开工日期在2016年4月30日前的建筑工程项目

E. 实际开工日期在2016年4月30日前的建筑服务

6. 按照费用构成要素划分的建筑安装工程费用项目组成规定，下列费用项目应列入材料费的有（　　）。(2018年)

A. 周转材料的摊销、租赁费用

B. 材料运输损耗费用

C. 施工企业对材料进行一般鉴定、检查发生的费用

D. 材料运杂费中的增值税进项税额

E. 材料采购及保管费用

7. 根据现行建筑安装工程费用项目组成规定，下列费用项目中属于建筑安装工程企业管理费的有（　　）。(2017年)

A. 仪器仪表使用费　　B. 工具用具使用费

C. 建筑安装工程一切险　　D. 地方教育附加费

E. 劳动保险费

8. 根据我国现行建筑安装工程费用项目组成规定，下列施工企业发生的费用中，应计入企业管理费的是（　　）。(2016年)

A. 建筑材料、构件一般性鉴定检查费　　B. 支付给企业离休干部的经费

C. 施工现场工程排污费　　D. 履约担保所发生的费用

E. 施工生产用仪器仪表使用费

9. 按我国现行建筑安装工程费用项目组成的规定，下列属于企业管理费内容的有（　　）。（2014 年）

A. 企业管理人员办公用的文具、纸张等费用

B. 企业施工生产和管理使用的属于固定资产的交通工具的购置、维修费

C. 对建筑以及材料、构件和建筑安装进行特殊鉴定检查所发生的检验试验费

D. 按全部职工工资总额比例计提的工会经费

E. 为施工生产筹集资金、履约担保所发生的财务费用

Ⅲ　按造价形成划分建筑安装工程费用项目构成和计算

（一）单项选择题

1. 关于措施项目工程量的计算单位，下列说法正确的是（　　）。（2023 年）

A. 脚手架费按建筑面积或垂直投影面积以“m^2”为单位计算

B. 超高施工增加费按建筑物超高高度以“m”为单位计算

C. 垂直运输费按运输距离以“m”为单位计算

D. 降水费用按降水深度以“m”为单位计算

2. 关于超高施工增加费计取的条件，下列说法正确的是（　　）。（2022 年）

A. 单层建筑物檐口高度超过 18m，多层建筑物超过 6 层

B. 单层建筑物檐口高度超过 18m，多层建筑物超过 8 层

C. 单层建筑物檐口高度超过 20m，多层建筑物超过 6 层

D. 单层建筑物檐口高度超过 20m，多层建筑物超过 8 层

3. 根据我国现行建筑安装工程费用项目构成规定，在施工合同签订时尚未确定的服务采购费用应计入（　　）。（2021 年）

A. 暂列金额　　B. 暂估价

C. 措施项目费　　D. 总承包服务费

4. 下列费用中，属于安全文明施工费中临时设施费的是（　　）。（2020 年）

A. 现场配备的医疗保健器材费　　B. 塔式起重机及外用电梯安全防护措施费

C. 临时文化福利用房费　　D. 新建项目的场地准备费

5. 根据我国现行建筑安装工程费用构成，下列费用中，属于安全文明施工费的是（　　）。（2019 年）

A. 脚手架费　　B. 临时设施费

C. 二次搬运费　　D. 非夜间施工照明费

6. 根据我国现行建筑安装工程费用项目构成的规定，下列费用中属于安全文明费的是（　　）。（2016 年）

A. 夜间施工时，临时可移动照明灯具的设置、拆除费用

B. 工人的安全防护用品的购置费用

C. 地下室施工时所采用的照明设施拆除费

D. 建筑物的临时保护设施费

7. 根据我国现行建筑安装工程费用项目组成的规定，下列关于措施项目费用的说法中正确的是（　　）。(2015 年)

A. 冬雨期施工费是冬雨期施工增加的临时设施、防滑处理、雨雪排除等费用

B. 施工排水、降水费由排水和降水两个独立的费用项目组成

C. 当单层建筑物檐口高度超过 15m 时，可计算超高施工增加费

D. 已完工程及设备保护费是指分部工程或结构部位验收前，对已完工程及设备采取必要保护措施所发生的费用

8. 根据我国现行建筑安装工程费用项目组成的规定，下列费用应列入暂列金额的是（　　）。(2015 年)

A. 施工过程中可能发生的工程变更及索赔、现场签证等费用

B. 应建设单位要求，完成建设项目之外的零星项目费用

C. 对建设单位自行采购的材料进行保管所发生的费用

D. 施工用电、用水的开办费

（二）多项选择题

1. 应予以计量的措施项目费包括（　　）。(2016 年)

A. 垂直运输费

B. 施工排水降水费

C. 冬雨期施工增加费

D. 临时设施费

E. 超高施工增加费

2. 根据我国现行建筑安装工程费用项目组成的规定，下列人工费中能够计入分部分项工程费的有（　　）。(2015 年)

A. 保管建筑材料人员的工资

B. 绑扎钢筋人员的工资

C. 操作施工机械人员的工资

D. 现场临时设施搭设人员的工资

E. 施工排水、降水作业人员的工资

3. 根据我国现行建筑安装工程费用项目组成的规定，下列费用中属于安全文明施工中临时设施费的有（　　）。(2015 年)

A. 现场采用砖砌围挡的安砌费用

B. 现场围挡的墙面美化费用

C. 施工现场的操作场地的硬化费用

D. 施工现场规定范围内临时简易道路的铺设费用

E. 地下室施工时所采用的照明设备的安拆费用

4. 下列有关安全文明费的说法中，正确的有（　　）。(2014 年)

A. 安全文明施工费包括临时设施费

B. 现场生活用洁净燃料费属于环境保护费

C. “三宝”“四口”“五临边”等防护费用属于安全施工费

D. 消防设施与消防器材的配置费用属于文明施工费

E. 施工现场搭设的临时文化福利用房的费用属于文明施工费

Ⅳ 国外建筑安装工程费用的构成

（一）单项选择题

1. 下列国外建筑安装工程费的构成项目中，应计入管理费的是（　　）。(2023年)

A. 现场保卫设施费　　B. 现场试验费
C. 工人现场福利费　　D. 保函手续费

2. 在国外建筑安装工程费用构成中，现场材料试验及所需设备的费用包含在（　　）中。(2021年)

A. 直接工程费　　B. 管理费
C. 开办费　　D. 其他摊销费

3. 根据国外建筑安装工程费用构成规定，工程施工中的周转材料费应包含在（　　）中。(2020年)

A. 材料费　　B. 暂定金额
C. 开办费　　D. 其他摊销费

4. 根据国外建筑安装工程费用的构成，施工工人的招雇解雇费用一般计入（　　）。(2019年)

A. 直接工程费　　B. 现场管理费
C. 公司管理费　　D. 开办费

5. 依照国外建筑安装工程费用构成惯例，关于其直接工程费中的人工费，下列说法正确的是（　　）。(2018年)

A. 工人按技术等级划分为技工、普工和壮工
B. 平均工资应按各类工人工资的算术平均值计算
C. 包括工资、加班费、津贴、招雇解雇费
D. 包括工资、加班费和代理人费用

6. 下列费用项目中，包含在国外建筑安装工程材料费中的是（　　）。(2017年)

A. 单独列项的增值税　　B. 材料价格预涨费
C. 周转材料摊销费　　D. 各种现场用水、用电费

7. 关于国外建筑安装工程费用的计算，下列说法中正确的是（　　）。(2016年)

A. 分包工程费用不包括分包工程的管理费和利润
B. 材料的预涨费计入管理费
C. 开办费一般包括工地清理费及完工后清理费
D. 在组成承包商投标报价时，管理费通常会单独列项

（二）多项选择题

1. 关于国外建筑安装工程费用中的开办费，下列说法正确的是（　　）。(2018年)

A. 开办费项目可以按单项工程分别单独列出
B. 单项工程建筑安装工程量越大，开办费在工程价格中的比例越大
C. 开办费项目包括的内容因国家和工程的不同而异
D. 开办费项目可以采用分摊进单价的方式报价

E. 第三者责任险投保费一般应作为开办费的构成内容

2. 国外建筑安装工程费用中的开办费一般包括（　　）等。(2017 年)

A. 工地清理费　　B. 现场管理费

C. 材料预涨费　　D. 周转材料费

E. 暂定金额

三、真题解析

Ⅰ　建筑安装工程费用的构成

（一）单项选择题

【答案】 D

【解析】 按照费用构成要素划分，建筑安装工程费包括：人工费、材料费、施工机具使用费、企业管理费、利润、规费和税金。建筑安装工程费按照工程造价形成由分部分项工程费、措施项目费、其他项目费、规费和税金组成。因此，正确答案为 D。

（二）多项选择题

暂无真题。

Ⅱ　按费用构成要素划分建筑安装工程费用项目构成和计算

（一）单项选择题

1. **【答案】** A

【解析】 本题考查建筑安装工程费用中增值税税务筹划问题。根据有关规定，计税方法的选择权归属于纳税人，具体到建筑行业，计税方法的选择权应归属于承包人，除规定只能使用简易计税方法的情况外，承包人可以选择采用一般计税方法或简易计税方法，选择何种计税方法实际上取决于可抵扣的进项税额，但一经选择，36 个月内不得变更，故选项 A 正确，选项 B 错误。一般纳税人可就不同应税行为即不同项目选择不同的计税方法，因此同一时期承包人的不同项目有可能出现一般计税方法和简易计税方法同时存在的情形。与此同时，发包人虽然法理上并不具备计税方法的选择权，但其可以通过事先拟定的合同条款要求选择特定的计税方法，故此发包人事实上享有了增值税计税方法的选择权，故选项 C、D 错误。

2. **【答案】** B

【解析】 财务费是施工企业管理费的一部分，是指企业为施工生产筹集资金或提供预付款担保、履约担保、职工工资支付担保等所发生的各种费用。财务专用工具购置费属于企业管理费中的工具用具使用费，审计费属于企业管理费中的其他部分，财产保险费也属于企业管理费的构成。因此正确答案为 B。

3. **【答案】** C

【解析】 企业管理费是指施工企业组织施工生产和经营管理所发生的费用，因此选项 A 和 B 错误；企业管理费包括固定资产使用费（管理和试验部门及附属生产单位使用的属于固定资产的房屋、设备、仪器等的折旧、大修、维修或租赁费）、工具用具使用费（不属于固定资产的工具、器具、家具、交通工具和检验、试验、测绘、消防用具等的购置、维修和摊销费)，因此选项 D“包括各类资产标准的工具用具的购置、维修和摊销费用”错误。正确答案为 C。

4. **【答案】** A

【解析】 施工机具使用费是指施工作业所发生的施工机械、仪器仪表使用费或租赁费，因此正确答案为 A。

5. **【答案】** D

【解析】 选项 A 错误，简易计税有四种适用的情形。选项 B 错误，采用一般计税法时，建筑业增值税率为 9%；采用简易计税法时，建筑业增值税率为 3%。选项 C 错误，采用简易计税法时，税前造价包含增值税的进项税额。因此正确答案为 D。

6. **【答案】** B

【解析】 建筑安装工程费中的材料费是指：工程施工过程中耗费的各种原材料、半成品、构配件、工程设备等的费用，以及周转材料等的摊销、租赁费用。材料费中的材料单价由材料原价、运杂费、运输损耗费、采购及保管费组成，因此选项 B 错误，此题选择不正确的，正确答案为 B。建筑安装工程费中的施工机具使用费，是指施工作业所发生的施工机械、仪器仪表使用费或其租赁费。

7. **【答案】** B

【解析】 规费主要包括社会保险费、住房公积金，因此正确答案为 B。

（二）多项选择题

1. **【答案】** ACD

【解析】 本题考查建筑安装工程费用中增值税税务筹划和企业管理费中进项税扣除税率问题。在不增加施工成本的前提下，对于建筑安装工程费用中的不同部分可以选择不同的增加可抵扣增值税进项税额的方法：①劳务费，若采用劳务分包的方式，无论劳务分包公司采用一般计税方法或简易计税方法，劳务分包合同额中的增值税都可以成为可抵扣增值税进项税额；②材料费，在采购价格低廉且不取得增值税专用发票、取得增值税专用发票而支付较高的采购价格两种方案中审慎选择；③施工机具使用费，自购的施工机具企业计提的设备折旧无法抵扣进项税，只能在购买时一次性抵扣；经营租赁的施工机具，承包人需要在多种方案中进行比较选择。因此选项 A、C 正确，B 错误。当采用一般计税方法时，检验试验费中增值税进项税额以现代服务业适用的税率 6%扣减，而办公费中增值税进项税额扣减税率根据购买办公用品对象的不同，采用不同的税率，故选项 D 正确、选项 E 错误。

2. **【答案】** BCD

【解析】 企业管理费是指施工企业组织施工生产和经营管理所发生的费用。内容包括：①管理人员工资；②办公费；③差旅交通费；④固定资产使用费；⑤工具用具使用费；⑥劳动保险和职工福利费；⑦劳动保护费；⑧检验试验费（是指施工企业按照有关标准规定，对建筑以及材料、构件和建筑安装物进行一般鉴定、检查所发生的费用)；⑨工会经费；⑩职工教育经费；⑪财产保险费（是指施工管理中财产、车辆等的保险费用)；⑫财务费（是指企业为施工生产筹集资金或提供预付款担保、履约担保、职工工资支付担保等所发生的各种费用)；⑬税金（是指企业按规定缴纳的房产税、非生产性车船使用税、土地使用税、印花税、城市维护建设税、教育费附加、地方教育附加等各项税费）；⑭其他。因此，选项 B、C、D 为正确答案。工伤保险费属于规费中的社会保险费，故选项 A 错误。比如设备的国内运输保险费，属于设备运杂费，不属于企业管理费，因此选项 E 错误。

3. **【答案】** ABD

【解析】 工地转移费属于企业管理费中的其他管理费。仪器仪表使用费属于施工机具使用费；材料采购与保管费属于材料单价，均不属于企业管理费。

4. **【答案】** BD

【解析】 此题主要考查企业管理费的构成。施工机械年保险费若属于国家及地方政府有关部门规定的强制性保险，则应计入施工机械台班单价，因此选项 A 不属于企业管理费；工伤保险费属于规费，工程保险费属于工程建设其他费用，因此选项 C、E 不属于企业管理费。企业管理费包括管理人员工资、办公费、差旅交通费、固定资产使用费、工具用具使用费、劳动保险和职工福利费、劳动保护费、检验试验费、工会经费、职工教育经费、财产保险费、财务费、税金（包含城市维护建设税、教育费附加、地方教育附加等）、其他。

5. **【答案】** BD

【解析】 一般纳税人为甲供工程提供的建筑服务，可以选择适用简易计税方法计税，但当建筑工程总承包单位为房屋建筑的地基与基础、主体结构提供工程服务，建设单位自行采购全部或部分钢材、混凝土、砌体材料、预制构件的，适用简易计税方法计税，因此不选选项 C。未取得《建筑工程施工许可证》的，建筑工程承包合同注明的开工日期在 2016 年 4 月 30 日前的建筑工程项目，适用简易计税法，选项 E 错误。因此答案为 BD。

6. **【答案】** ABE

【解析】 施工企业对材料进行一般鉴定、检查发生的费用属于企业管理费中的检验试验费；当采用一般计税方法时，材料单价中的材料原价、运杂费等均应扣除增值税进项税额。因此，选项 C 和 D 不属于材料费。建筑安装工程费中的材料费是指工程施工过程中耗费的各种原材料、半成品、构配件、工程设备等的费用，以及周转材料等的摊销、租赁费用，计算材料费的基本要素是材料消耗量和材料单价，其中材料费中的材料单价由材料原价、运杂费、运输损耗费、采购及保管费组成，因此正确答案为 ABE。

7. **【答案】** BDE

【解析】 仪器仪表使用费属于施工机具使用费，建筑安装工程一切险属于工程建设其他费中的工程保险费，因此选项 A 和 C 错误。企业管理费包括管理人员工资、办公费、差旅交通费、固定资产使用费、工具用具使用费、劳动保险和职工福利费、劳动保护费、检验试验费、工会经费、职工教育经费、财产保险费、财务费、税金（包含城市维护建设税、教育费附加、地方教育附加等）、其他。

8. **【答案】** ABD

【解析】 施工现场工程排污费属于安全文明施工费，故选项 C 错误；施工生产用仪器仪表使用费属于施工机具使用费，故选项 E 错误。

9. **【答案】** ADE

【解析】企业管理费中的工具用具使用费是指企业施工生产和管理使用的不属于固定资产的工具、器具、家具、交通工具和检验、试验、测绘、消防用具等的购置、维修和摊销费，因此选项 B 错误；检验试验费不包括对建筑以及材料、构件和建筑安装进行特殊鉴定检查所发生的费用，因此选项 C 错误。正确答案为 ADE。

Ⅲ　按造价形成划分建筑安装工程费用项目构成和计算

（一）单项选择题

1. 【答案】A

【解析】本题考查建筑安装工程费用中措施费的构成和计算。脚手架费通常按建筑面积或垂直投影面积以"m^2"为单位计算；超高施工增加费通常按照建筑物超高部分的建筑面积以"m^2"为单位计算；垂直运输费可根据不同情况按照建筑面积以"m^2"为单位计算或按照施工工期日历天数以"天"为单位计算；施工排水、降水费中成井费用通常按照设计图示尺寸以钻孔深度按"m"计算，排水、降水费用通常按照排、降水日历天数以"昼夜"计算。因此，只有选项 A 正确。

2. 【答案】C

【解析】当单层建筑物檐口高度超过 20m，多层建筑物超过 6 层时，可计算超高施工增加费，超高施工增加费的内容由以下各项组成：①建筑物超高引起的人工工效降低以及由于人工工效降低引起的机械降效费；②高层施工用水加压水泵的安装、拆除及工作台班费；③通信联络设备的使用及摊销费。

3. 【答案】A

【解析】暂列金额是指建设单位在工程量清单中暂定并包括在工程合同价款中的一笔款项。用于施工合同签订时尚未确定或者不可预见的所需材料、工程设备、服务的采购，施工中可能发生的工程变更、合同约定调整因素出现时的工程价款调整以及发生的索赔、现场签证确认等的费用。

4. 【答案】C

【解析】此题主要考查安全文明施工费的构成。安全文明施工费通常由环境保护费、文明施工费、安全施工费、临时设施费组成，其中现场配备的医疗保健器材费属于文明施工费，塔式起重机及外用电梯安全防护措施费属于安全施工费，而新建项目的场地准备费则属于工程建设其他费中的场地准备及临时设施费，因此选项 A、B、D 错误。临时设施费包括临时设施的搭设、维修、拆除、清理费或摊销费等，因此选项 C 正确。

5. 【答案】B

【解析】安全文明施工费通常由环境保护费、文明施工费、安全施工费、临时设施费组成，因此正确答案为 B。

6. 【答案】B

【解析】夜间施工时，临时可移动照明灯具的设置、拆除费用属于夜间施工增加费，故选项 A 错误；工人的安全防护用品的购置费用属于安全文明施工费里面安全施工的内容，故选项 B 正确；地下室施工时采用的照明设施拆除费属于非夜间施工照明费，故选项 C 错误；建筑物的临时保护设施费属于地上、地下设施、建筑物的临时保护设施费，故选项 D 错误。

7. 【答案】A

【解析】施工排水、降水费由成井和排水、降水两个独立的费用项目组成，故选项 B 错误；当单层建筑物檐口高度超过 20m，多层建筑物超过 6 层时，可计算超高施工增加费，故选项 C 错误；已完工程及设备保护费是指竣工验收前对已完工程及设备采取的覆盖、包裹、封闭、隔离等必要保护措施所发生的费用，故选项 D 错误。正确答案为 A。

8. 【答案】A

【解析】暂列金额是指建设单位在工程量清单中暂定并包括在工程合同价款中的一笔款项。用于施工合同签订时尚未确定或者不可预见的所需材料、工程设备、服务的采购，施工中可能发生的工程变更、合同约定调整因素出现时的工程价款调整以及发生的索赔、现场签证确认等的费用。因此正确答案为 A。

（二）多项选择题

1. 【答案】ABE

【解析】应予以计量的措施项目费包括脚手架费、混凝土模板及支架费、垂直运输费、超高施工增加费、大型机械设备进出场及安拆费、施工排水降水费，因此正确答案为 ABE。

2. 【答案】ABC

【解析】现场临时设施搭设人员的工资和施工排水、降水作业人员的工资，应该计入措施项目费，故选项 D、E 错误。

3. 【答案】AD

【解析】现场围挡的墙面美化费用属于文明施工费；施工现场操作场地的硬化费用属于文明施工费；地下室施工时所采用的照明设备的安拆费用属于非夜间施工照明费，因此选项 B、C、E 错误。临时设施费包括临时设施的搭设、维修、拆除、清理费或摊销费等，现场采用砖砌围挡的安砌费用、施工现场规定范围内临时简易道路的铺设费用均属于此。

4. 【答案】AC

【解析】现场生活用洁净燃料费属于文明施工费；消防设施与消防器材的配置费用属于安全施工费；施工现场搭设的临时文化福利用房的费用属于临时设施费，因此选项 B、D、E 错误。

Ⅳ 国外建筑安装工程费用的构成

（一）单项选择题

1. 【答案】D

【解析】本题考核国外建筑安装工程费的构成。干扰项 A、B、C 均属于开办费，开办费包括施工用水、用电费，工地清理费及完工后清理费，周转材料费，临时设施费，驻工地工程师的现场办公室及所需设备的费用，现场材料试验及所需设备的费用以及其他费用（包括工人现场福利费及安全费、职工交通费、日常气候报表费、现场道路及进出场道路修筑与维护费、恶劣天气下的工程保护措施费、现场保卫设施费等）。投保保函、履约保函、预付款保函等保函手续费属于管理费中的业务经费。

2. 【答案】C

【解析】开办费是国外建筑安装工程费用构成中考核频率较高的一个知识点，包括施工用电、用水费，机具费，清理费，周转材料摊销费，临时设施摊销费，驻工地工程师办公费，现场试验费，其他开办费等。

3. 【答案】C

【解析】此题主要考查国外建筑安装工程费用中开办费的构成。各单项工程费用由各分部分项工程费用和单项工程开办费组成，其中开办费包括施工用水用电费、工地清理费及完工后清理费、周转材料费、临时设施费、驻工地工程师的现场办公室及所需设备的费用等，因此正确答案为C。

4. 【答案】A

【解析】国外建筑安装工程费用中，直接工程费中的人工费应该包括工资、加班费、津贴、招雇解雇费用等；因此正确答案为A。

5. 【答案】C

【解析】国外一般工程施工的工人按技术要求划分为高级技工、熟练工、半熟练工和壮工。当工程价格采用平均工资计算时，应按各类工人总数的比例进行加权计算。人工费应该包括工资、加班费、津贴、招雇解雇费用等。因此正确答案为C。

6. 【答案】B

【解析】国外建筑安装工程的材料费主要包括：材料原价、运杂费、税金、运输损耗及采购保管费和预涨费。因此正确答案为B。

7. 【答案】C

【解析】分包工程费用由各分包工程费、总包利润和管理费组成，其中分包工程费包括分包工程的直接工程费、管理费和利润，故选项A错误；材料的预涨费计入直接工程费中的材料费，故选项B错误；开办费里面包含了工地清理费及完工后清理费，故选项C正确；在组成承包商投标报价时，管理费通常会分摊进单价。因此正确答案为C。

（二）多项选择题

1. 【答案】ACD

【解析】单项工程建筑安装工程量越大，开办费在工程价格中的比例就越小，开办费包括的内容因国家和工程的不同而异，故选项B错误；建筑安装工程一切险投保费、第三者责任险投保费等属于管理费中的保险费，因此选项E错误。开办费项目在单独列项和分摊进单价这两种方式中采用哪一种，要根据招标文件和计算规则的要求而定。

2. 【答案】AD

【解析】开办费包括的内容因国家和工程的不同而异，大致包括以下内容：施工用水、用电费，工地清理费及完工后清理费，周转材料费，临时设施费，驻工地工程师的现场办公室及所需设备的费用，现场材料试验及所需设备的费用，其他费用等。因此正确答案为AD。

第四节 工程建设其他费用的构成和计算

一、名师考点

参见表1-5。

表1-5 工程建设其他费用的构成和计算考点

教材点		知识点
一	项目建设管理费	项目建设管理费的内容和计算
二	用地与工程准备费	土地使用费和补偿费的构成； 场地准备及临时设施费的构成和计算
三	配套设施费	配套设施费的内容
四	工程咨询服务费	可行性研究费、专项评价费、勘察设计费、研究试验费等的构成
五	建设期计列的生产经营费	专利及专有技术使用费的主要内容和计算；联合试运转费的内容；生产准备费的内容和计算
六	工程保险费	构成
七	税费	构成

二、真题回顾

Ⅰ 项目建设管理费

（一）单项选择题

1. 下列关于项目建设管理费的说法中，正确的是（　　）。(2023年)

A. 是指建设单位从项目筹建之日起至通过竣工验收之日止发生的管理性支出

B. 按照工程费用和用地与工程准备费之和乘以项目建设管理费率计算

C. 代建管理费和项目建设管理费之和不得高于项目建设管理费限额

D. 不得用于委托咨询机构因施工项目管理发生的施工项目管理费支出

2. 根据我国现行建设项目总投资及工程造价的构成，下列有关建设项目费用开支应列入建设单位管理费的是（　　）。(2019年)

A. 监理费　　　　B. 竣工验收费

C. 可行性研究费　　　　D. 节能评估费

（二）多项选择题

暂无真题。

Ⅱ 用地与工程准备费

（一）单项选择题

1. 关于建设单位以出让或转让方式取得国有土地使用权涉及的相关税费，下列说法正确的是（　　）。(2022年)

A. 应向农村集体经济组织支付地上附着物补偿费

B. 应向土地受让者征收契税

C. 应向土地受让者征收土地增值税

D. 应向土地使用者一次性收取土地使用费

2. 关于土地出让或转让中涉及的税费，下列说法正确的是（ ）。(2021 年)

A. 转让土地所有权，要向转让者征收契税

B. 转让土地如有增值，要向受让者征收土地增值税

C. 土地使用者每年应缴纳土地使用费

D. 土地使用权年限届满，需重新签订使用权出让合同，但不必再支付土地出让金

3. 建设单位通过市场机制取得建设用地，不仅应承担征地补偿费用、拆迁补偿费用还须向土地所有者支付（ ）。(2018 年)

A. 安置补助费　　B. 土地出让金

C. 青苗补偿费　　D. 土地管理费

4. 关于建设项目场地准备和建设单位临时设施费的计算，下列说法正确的是（ ）。(2018 年)

A. 改扩建项目一般应计工程费用和拆除清理费

B. 凡可回收材料的拆除工程应采用以料抵工方式冲抵拆除清理费

C. 新建项目应根据实际工程量计算，不按工程费用的比例计算

D. 新建项目应按工程费用比例计算，不根据实际工程量计算

5. 下列与建设用地有关的费用中，归农村集体经济组织所有的是（ ）。(2016 年)

A. 土地补偿费　　B. 青苗补偿费

C. 拆迁补偿费　　D. 新菜地开发建设基金

（二）多项选择题

1. 下列费用中，应计入工程建设其他费用中用地与工程准备费的有（ ）。(2020 年)

A. 建设场地大型土石方工程费　　B. 土地使用费和补偿费

C. 场地准备费　　D. 建设单位临时设施费

E. 施工单位平整场地费

2. 下列费用项目，应归属征地补偿费的有（ ）。(2019 年)

A. 拆迁补偿费　　B. 安置补助费

C. 地上附着物补偿费　　D. 迁移补偿费

E. 土地补偿费

3. 下列建设用地取得费用中，属于征地补偿费的有（ ）。(2017 年)

A. 土地补偿费　　B. 安置补助费

C. 拆迁补助　　D. 土地管理费

E. 土地转让金

Ⅲ　配套设施费

暂无真题。

Ⅳ 工程咨询服务费

（一）单项选择题

1. 下列建设工程的实施过程中发生的技术服务费，属于专项评价费的是（ ）。（2022 年）

A. 可行性研究费
B. 节能评估费
C. 设计评审费
D. 技术经济标准使用费

2. 下列费用，属于工程建设其他费用中研究试验费的是（ ）。（2021 年）

A. 新产品试制费
B. 设计规定在建设过程中必须进行的试验验证所需费用
C. 施工单位技术革新的研究试验费
D. 施工单位对建筑物进行一般鉴定的费用

3. 下列费用中，计入工程咨询服务费中勘察设计费的是（ ）。（2020 年）

A. 设计评审费
B. 技术经济标准使用费
C. 技术革新研究试验费
D. 非标准设备设计文件编制费

4. 关于工程建设其他费用，下列说法中正确的是（ ）。（2016 年）

A. 建设单位管理费一般按建筑安装工程费乘以相应费率计算
B. 研究试验费包括新产品试制费
C. 改扩建项目的场地准备及临时设施费一般只计拆除清理费
D. 不拥有产权的专用通信设施投资，列入市政公用设施费

5. 下列费用项目中，应在研究试验费中列支的是（ ）。（2015 年）

A. 为验证设计数据而进行必要的研究试验所需的费用
B. 新产品试制费
C. 施工企业技术革新的研究试验费
D. 设计模型制作费

（二）多项选择题

1. 下列费用中，应在研究试验费中列出的是（ ）。（2022 年）

A. 对进场材料、构件进行一般性鉴定检查的费用
B. 设计规定在项目建设过程中必须进行试验、验证所需的费用
C. 由科技三项费用开支的试验费
D. 特殊设备安全监督检验费
E. 为验证设计数据而进行必要的研究试验费用

2. 下列工程建设其他费用，属于工程咨询服务费的有（ ）。（2021 年）

A. 勘察设计费
B. 职业病危害预评价费
C. 监理费
D. 技术经济标准使用费
E. 专有技术使用费

Ⅴ　建设期计列的生产经营费

（一）单项选择题

1. 根据我国现行建设项目总投资及工程造价的构成，联合试运转费应包括（　　）。（2019 年）

A. 施工单位参加联合试运转人员的工资

B. 设备安装中的试车费用

C. 试运转中暴露的设备缺陷的处理费

D. 生产人员的提前进厂费

2. 下列费用项目中，属于联合试运转费中试运转支出的是（　　）。（2017 年）

A. 施工单位参加试运转人员的工资

B. 单台设备的单机试运转费

C. 试运转中暴露出来的施工缺陷处理费用

D. 试运转中暴露出来的设备缺陷处理费用

3. 关于联合试运转费，下列说法中正确的是（　　）。（2015 年）

A. 包括对整个生产线或装置进行无负荷和有负荷试运转所发生的费用

B. 包括施工单位参加试运转人员的工资及专家指导费

C. 包括试运转中暴露的因设备缺陷发生的处理费用

D. 包括对单台设备进行单机试运转工作的调试费

（二）多项选择题

关于生产准备费，下列说法中正确的有（　　）。（2016 年）

A. 包括自行组织培训和委托其他单位培训的相关费用

B. 包括正常生产所需的生产办公、家具用具的购置费用

C. 包括正常生活所需的生活家具用具的购置费用

D. 包括含备品备件在内的第一套不够固定资产标准的生产工具购置费用

E. 可按设计定员乘以人均生产准备费指标计算

Ⅵ　本节综合题

（一）单项选择题

暂无真题。

（二）多项选择题

关于工程建设其他费的内容，下列说法正确的有（　　）。（2023 年）

A. 研究试验费中包含施工企业技术革新的研究试验费

B. 配套设施费包括城市基础设施配套费和人防易地建设费

C. 工程咨询服务费中包含专有技术使用费

D. 联合试运转费不包含应由设备安装工程费开支的调试及试车费用

E. 生产准备费包含保证初期正常生产所必需的办公、生活家具用具购置费

三、真题解析

Ⅰ 项目建设管理费

（一）单项选择题

1.【答案】C

【解析】本题考核工程建设其他费中项目建设管理费的内容。项目建设管理费是指项目建设单位从项目筹建之日起至办理竣工财务决算之日止发生的管理性质的支出。项目建设管理费按照工程费用之和（包括设备及工器具购置费和建筑安装工程费用）乘以项目建设管理费率计算。建设项目一般不得同时列支代建管理费和项目建设管理费，确需同时发生的，两项费用之和不得高于项目建设管理费限额，因此选项C正确。建设单位委托咨询机构进行施工项目管理服务发生的施工项目管理费，从项目建设管理费中列支；委托咨询机构行使部分管理职能的相应费用，列入工程咨询服务费。

2.【答案】B

【解析】项目建设管理费是指项目建设单位从项目筹建之日起至办理竣工财务决算之日止发生的管理性质的支出，包括工作人员薪酬（由原单位支付薪酬的除外）及相关费用、办公费、办公场地租用费、差旅交通费、劳动保护费、工具用具使用费、固定资产使用费、招募生产工人费、技术图书资料费（含软件）、业务招待费、竣工验收费和其他管理性质开支。监理费、可行性研究费、节能评估费均属于工程咨询服务费。因此正确答案为B。

（二）多项选择题

暂无真题。

Ⅱ 用地与工程准备费

（一）单项选择题

1.【答案】B

【解析】地上附着物补偿费应支付给产权所有者，如附着物产权属个人，则该项补助费付给个人。有偿出让和转让使用权，要向土地受让者征收契税；转让土地如有增值，要向转让者征收土地增值税；土地使用者每年应按规定的标准缴纳土地使用费。土地使用权出让或转让，应先由地价评估机构进行价格评估后，再签订土地使用权出让和转让合同。因此正确答案为B。

2.【答案】C

【解析】有偿出让和转让使用权，要向土地受让者征收契税；转让土地如有增值，要向转让者征收土地增值税；土地使用者每年应按规定的标准缴纳土地使用费。土地使用权出让合同约定的使用年限届满，经批准准予续期的，应当重新签订土地使用权出让合同，依照规定支付土地使用权出让金。

3.【答案】B

【解析】建设用地如通过行政划拨方式取得，则须承担征地补偿费用或对原用地单位或个人的拆迁补偿费用；若通过市场机制取得，则不但承担以上费用，还须向土地所有者支付有偿使用费，即土地出让金。因此正确答案为 B。

4. **【答案】** B

【解析】 新建项目的场地准备和临时设施费应根据实际工程量估算，或按工程费用的比例计算，改扩建项目一般只计拆除清理费。凡可回收材料的拆除工程，采用以料抵工方式冲抵拆除清理费。

5. **【答案】** A

【解析】 土地补偿费是对农村集体经济组织因土地被征用而造成的经济损失的一种补偿，土地补偿费归农村集体经济所有，故选项 A 正确；农民自行承包土地的青苗补偿费应付给本人，属于集体种植的青苗补偿费可纳入当年集体收益；在城市规划区内国有土地上实施房屋拆迁，拆迁人应当对被拆迁人给予补偿、安置。D 选项新菜地开发建设基金目前已删除。

（二）多项选择题

1. **【答案】** BCD

【解析】 此题主要考查工程建设其他费用中用地与工程准备费的构成。建设场地的大型土石方工程费应进入工程费用中的总图运输费用中，因此选项 A 错误；用地与工程准备费是指取得土地与工程建设施工准备所发生的费用，包括土地使用费和补偿费、场地准备费、建设单位临时设施费等，因此正确答案为 BCD。

2. **【答案】** BCE

【解析】 征地补偿费包含以下内容：①土地补偿费；②青苗补偿费和地上附着物补偿费；③安置补助费；④耕地开垦费和森林植被恢复费；⑤生态补偿与压覆矿产资源补偿费；⑥其他补偿费。因此正确答案为 BCE。

3. **【答案】** AB

【解析】 征地补偿费包含以下内容：①土地补偿费；②青苗补偿费和地上附着物补偿费；③安置补助费；④耕地开垦费和森林植被恢复费；⑤生态补偿与压覆矿产资源补偿费；⑥其他补偿费。土地管理费已在最新版教材中删除。

Ⅲ　配套设施费

暂无真题。

Ⅳ　工程咨询服务费

（一）单项选择题

1. **【答案】** B

【解析】 专项评价费属于技术服务费中的一类，具体包括环境影响评价费、安全预评价费、职业病危害预评价费、地震安全性评价费、地质灾害危险性评价费、水土保持评价费、压覆矿产资源评价费、节能评估费、危险与可操作性分析及安全完整性评价费以及其他专项评价费。选项 ACD 中内容均属于技术服务费，不属于专项评价费，因此正确答案为 B。

2. **【答案】** B

【解析】 在计算研究试验费时要注意不应包括以下项目：

（1）应由科技三项费用（即新产品试制费、中间试验费和重要科学研究补助费）开支的项目。

（2）应在建筑安装费用中列支的施工企业对建筑材料、构件和建筑物进行一般鉴定、检查所发生的费用及技术革新的研究试验费。

（3）应由勘察设计费或工程费用中开支的项目。

3.【答案】D

【解析】此题主要考查技术服务费的构成。设计评审费、技术经济标准使用费和勘察设计费等共同构成技术服务费，其中勘察设计费包括勘察费和设计费，而设计费是指设计人根据发包人的委托提供编制建设项目初步设计文件、施工图设计文件、非标准设备设计文件、竣工图文件等服务所收取的费用，因此正确答案为 D。

4.【答案】C

【解析】建设单位管理费=工程费用×建设单位管理费率；研究试验费不包括应由科技三项费用（即新产品试制费、中间试验费和重要科学研究补助费）开支的项目；新建项目的场地准备和临时设施费应根据实际工程量估算，或按工程费用的比例计算，改扩建项目一般只计拆除清理费；为项目配套的专用设施投资如由项目建设单位负责投资但产权不归属本单位的，应作无形资产处理。因此正确答案为 C。

5.【答案】A

【解析】研究试验费是指为建设项目提供或验证设计参数、数据、资料等进行必要的研究试验，以及设计规定在建设过程中必须进行试验、验证所需的费用。D 选项“设计模型制作费”目前已删除。

（二）多项选择题

1.【答案】BE

【解析】研究试验费是指为建设项目提供或验证设计参数、数据、资料等进行必要的研究试验，以及设计规定在建设过程中必须进行试验、验证所需的费用。在计算时要注意不应包括以下项目：

（1）应由科技三项费用（即新产品试制费、中间试验费和重要科学研究补助费）开支的项目。

（2）应在建筑安装费用中列支的施工企业对建筑材料、构件和建筑物进行一般鉴定、检查所发生的费用及技术革新的研究试验费。

（3）应由勘察设计费或工程费用中开支的项目。故正确答案为 BE。

2.【答案】ABCD

【解析】专有技术使用费属于建设期计列的生产经营费。工程咨询服务费包括可行性研究费、专项评价费、勘察设计费、监理费、研究试验费、特殊设备安全监督检验费、招标费、设计评审费、技术经济标准使用费、工程造价咨询费及其他咨询费。

Ⅴ 建设期计列的生产经营费

（一）单项选择题

1.【答案】A

【解析】试运转支出包括试运转所需原材料、燃料及动力消耗、低值易耗品、其他物料消耗、工具用具使用费、机械使用费、联合试运转人员工资、施工单位参加试运转人员工资、专家指导费，以及必要的工业炉烘炉费等；试运转收入包括试运转期间的产品销售收入和其他收入。联合试运转费不包括应由设备安装工程费用开支的调试及试车费用，以及在试运转中暴露出来的因施工原因或设备缺陷等发生的处理费用。因此正确答案为 A。

2. 【答案】A

【解析】试运转支出包括试运转所需原材料、燃料及动力消耗、低值易耗品、其他物料消耗、工具用具使用费、机械使用费、联合试运转人员工资、施工单位参加试运转人员工资、专家指导费，以及必要的工业炉烘炉费等；试运转收入包括试运转期间的产品销售收入和其他收入。联合试运转费不包括应由设备安装工程费用开支的调试及试车费用，以及在试运转中暴露出来的因施工原因或设备缺陷等发生的处理费用。因此正确答案为 A。

3. 【答案】B

【解析】联合试运转费是指对整个生产线或装置进行负荷联合试运转所发生的费用净支出，试运转支出包括试运转所需原材料、燃料及动力消耗、其他物料消耗、工具用具使用费、机械使用费、联合试运转人员工资、施工单位参加试运转人员工资、专家指导费等。单台设备进行单机试运转工作的调试费属于安装工程费，因此正确答案为 B。

（二）多项选择题

【答案】AE

【解析】生产准备费包括人员培训及提前进厂费（包括自行组织培训或委托其他单位培训的人员工资、工资性补贴、职工福利费、差旅交通费、劳动保护费、学习资料费等），所以选项 A 正确。生产准备费包括为保证初期正常生产（或营业、使用）所必需的生产办公、生活家具用具购置费，所以选项 B 和 C 错误。生产准备费的计算：新建项目可以按设计定员为基数计算（改扩建项目以新增设计定员为基数计算），也可采用综合的生产准备费指标进行计算，或按费用内容的分类指标计算，所以选项 E 正确。选项 D 新版教材已删除。因此正确答案为 AE。

Ⅵ　本节综合题

（一）单项选择题

暂无真题。

（二）多项选择题

【答案】BDE

【解析】本题综合考核了工程建设其他费这一节。研究试验费属于工程咨询服务费的一种，费用主体一般是建设单位，指为建设项目提供或验证设计参数、数据、资料等进行必要的研究试验，以及设计规定在建设过程中必须进行试验、验证所需的费用，既不包括新产品试制费、中间试验费和重要科学研究补助费，也不包含施工企业技术革新的研究试验费，选项 A 错误。选项 C 中专有技术使用费属于专利及专有技术使用费，不属于工程咨询服务费。配套设施费包括城市基础设施配套费和人防易地建设费；联合试运转费不包括应由设备安装工程费开支的调试及试车费用，以及在试运转中暴露出来的因施工原因或设备缺陷等发生的处理费用；生产准备费包括人员培训、提前进厂费以及保证初期正常生产所必需的办公、生活家具用具购置费。

第五节 预备费和建设期利息的计算

一、名师考点

参见表1-6。

表1-6 预备费和建设期利息的计算考点

教材点		知识点
一	预备费	基本预备费的内容和计算；价差预备费的内容和计算
二	建设期利息	建设期利息的计算；公式中字母含义

二、真题回顾

Ⅰ 预备费

（一）单项选择题

1. 某建设项目静态投资计划额为10000万元，建设前期年限为1年，建设期为2年，分别完成投资的40%、60%。若年均投资价格上涨率为4%，则该项目建设期间价差预备费为（　　）万元。（2023年）

A. 442.79　　B. 649.60

C. 860.50　　D. 1075.58

2. 某建设工程的静态投资为8000万元，其中基本预备费率为5%，工程建设前期的年限为0.5年，建设期2年，计划每年完成投资的50%。若平均投资价格上涨率为5%，则该项目建设期价差预备费为（　　）万元。（2022年）

A. 610.00　　B. 640.50

C. 822.63　　D. 863.76

3. 某建设项目投资估算中的建安工程费、设备及工器具购置费、工程建设其他费用分别为30000万元、20000万元、10000万元。若基本预备费率为5%，则该项目的基本预备费为（　　）万元。（2021年）

A. 1500　　B. 2000

C. 2500　　D. 3000

4. 下列费用中，属于基本预备费支出范围的是（　　）。（2020年）

A. 超规超限设备运输增加费　　B. 人工、材料、施工机具的价差费

C. 建设期内利率调整增加费　　D. 未明确项目的准备金

5. 根据我国现行建设项目总投资及工程造价构成，在工程概算阶段考虑的对一般自然灾害处理的费用，应包含在（　　）内。(2019 年)

A. 未明确项目准备金　　B. 工程建设不可预见费

C. 暂列金额　　D. 不可预见准备金

6. 某建设项目工程费用 5000 万元，工程建设其他费用 1000 万元，基本预备费率为 8%，年均投资价格上涨率 5%，建设期 2 年，计划每年完成投资 50%，则该项目建设期第二年价差预备费应为（　　）万元。(2018 年)

A. 160.02　　B. 227.79

C. 246.01　　D. 326.02

7. 某建设项目静态投资为 20000 万元，项目建设前期年限为 1 年，建设期为 2 年，计划每年完成投资 50%，年均投资价格上涨率为 5%，该项目建设期价差预备费为（　　）万元。(2017 年)

A. 1006.25　　B. 1525.00

C. 2056.56　　D. 2601.25

8. 某建设项目静态投资为 10000 万元，项目建设前期年限为 1 年，建设期为 2 年，第一年完成投资 40%，第二年完成投资 60%。在年平均价格上涨率为 6%的情况下，该项目价差预备费应为（　　）万元。(2016 年)

A. 666.3　　B. 981.6

C. 1306.2　　D. 1640.5

9. 某建设项目建筑安装工程费为 6000 万元，设备购置费为 1000 万元，工程建设其他费用为 2000 万元，建设期利息为 500 万元。若基本预备费率为 5%，则该建设项目的基本预备费为（　　）万元。(2015 年)

A. 350　　B. 400

C. 450　　D. 475

10. 预备费包括基本预备费和价差预备费，其中价差预备费的计算应是（　　）。(2014 年)

A. 以编制年份的静态投资额为基数，采用单利方法

B. 以编制年份的静态投资额为基数，采用复利方法

C. 以估算年份价格水平的投资额为基数，采用单利方法

D. 以估算年份价格水平的投资额为基数，采用复利方法

（二）多项选择题

暂无真题。

Ⅱ　建设期利息

（一）单项选择题

1. 关于建设期贷款利息计算公式 $q_j=(P_{j-1}+1/2A_j)\cdot i$ 的应用，下列说法正确的是（　　）。(2023 年)

A. 仅适用于贷款在年中一次性发放的情况

B. P_{j-1} 为建设期第（j−1）年年末累计贷款本金

C. A_j 为建设期第 j 年贷款金额和利息之和

D. 利用国外贷款的年利率应综合考虑贷款手续费、承诺费等

2. 某建设项目贷款总额为 3000 万元，贷款年利率为 10%。项目建设前期年限为 1 年，建设期为 2 年，其中第一、二年的贷款比例分别为 60%和 40%。贷款在年内均衡发放，建设期内只计息不付息，则该项目建设期利息为（　　）万元。(2022 年)

A. 498.00　　B. 339.00

C. 249.00　　D. 438.00

3. 某新建项目建设期为 2 年，第一年贷款 1200 万元，第二年贷款 1800 万元。假设贷款在年内均衡发放，年利率为 10%，建设期内贷款只计息不支付。该项目建设期第二年应计贷款利息为（　　）万元。(2021 年)

A. 210　　B. 216

C. 300　　D. 312

4. 某新建项目建设期为 2 年，分年度均衡贷款，两年分别贷款 2000 万元和 3000 万元，贷款年利率为 10%，建设期内只计息不支付，则建设期贷款利息为（　　）万元。(2020 年)

A. 455　　B. 460

C. 720　　D. 830

5. 某新建项目建设期为 2 年，分年均衡进行贷款，第一年贷款 2000 万元，第二年贷款 3000 万元。在建设期内贷款利息只计息不支付，年利率为 10%的情况下，该项目应计建设期贷款利息为（　　）万元。(2019 年)

A. 360.0　　B. 460.0

C. 520.0　　D. 700.0

6. 关于建设期利息计算公式的应用，下列说法正确的是（　　）。(2018 年)

A. 按总贷款在建设期内均衡发放考虑

B. P_{j-1} 为第（j−1）年年初累计贷款本金和利息之和

C. 按贷款在年中发放和支用考虑

D. 按建设期内支付贷款利息考虑

7. 某项目建设期为 2 年，第一年贷款 4000 万元，第二年贷款 2000 万元，贷款年利率 10%，贷款在年内均衡发放，建设期内只计息不付息。该项目第二年的建设期利息为（　　）万元。(2017 年)

A. 200　　B. 500

C. 520　　D. 600

8. 某项目建设期为 2 年，第一年贷款 3000 万元，第二年贷款 2000 万元，贷款建设期内各年均衡发放，年利率为 8%，建设期内只计息不付息。该项目建设期利息为（　　）万元。(2016 年)

A. 366.4　　B. 449.6

C. 572.8　　D. 659.2

9. 某建设项目建设期为 2 年，建设期内第一年贷款 400 万元，第二年贷款 500 万元，贷款在年内均衡发放，年利率为 10%。建设期内只计息不支付，则该项目建设期贷款利息为（　　）万元。（2015 年）

A. 85.0　　B. 85.9

C. 87.0　　D. 109.0

10. 某项目共需要贷款资金 900 万元，建设期为 3 年，按年度均衡筹资，第一年贷款为 300 万元，第二年贷款为 400 万元，建设期内只计利息但不支付，年利率为 10%，则第二年的建设期利息应为（　　）万元。（2014 年）

A. 50.0　　B. 51.5

C. 71.5　　D. 86.65

（二）多项选择题

暂无真题。

三、真题解析

Ⅰ 预备费

（一）单项选择题

1. **【答案】**C

【解析】本题考核价差预备费的计算。

第一年价差预备费 $=10000\times40\%\times[(1+4\%)\times(1+4\%)^{0.5}-1]\approx242.384$（万元）；

第二年价差预备费 $=10000\times60\%\times[(1+4\%)\times(1+4\%)^{0.5}\times(1+4\%)-1]\approx618.119$（万元）；

建设期价差预备费合计 $=242.384+618.119\approx860.50$（万元）。

2. **【答案】**A

【解析】本题静态投资已知，因此不需要单独计算出基本预备费；$m=0.5$。

第一年价差预备费 $=8000\times50\%\times[(1+5\%)^{0.5}\times(1+5\%)^{0.5}-1]=200.00$（万元）；

第二年价差预备费 $=8000\times50\%\times[(1+5\%)^{0.5}\times(1+5\%)\times(1+5\%)^{0.5}-1]=410.00$（万元）；

建设期价差预备费合计 $=200+410=610.00$（万元）。

3. **【答案】**D

【解析】基本预备费 $=(30000+20000+10000)\times5\%=3000$（万元）。

4. **【答案】**A

【解析】预备费包括基本预备费和价差预备费，其中基本预备费包括工程实施中不可预见的工程变更及洽商、一般自然灾害处理、地下障碍物处理、超规超限设备运输等可能增加的费用，而价差预备费包括人工、设备、材料、施工机具的价差费，建筑安装工程费及工程建设其他费用调整，利率、汇率调整等增加的费用。因此正确答案为 A。

5. **【答案】**B

【解析】基本预备费是指投资估算或工程概算阶段预留的，由于工程实施中不可预见的工程变更及洽商、一般自然灾害处理、地下障碍物处理、超规超限设备运输等可能增加的费用，也可称为工程建设不可预见费。

6. 【答案】C

【解析】基本预备费=(5000+1000)×8%=480（万元），建设前期年限没有提及，则按 $m=0$ 计算，建设期中第二年的静态投资计划额 I_2=(5000+1000+480)×50%=3240（万元），第二年的价差预备费=3240×[1×(1+5%)$^{0.5}$×(1+5%)−1]≈246.01（万元）。

7. 【答案】C

【解析】第一年价差预备费=10000×[(1+5%)×(1+5%)$^{0.5}$−1]=759.30（万元），第二年的价差预备费=10000×[(1+5%)×(1+5%)$^{0.5}$×(1+5%)−1]=1297.26（万元）。

建设期价差预备费合计=759.30+1297.26=2056.56（万元）。

8. 【答案】C

【解析】项目价差预备费 $=PF=PF_1+PF_2$ =10000×40%×[(1+6%)×(1+6%)$^{0.5}$−1]+10000×60%×[(1+6%)×(1+6%)$^{0.5}$×(1+6%)−1]=1306.2（万元）。

9. 【答案】C

【解析】基本预备费=(工程费用+工程建设其他费用)×基本预备费率

=(6000+1000+2000)×5%=450（万元）。

10. 【答案】D

【解析】价差预备费一般根据国家规定的投资综合价格指数，以估算年份价格水平的投资额为基数，采用复利方法计算。

（二）多项选择题

暂无真题。

Ⅱ 建设期利息

（一）单项选择题

1. 【答案】D

【解析】本题考核建设期利息的公式含义。建设期利息的计算，根据建设期资金用款计划，在总贷款分年均衡发放的前提下，可按当年借款在年中支用考虑，即当年借款按半年计息，上年借款按全年计息，选项 A 错误。公式中 P_{j-1} 为建设期第（j−1）年年末累计贷款本金与利息之和，A_j 为建设期第 j 年贷款金额，故选项 B、C 错误。利用国外贷款的利息计算中，年利率应综合考虑手续费、管理费、承诺费，以及国内代理机构向贷款方收取的转贷费、担保费和管理费等。

2. 【答案】B

【解析】$q_j=(P_{j-1}+0.5A_j)\cdot i$，其中本题建设前期年限为干扰项。

第一年建设期利息=3000×60%×1/2×10%=90.00（万元）；

第二年建设期利息=(3000×60%+90+3000×40%×1/2)×10%=249.00（万元）；

建设期利息=90.00+249.00=339.00（万元）。

3. 【答案】B

【解析】第一年建设期利息：q_1=1200/2×10%=60（万元）；

第二年建设期利息：q_2=(1200+60+1800/2)×10%=216（万元）。

4.【答案】B

【解析】此题主要考查建设期利息的计算。

第一年建设期利息：2000/2×10%=100（万元）；

第二年建设期利息：(2000+3000/2+100)×10%=360（万元）；

建设期利息：100+360=460（万元）。

5.【答案】B

【解析】第一年建设期利息：2000/2×10%=100（万元）；

第二年建设期利息：(2000+100+3000/2)×10%=360（万元）；

建设期利息：100+360=460（万元）。

6.【答案】C

【解析】建设期利息的计算，根据建设期资金用款计划，在总贷款分年均衡发放前提下，可按当年借款在年中支用考虑，即当年借款按半年计息，上年借款按全年计息。

7.【答案】C

【解析】第一年建设期利息：4000/2×10%=200（万元）；

第二年建设期利息：(4000+200+2000/2)×10%=520（万元）。

8.【答案】B

【解析】$q_j=(P_{j-1}+0.5A_j)\cdot i$；

第一年建设期利息：3000/2×8%=120（万元）；

第二年建设期利息：(3000+120+2000/2)×8%=329.6（万元）；

建设期利息：120+329.6=449.6（万元）。

9.【答案】C

【解析】第一年建设期利息：400/2×10%=20（万元）；

第二年建设期利息：(400+20+500/2)×10%=67（万元）；

建设期利息：20+67=87（万元）。

10.【答案】B

【解析】第一年建设期利息：300/2×10%=15（万元）；

第二年建设期利息：(300+15+400/2)×10%=51.5（万元）。

（二）多项选择题

暂无真题。

第二章　建设工程计价原理、方法及计价依据

一、本章概览

参见图 2-1。

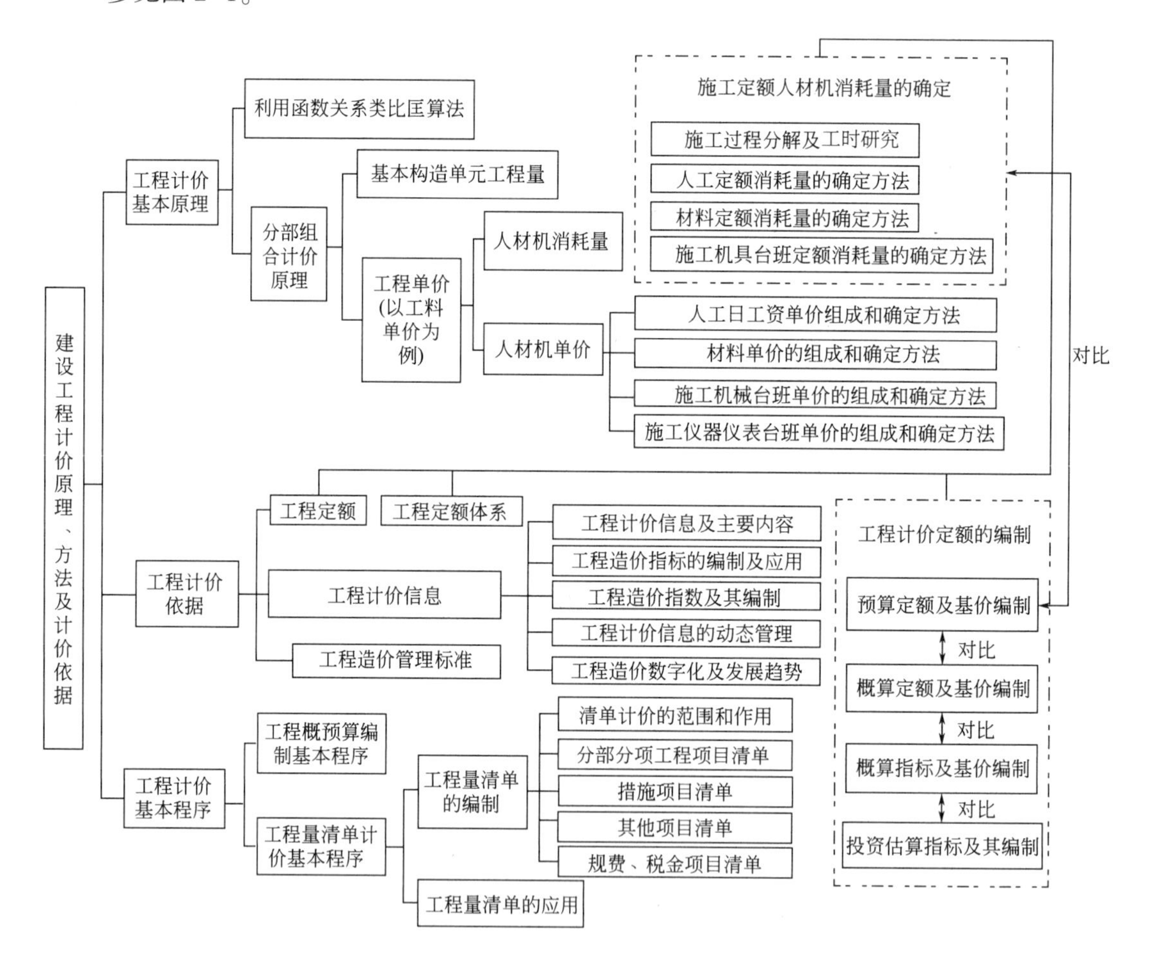

图 2-1 “建设工程计价原理、方法及计价依据”框架图

二、考情分析

参见表 2-1。

表 2-1　　2021~2023 年第二章各节考点分值分布表

考试年度	2023 年					2022 年					2021 年				
题型	单选题		多选题		分值	单选题		多选题		分值	单选题		多选题		分值
第一节　工程计价原理	2 道	2 分	1 道	2 分	4 分	2 道	2 分	1 道	2 分	4 分	2 道	2 分	1 道	2 分	4 分
第二节　工程量清单计价方法	3 道	3 分	1 道	2 分	5 分	3 道	3 分	1 道	2 分	5 分	3 道	3 分	1 道	2 分	5 分
第三节　建筑安装工程人工、材料和施工机具台班定额消耗量的确定	3 道	3 分	1 道	2 分	5 分	3 道	3 分	1 道	2 分	5 分	3 道	3 分	1 道	2 分	5 分
第四节　建筑安装工程人工、材料及施工机具台班单价的确定	2 道	2 分	1 道	2 分	4 分	2 道	2 分	1 道	2 分	4 分	2 道	2 分	1 道	2 分	4 分
第五节　工程计价定额的编制	1 道	1 分	0 道	0 分	1 分	1 道	1 分	1 道	2 分	3 分	1 道	1 分	1 道	2 分	3 分
第六节　工程计价信息及应用	3 道	3 分	1 道	2 分	5 分	2 道	2 分	0 道	0 分	2 分	2 道	2 分	1 道	2 分	4 分
本章小计	14 道	14 分	5 道	10 分	24 分	13 道	13 分	5 道	10 分	23 分	13 道	13 分	6 道	12 分	25 分
本章得分	24 分					23 分					25 分				

第一节　工程计价原理

一、名师考点

参见表 2-2。

表 2-2　　工程计价原理考点

教材点		知识点
一	工程计价的含义	—
二	工程计价基本原理	类比匡算法；分部组合计价原理的分部组合过程
三	工程计价依据	工程计价的主要依据
四	工程计价基本程序	工程量清单计价的基本程序：工程量清单的编制程序和工程量清单的应用过程；定额计价与清单计价的主要区别
五	工程定额体系	工程定额的不同分类结果；工程定额的改革与发展

二、真题回顾

Ⅰ　工程计价的含义

暂无真题。

Ⅱ 工程计价基本原理

（一）单项选择题

1.《建设工程工程量清单计价规范》GB 50500 中的清单综合单价是指（　　）。（2023 年）

A. 工料单价　　B. 成本单价

C. 完全费用综合单价　　D. 不完全费用综合单价

2. 根据现行工程量清单计价规范，将工程量乘以综合单价，汇总得出分部分项工程和单价措施项目费，再计算总价措施项目费和其他项目费，合计得出单位工程建筑安装工程费的方法称为（　　）。（2022 年）

A. 实物量法　　B. 定额基价法

C. 全费用综合单价法　　D. 工程单价法

3. 关于工程造价的分部组合计价原理，下列说法正确的是（　　）。（2018 年）

A. 分部分项工程费 = 基本构造单元工程量×工料单价

B. 工料单价指人工、材料和施工机械台班单价

C. 基本构造单元是由分部工程适当组合形成

D. 工程总价是按规定程序和方法逐级汇总形成的工程造价

4. 关于建设工程的分部组合计价，下列说法正确的是（　　）。（2017 年）

A. 适用于没有具体图样和工程量清单的建设项目计价

B. 要求将建设项目细分到最基本的构造单元

C. 利用产出函数进行计价

D. 具有自上而下、由粗到细的计价组合特点

5. 下列说法中，符合工程计价基本原理的是（　　）。（2016 年）

A. 工程计价的基本原理在于项目划分与工程量计算

B. 工程计价分为项目的分解与组合两个阶段

C. 工程组价包括工程单价的确定和总价的计算

D. 工程单价包括生产要素单价、工料单价和综合单价

6. 工程计量工作包括工程项目的划分和工程量的计算，下列关于工程计量工作的说法正确的是（　　）。（2015 年）

A. 项目划分须按预算定额规定的定额子项进行

B. 通过项目划分确定单位工程基本构造单元

C. 工程量的计算须按工程量清单计算规范的规则进行计算

D. 工程量的计算应依据施工图设计文件，不应依据施工组织设计文件

7. 下列关于工程计价的说法中，正确的是（　　）。（2014 年）

A. 工程计价包括计算工程量和套定额两个环节

B. 建筑安装工程费 = $\sum$基本构造单元工程量×相应单价

C. 工程组价包括工程单价的确定和总价的计算

D. 工程计价中的工程单价仅指综合单价

（二）多项选择题

根据分部组合计价原理，单位工程可依据（　　）等的不同分解为分部工程。(2017年)

A. 结构部位　　B. 路段长度

C. 施工特点　　D. 材料

E. 工序

Ⅲ　工程计价依据

（一）单项选择题

《工程造价术语标准》GB/T 50875 属于工程造价管理标准中的（　　）。(2021年)

A. 基础标准　　B. 管理规范

C. 操作规程　　D. 质量管理标准

（二）多项选择题

我国工程造价管理体系可划分为若干子体系，具体包括（　　）。(2021年)

A. 相关法律法规体系　　B. 工程造价管理标准体系

C. 工程定额体系　　D. 工程计价依据体系

E. 工程计价信息体系

Ⅳ　工程计价基本程序

（一）单项选择题

1. 关于工程量清单计价，下列算式正确的是（　　）。(2020年)

A. 分部分项工程费=∑分部分项工程量×分部分项工程工料单价

B. 措施项目费=∑措施项目工程量×措施项目工料单价

C. 其他项目费=暂列金额+暂估价+计日工+总承包服务费

D. 单项工程造价=分部分项工程费+措施项目费+其他项目费+税金

2. 关于工程量清单计价，下列表达式正确的是（　　）。(2019年)

A. 分部分项工程费=∑（分部分项工程量×相应分部分项的工料单价）

B. 措施项目费=∑（措施项目工程量×相应的工料单价）

C. 其他项目费=暂列金额+材料设备暂估价+计日工+总承包服务费

D. 单位工程造价=分部分项工程费+措施项目费+其他项目费+规费+税金

3. 根据我国建设市场发展现状，工程量清单计价和计量规范主要适用于（　　）。(2015年)

A. 项目建设前期各阶段工程造价的估量

B. 项目初步设计阶段概算的预测

C. 项目施工图设计阶段预算的预测

D. 项目合同价格的形成和后续合同价格的管理

4. 依法必须采用工程量清单招标的建设项目，投标人需要采用而招标人不需采用的计价依据是（　　）。(2015年)

A. 国家、地区或行业定额资料　　B. 工程造价信息、资料和指数

C. 计价活动相关规章规程　　D. 企业定额

（二）多项选择题

1. 关于工程量清单计价的基本程序和方法，下列说法正确的有（　　）。（2018 年）

A. 单位工程造价通过直接费、间接费、利润汇总

B. 计价过程包括工程量清单的编制和应用两个阶段

C. 项目特征和计量单位的确定与施工组织设计无关

D. 招标文件中划分的由投标人承担的风险费用应列入综合单价

E. 工程量清单计价活动伴随竣工结算而结束

2. 在工程量清单编制中，施工组织设计、施工规范和验收规范可以用来确定（　　）。（2019 年）

A. 项目名称　　B. 项目编码

C. 项目特征　　D. 计量单位

E. 工程数量

3. 关于工程量清单计价和定额计价，下列计价公式中正确的有（　　）。（2016 年）

A. 单位建安工程直接费 = Σ（假定建筑安装产品工程量×工料单价）+措施费

B. 单位建安工程概预算费 = 单位建安工程直接费+企业管理费+利润+税金

C. 分部分项工程费 = Σ（分部分项工程量×相应分部分项工程综合单价）

D. 措施项目费 = Σ按“项”计算的措施项目费+Σ（措施项目工程量×措施项目综合单价）

E. 单位工程报价 = 分部分项工程费+措施项目费+其他项目费+规费+税金

V　工程定额体系

（一）单项选择题

1. 下列定额中，子目最多、项目划分最细的定额是（　　）。（2023 年）

A. 施工定额　　B. 预算定额

C. 概算定额　　D. 概算指标

2. 下列工程定额中，以单位工程为对象，反映完成一个规定计量单位建筑安装产品经济指标的是（　　）。（2022 年）

A. 预算定额　　B. 概算定额

C. 概算指标　　D. 投资估算指标

3. 下列工程定额中，能反映建设总投资及各项费用构成的是（　　）。（2021 年）

A. 预算定额　　B. 施工定额

C. 概算指标　　D. 投资估算指标

4. 下列定额中，定额水平应反映社会平均先进水平的是（　　）。（2020 年）

A. 施工定额　　B. 预算定额

C. 概算定额　　D. 概算指标

5. 关于工程定额的应用，下列说法正确的是（　　）。（2019 年）

A. 施工定额是编制施工图预算的依据

B. 行业统一定额只能在本行业范围内使用

C. 企业定额反映了施工企业的生产消耗标准，宜用于工程计价

D. 工期定额是工程定额的一种类型，但不属于工程计价定额

6. 反映完成一定计量单位合格扩大结构构件需要消耗的人工、材料和施工机具台班的数量的定额是（　　）。（2018 年）

A. 概算指标　　B. 概算定额

C. 预算定额　　D. 施工定额

7. 下列定额中，项目划分最细的计价定额是（　　）。（2017 年）

A. 材料消耗定额　　B. 劳动定额

C. 预算定额　　D. 概算定额

8. 作为工程定额体系的重要组成部分，预算定额是（　　）。（2014 年）

A. 完成一定计量单位的某一施工过程所需要消耗的人工、材料、施工机具台班数量标准

B. 完成一定计量单位合格分项工程或结构构件所需消耗的人工、材料、施工机具台班数量及其费用标准

C. 完成单位合格扩大分项工程所需消耗的人工、材料和施工机具台班数量及费用标准

D. 完成一个规定计量单位建筑安装产品的费用消耗标准

（二）多项选择题

1. 关于现阶段我国工程造价计价依据改革的相关任务，下列说法正确的有（　　）。（2022 年）

A. 优化政府对预算定额的编制和发布

B. 采用政府发布的定额编制最高投标限价

C. 加强政府对市场价格信息发布行为的监管

D. 加强建设国有资金投资项目的工程造价数据库

E. 运用造价指标指数和市场价格信息控制项目投资

2. 关于投资估算指标，下列说法中正确的有（　　）。（2015 年）

A. 应以单项工程为编制对象

B. 是反映建设总投资的经济指标

C. 概略程度与可行性研究工作深度相适应

D. 编制基础包括概算定额，不包括预算定额

E. 可根据历史预算资料和价格变动资料等编制

3. 按定额的编制程序和用途，建设工程定额可划分为（　　）。（2014 年）

A. 施工定额　　B. 企业定额

C. 预算定额　　D. 补充定额

E. 投资估算指标

Ⅵ 本节综合题

（一）单项选择题

暂无真题。

（二）多项选择题

关于工程计价原理与依据，下列说法正确的有（　　）。（2023 年）

A. 项目的造价与建设规模呈线性关系

B. 工程计价的基本原理是项目的分解和价格的组合

C. 工程计价可分为工程计量和套用单价两个环节

D. 定额计价与工程量清单计价的主要区别之一是风险分担方式不同

E. 时间定额与产量定额互为倒数

三、真题解析

Ⅰ　工程计价的含义

暂无真题。

Ⅱ　工程计价基本原理

（一）单项选择题

1. **【答案】** D

【解析】 本题考核分部组合计价原理中工程单价构成。我国现行的《建设工程工程量清单计价规范》GB 50500 中规定的清单综合单价属于不完全费用综合单价，当把规费和税金计入不完全综合单价后即形成完全费用综合单价。

2. **【答案】** C

【解析】 工程单价包括工料单价和综合单价。根据我国现行有关规定，综合单价又可以分成清单综合单价（不完全综合单价）与全费用综合单价（完全综合单价）两种。全费用综合单价（完全综合单价）的计算步骤为：首先依据相应工程量计算规范规定的工程量计算规则计算工程量，并依据相应的计价依据确定综合单价，然后用工程量乘以综合单价，并汇总即可得出分部分项工程及单价措施项目费，之后再按相应的办法计算总价措施项目费、其他项目费，汇总后形成相应的工程造价。因此正确答案为 C。

3. **【答案】** D

【解析】 $\frac{\text{分部分项工程费}}{\text{（或单价措施项目费）}}=\sum$［基本构造单元工程量（定额项目或清单项目）× 相应单价］，工料单价仅包括人工、材料、机具使用费；按照计价需要，将分项工程进一步分解或适当组合，就可以得到基本构造单元；工程总价是指按规定的程序或办法逐级汇总形成的相应工程造价。因此正确答案为 D。

4. **【答案】** B

【解析】 选项 A 错误，如果一个建设项目的设计方案已经确定，则常用的是分部组合计价法。选项 C 错误，当一个建设项目还没有具体图样和工程量清单时，需要利用产出函数对建设项目投资进行匡算。选项 D 错误，工程计价是自下而上的分部组合计价。因此正确答案为 B。

5. **【答案】** C

【解析】 工程计价的基本原理在于项目的分解与组合，选项A错误；工程计价可分为工程计量和工程组价两个环节；工程计量工作包括工程项目的划分和工程量的计算，工程组价包括工程单价的确定和总价的计算；工程单价包括工料单价和综合单价，因此正确答案为C。

6. **【答案】** B

【解析】 编制工程概算预算时，主要是按工程定额进行项目的划分；编制工程量清单时主要是按照清单工程量计算规范规定的清单项目进行划分。工程量计算时，不同的计价依据有不同的计算规则规定。施工组织设计文件也是工程量计算的依据。选项B相对正确。

7. **【答案】** C

【解析】 工程计价的基本原理在于项目的分解与组合。工程计价可分为工程计量和工程组价两个环节。工程计量工作包括工程项目的划分和工程量的计算。工程组价包括工程单价的确定和总价的计算。工程单价包括工料单价和综合单价。

（二）多项选择题

【答案】 ABC

【解析】 单位工程可以按照结构部位、路段长度及施工特点或施工任务分解为分部工程。因此正确答案为ABC。分解成分部工程后，从工程计价的角度，还需要把分部工程按照不同的施工方法、材料、工序及路段长度等划分为分项工程。

Ⅲ 工程计价依据

（一）单项选择题

【答案】 A

【解析】 工程造价管理标准中的基础标准包括《工程造价术语标准》GB/T 50875、《建设工程计价设备材料划分标准》GB/T 50531等。

（二）多项选择题

【答案】 ABCE

【解析】 我国的工程造价管理体系可划分为工程造价管理的相关法律法规体系、工程造价管理标准体系、工程定额体系和工程计价信息体系四个主要部分。因此，正确答案为ABCE。其中工程造价管理体系中的工程造价管理的标准体系、工程定额体系和工程计价信息体系是工程计价的主要依据。

Ⅳ 工程计价基本程序

（一）单项选择题

1. **【答案】** C

【解析】 此题主要考查工程量清单计价的基本程序。其中，分部分项工程费=Σ（分部分项工程量×相应分部分项工程综合单价），措施项目费=Σ单价措施项目费+Σ总价措施项目费，其他项目费=暂列金额+暂估价+计日工+总承包服务费，单位工程造价=分部分项工程费+措施项目费+其他项目费+规费+税金，单项工程造价=Σ单位工程造价，因此正确答案为C。

2. 【答案】D

【解析】分部分项工程费=∑（分部分项工程量×相应分部分项工程综合单价）；措施项目费=∑各措施项目费；其他项目费=暂列金额+暂估价+计日工+总承包服务费。

3. 【答案】D

【解析】工程量清单计价活动主要适用于项目合同价格的形成以及后续合同价格管理阶段，具体涵盖施工招标、合同管理以及竣工交付全过程，主要包括编制招标工程量清单、最高投标限价、投标报价、确定合同价、工程计量与价款支付、合同价款的调整、工程结算和工程计价纠纷处理等活动。因此正确答案为 D。

4. 【答案】D

【解析】企业定额用于投标报价的编制，不是最高投标限价的编制依据。

（二）多项选择题

1. 【答案】BD

【解析】在工程量清单计价程序下，单位工程造价通过分部分项工程费、措施项目费、其他项目费、规费和税金汇总得到，在编制概预算时单位建筑安装工程造价通过直接费、间接费、利润、税金汇总得到；项目编码和计量单位的确定与施工组织设计无关；工程量清单计价活动伴随竣工交付全过程，竣工结算并不是适用范围的终点。因此选项 ACE 错误。工程量清单计价的过程可以分为工程量清单的编制和工程量清单的应用两个阶段，招标文件中划分的由投标人承担的风险费用应列入综合单价，所以选项 BD 说法正确。

2. 【答案】ACE

【解析】项目编码和计量单位的确定与施工组织设计无关，而项目名称、项目特征和工程数量与施工组织设计、施工规范和验收规范有关。因此正确答案为 ACE。

3. 【答案】CDE

【解析】概预算计价程序下，单位建安工程直接费=∑（假定建筑产品工程量×工料单价），故选项 A 错误；单位建安工程概预算费=单位建安工程直接费+间接费+利润+税金，故选项 B 错误。选项 CDE 的说法是正确的。

V 工程定额体系

（一）单项选择题

1. 【答案】A

【解析】本题考核工程定额的分类。施工定额的项目划分很细，是工程定额中分项最细、定额子目最多的一种定额，也是工程定额中的基础性定额。而在计价性定额中，预算定额是子目最多、项目划分最细的定额。

2. 【答案】C

【解析】概算指标是以单位工程为对象，反映完成一个规定计量单位建筑安装产品的经济指标。

3. 【答案】D

【解析】投资估算指标是以建设项目、单项工程、单位工程为对象，反映建设总投资及其各项费用构成的经济指标。

4.【答案】A

【解析】此题主要考查各种定额的水平，其中施工定额属于生产性定额，定额水平反映社会平均先进水平，而预算定额、概算定额、概算指标、投资估算指标均属于计价性定额，反映社会平均水平。因此正确答案为A。

5.【答案】D

【解析】施工定额是编制施工预算的依据。工期定额属于工程定额的一种类型，但不属于工程计价定额，工程计价定额包括预算定额、概算定额、概算指标、投资估算指标等。因此正确答案为D。

6.【答案】B

【解析】概算定额是完成单位合格扩大分项工程或扩大结构构件所需消耗的人工、材料和施工机具台班的数量及其费用标准。因此正确答案为B。

7.【答案】C

【解析】材料和劳动定额是按照定额反映的生产要素进行的划分。计价定额包括预算定额、概算定额、概算指标、投资估算指标等，因此划分最细的计价定额为预算定额，而施工定额是工程定额中分项最细、定额子目最多的一种定额，也是工程定额中的基础性定额。因此正确答案为C。

8.【答案】B

【解析】预算定额是在正常的施工条件下，完成一定计量单位合格分项工程或结构构件所需消耗的人工、材料、施工机具台班数量及其费用标准。因此正确答案为B。

（二）多项选择题

1.【答案】CDE

【解析】工程造价计价依据改革主要包括：（1）完善工程计价依据发布机制。①优化概算定额、估算指标的编制和发布，取消最高投标限价按定额计价的规定，逐步停止发布预算定额；②搭建市场价格信息发布平台，统一信息发布标准和规则，鼓励企事业单位通过信息平台发布各自的人工、材料、机械台班市场价格信息；③加强市场价格信息发布行为监管，严格信息发布单位主体责任。故选项AB错误，选项C正确。（2）加强工程造价数据积累。①加快建立国有资金投资的工程造价数据库，按地区、工程类型、建筑结构等分类发布人工、材料、项目等造价指标指数，利用大数据、人工智能等信息化技术为概预算编制提供依据；②加快推进工程总承包和全过程工程咨询，综合运用造价指标指数和市场价格信息，控制设计限额、建造标准、合同价格，确保工程投资效益得到有效发挥，由此选项DE正确。

2.【答案】BCE

【解析】投资估算指标是以建设项目、单项工程、单位工程为对象，反映建设总投资及其各项费用构成的经济指标。它是在项目建议书和可行性研究阶段编制投资估算、计算投资需要量时使用的一种定额。它的概略程度与可行性研究阶段相适应。投资估算指标往往根据历史的预算资料和价格变动等资料编制，但其编制基础仍然离不开预算定额、概算定额。因此正确答案为BCE。

3.【答案】ACE

【解析】按定额的编制程序和用途可以把工程定额分为施工定额、预算定额、概算定额、概算指标、投资估算指标等，因此正确答案为 ACE。

Ⅵ 本节综合题

（一）单项选择题

暂无真题。

（二）多项选择题

【答案】BDE

【解析】此题综合考核了工程计价原理这一节的内容。各题项的释义如下：①项目的造价并不总是和规模呈线性关系，典型的规模经济或规模不经济都会出现。②工程计价的基本原理是项目的分解和价格的组合。③工程计价可分为工程计量（包括工程项目的划分和工程量的计算）和工程组价（包括工程单价的确定和总价的计算）两个环节。④定额计价与工程量清单计价的主要区别有三个，分别是造价形成机制不同、风险分担方式不同、计价的目的不同，其中造价形成机制不同是定额计价与工程量清单计价的最根本区别。⑤时间定额与产量定额互为倒数。

第二节 工程量清单计价方法

一、名师考点

参见表 2-3。

表 2-3 工程量清单计价方法考点

教材点		知识点
一	工程量清单计价的范围和作用	工程量清单计价的适用范围
二	分部分项工程项目清单	分部分项工程项目清单中项目编码、项目名称、项目特征、计量单位和工程量、补充项目编码的具体规定
三	措施项目清单	单价与总价措施项目清单与计价表的构成、说明
四	其他项目清单	暂列金额、暂估价（包括材料暂估单价、工程设备暂估单价、专业工程暂估价）、计日工；总承包服务费的含义及各自表格说明
五	规费、税金项目清单	构成

二、真题回顾

Ⅰ 工程量清单计价的范围和作用

（一）单项选择题

1. 根据《建设工程工程量清单计价规范》GB 50500，关于工程量清单及其编制，下

列说法正确的是（　　）。(2023 年)

A. 招标工程量清单的完整性由招标代理人负责

B. 招标工程量清单应以分部分项工程为单位编制

C. 已标价工程量清单需经承包人确认

D. 已标价工程量清单不包括规费和税金项目清单

2. 关于工程量清单计价的适用范围和编制要求，下列说法正确的是（　　）。(2021 年)

A. 工程量清单计价主要用于设计及其以后各个阶段的计价活动

B. 招标工程量清单的完整性和准确性由编制人负责

C. 招标工程量清单应以单位（项）工程为单位编制

D. 国家特许的融资项目可不采用工程量清单计价

3. 关于工程量清单计价适用范围，下列说法正确的是（　　）。(2018 年)

A. 达到或超过规定建设规模的工程，必须采用工程量清单计价

B. 达到或超过规定投资数额的工程，必须采用工程量清单计价

C. 国有资金占投资总额不足 50% 的建设工程发承包，不必采用工程量清单计价

D. 不采用工程量清单计价的建设工程，应执行清单计价规范中除工程量清单等专门性规定以外的其他规定

4. 招标工程量清单是招标文件的组成部分，其准确性由（　　）负责。(2015 年)

A. 招标代理机构　　B. 招标人

C. 编制工程量清单的造价咨询机构　　D. 招标工程量清单的编制人

（二）多项选择题

1. 按照《住房城乡建设部关于进一步推进工程造价管理改革的指导意见》（建标〔2014〕142 号）的要求，工程量清单规范体系应满足（　　）下工程计价需要。(2021 年)

A. 不同管理需求　　B. 不同融资方式

C. 不同设计深度　　D. 不同复杂程度

E. 不同承包方式

2. 根据现行国家标准《建设工程工程量清单计价规范》GB 50500，关于工程量清单的特点和应用，下列说法正确的有（　　）。(2020 年)

A. 分为招标工程量清单和已标价工程量清单

B. 以单位（项）工程为单位编制

C. 是招标文件的组成部分

D. 是载明发包工程内容和数量的清单，不涉及金额

E. 仅用于最高投标限价和投标报价的编制

3. 根据现行国家标准《建设工程工程量清单计价规范》GB 50500，关于工程量清单计价的有关要求，下列说法正确的有（　　）。(2017 年)

A. 事业单位自有资金投资的建设工程发承包，可以不采用工程量清单计价

B. 使用国有资金投资的建设工程发承包，必须采用工程量清单计价

C. 招标工程量清单应以单位（项）工程为单位编制

D. 工程量清单计价方式下，必须采用单价合同

E. 招标工程量清单的准确性和完整性由清单编制人负责

Ⅱ 分部分项工程项目清单

（一）单项选择题

1. 关于分部分项工程项目清单的编制，下列说法正确的是（　　）。（2022 年）

A. 第二级项目编码为单位工程顺序码

B. 应补充描述清单计算规范中未规定的其他独有特征

C. 项目名称应直接采用规范附录给定的名称

D. 工程量中应包含多种必要的施工损耗量

2. 关于分部分项工程项目清单中“项目特征”的描述，下列说法正确的是（　　）。（2021 年）

A. 工程量计算规范附录中没有规定的其他独有特征，在特征描述中无须描述

B. 投标报价时如遇项目特征描述与图纸不符，应以图纸为准

C. 在进行项目特征描述的同时，也应对工程内容加以描述

D. 应结合技术规范、标准图集、施工图纸等进行描述

3. 关于分部分项工程项目清单的编制要求，下列说法正确的是（　　）。（2021 年）

A. 所有清单项目的工程量均应以完成后的净值计算

B. 以“个”“项”等为计算单位时，应取整数，小数部分四舍五入

C. 有两个或两个以上计量单位时，应按不同计量单位分别计量

D. 当出现规范附录中未包含的清单项目时，编制人应作补充，并报省级或行业工程造价管理机构备案

4. 关于分部分项工程项目清单中项目编码的编制，下列说法正确的是（　　）。（2020 年）

A. 第二级编码为分部工程顺序码

B. 第五级编码为分项工程项目名称顺序码

C. 同一标段内多个单位工程中项目特征完全相同的分项工程，可采用相同编码

D. 补充项目应采用六位编码

5. 招标工程量清单的项目特征中通常不需描述的内容是（　　）。（2018 年）

A. 材料材质　　　　B. 结构部位

C. 工程内容　　　　D. 规格尺寸

6. 根据《建设工程工程量清单计价规范》GB 50500，下列关于工程量清单项目编码的说法中，正确的是（　　）。（2016 年）

A. 第三级编码为分部工程顺序码，由三位数字表示

B. 第五级编码应根据拟建工程的工程量清单项目名称设置，不得重码

C. 同一标段含有多个单位工程，不同单位工程中项目特征相同的工程应采用相同编码

D. 补充项目编码以“B”加上计量规范代码及三位阿拉伯数字表示

7. 关于工程量清单的编制，下列说法正确的是（　　）。（2015 年）

A. 项目编码以五级全国统一编码设置，用十二位阿拉伯数字表示

B. 编制分部分项工程量清单时，必须对工作内容进行描述

C. 补充项目的编码由计量规范的代码与“B”和三位阿拉伯数字组成

D. 按施工方案计算的措施费，必须写明“计算基础”“费率”的数值

8. 在工程量清单中，最能体现分部分项工程项目自身价值的本质是（　　）。（2014 年）

A. 项目特征　　　　B. 项目编码

C. 项目名称　　　　D. 项目计量单位

9. 编制工程量清单出现计算规范附录中未包括的清单项目时，编制人应作补充，下列有关编制补充项目的说法中正确的是（　　）。（2014 年）

A. 补充项目编码应由“B”与三位阿拉伯数字组成

B. 补充项目应报县级工程造价管理机构备案

C. 补充项目的工作内容应予以明确

D. 补充项目编码应顺序编制，起始序号由编制人根据需要自主确定

（二）多项选择题

1. 关于分部分项工程项目清单的编制，下列说法正确的有（　　）。（2019 年）

A. 项目编码第 7~9 位为分项工程项目名称顺序码

B. 项目名称应按工程量计算规范附录中给定的名称确定

C. 项目特征应按工程量计算规范附录中规定的项目特征予以描述

D. 计量单位应按工程量计算规范附录中给定的，选用最适宜表现项目特征并方便计量的单位

E. 工程量应按实际完成的工程量计算

2. 根据《建设工程工程量清单计价规范》GB 50500，关于分部分项工程量清单的编制，下列说法正确的有（　　）。（2017 年）

A. 以重量计算的项目，其计量单位应为“t”或“kg”

B. 以“t”为计量单位时，其计算结果应保留三位小数

C. 以“m^3”为计量单位时，其计算结果应保留三位小数

D. 以“kg”为计量单位时，其计算结果应保留一位小数

E. 以“个”“项”为单位的，应取整数

3. 关于分部分项工程量清单的编制，下列说法正确的有（　　）。（2016 年）

A. 以清单计算规范附录中的名称为基础，结合具体工作内容补充细化项目名称

B. 清单项目的工作内容在招标工程量清单的项目特征中加以描述

C. 有两个或两个以上计量单位时，选择最适宜表现该项目特征并方便计量的单位

D. 除另有说明外，清单项目的工程量应以实体工程量为准，各种施工中的损耗和需要增加的工程量应在单价中考虑

E. 在工程量清单中应附补充项目的项目名称、项目特征、计量单位和工程量

Ⅲ　措施项目清单

（一）单项选择题

1. 下列措施费中，宜采用分部分项工程项目清单编制的是（　　）。（2023 年）

A. 大型机械进出场及安拆费　　B. 安全文明施工费
C. 二次搬运费　　D. 已完工程和设备保护费

2. 根据现行工程量清单计价规范，下列费用中，应列入单价措施项目清单与计价表的是（　　）。（2022年）

A. 施工排水、降水费
B. 已完工程及设备保护费
C. 冬雨期施工增加费
D. 地上、地下设施和建筑物的临时保护设施费

3. 下列费用中，应计入总价措施项目清单与计价表中的是（　　）。（2020年）

A. 垂直运输费
B. 施工排水、降水费
C. 大型设备进出场及安拆费
D. 地上、地下设施和建筑物的临时保护费

4. 根据现行工程量计算规范，适宜采用分部分项工程项目清单计价方式计价的措施项目费是（　　）。（2019年）

A. 二次搬运费　　B. 超高施工增加费
C. 已完工程及设备保护费　　D. 地上、地下设施临时保护费

5. 依据《建设工程工程量清单计价规范》GB 50500，一般不作为安全文明施工费计算基础的是（　　）。（2017年）

A. 定额基价
B. 定额人工费
C. 定额人工费+定额施工机具使用费
D. 定额人工费+定额材料费+定额施工机具使用费

6. 对于不能计量工程量的措施项目，当按施工方案计算措施费时，若无“计算基础”和“费率”的数值，则（　　）。（2016年）

A. 以定额基价为计算基础，以国家、行业、地区定额中相应的费率计算金额
B. 以“定额人工费+定额机械费”为计算基础，以国家、行业、地区定额中相应费率计算金额
C. 只填写“金额”数值，在备注中说明施工方案出处或计算方法
D. 以备注中说明的计算方法，补充填写“计算基础”和“费率”

（二）多项选择题

1. 为有利于措施费的确定和调整，根据现行工程量计算规范，适宜采用单价措施项目计价的有（　　）。（2018年）

A. 夜间施工增加费　　B. 二次搬运费
C. 施工排水、降水费　　D. 超高施工增加费
E. 垂直运输费

2. 为了便于措施项目费的确定和调整，通常采用分部分项工程量清单方式编制的措施项目有（　　）。（2015年）

A. 脚手架工程　　B. 垂直运输工程

C. 二次搬运工程　　D. 已完工程及设备保护

E. 施工排水、降水

3. 下列措施项目中，应按分部分项工程量清单编制方式编制的有（　　）。(2014 年)

A. 超高施工增加　　B. 建筑物的临时保护设施

C. 大型机械设备进出场及安拆　　D. 已完工程及设备保护

E. 施工排水、降水

4. 关于措施项目工程量清单编制与计价，下列说法正确的是（　　）。(2014 年)

A. 不能计算工程量的措施项目也可以采用分部分项工程量清单方式编制

B. 安全文明施工费按总价方式编制，其计算基础可为“定额基价”“定额人工费”

C. 总价措施项目清单表应列明计量单位、费率、金额等内容

D. 除安全文明施工费外的其他总价措施项目的计算基础可为“定额人工费”

E. 按施工方案计算的总价措施项目，可以只填“金额”数值

Ⅳ 其他项目清单

(一) 单项选择题

1. 在编制投标报价时，其他费用中的专业工程暂估价的费用组成为（　　）。(2023 年)

A. 人工费、机械费、材料费

B. 人工费、机械费、材料费、企业管理费、利润

C. 人工费、机械费、材料费、企业管理费、利润、规费

D. 人工费、机械费、材料费、企业管理费、利润、规费、税金

2. 关于招标工程量清单中的暂估价，下列说法正确的是（　　）。(2022 年)

A. 工程项目暂估价应汇总计入其他项目费

B. 材料暂估单价应计入工程量清单综合单价

C. 专业工程暂估价中应包含规费和税金

D. 材料和工程设备暂估单价应由投标人填写

3. 编制工程量清单时，下列费用属于总承包服务费考虑范围的是（　　）。(2020 年)

A. 总包人对专业工程的投标费

B. 承包人自行采购工程设备的保管费

C. 总包人施工现场的管理费

D. 竣工决算文件编制费

4. 在工程量清单计价中，下列关于暂估价的说法，正确的是（　　）。(2019 年)

A. 材料设备暂估价是指用于尚未确定或不可预见的材料、设备采购的费用

B. 纳入分部分项工程项目清单综合单价中的材料暂估价包括暂估单价及数量

C. 专业工程暂估价与分部分项工程综合单价在费用构成方面应保持一致

D. 专业工程暂估价由投标人自主报价

5. 在工程量清单计价中，下列费用项目应计入总承包服务费的是（　　）。(2019 年)

A. 总承包人的工程分包费

B. 总承包人的管理费

C. 总承包人对发包人自行采购材料的保管费

D. 总承包工程的竣工验收费

6. 根据《建设工程工程量清单计价规范》GB 50500，关于其他项目清单的编制和计价，下列说法正确的是（　　）。(2018 年)

A. 暂列金额由招标人在工程量清单中暂定

B. 暂列金额包括暂时不能确定价格的材料暂定价

C. 专业工程暂估价包括规费和税金

D. 计日工单价不包括企业管理费和利润

7. 根据《建设工程工程量清单计价规范》GB 50500，下列费用项目中需纳入分部分项工程项目综合单价中的是（　　）。(2017 年)

A. 工程设备暂估价　　　　B. 专业工程暂估价

C. 暂列金额　　　　D. 计日工费

8. 根据《建设工程工程量清单计价规范》GB 50500，关于计日工，下列说法中正确的是（　　）。(2017 年)

A. 计日工包括各种人工，不应包括材料、施工机械

B. 计日工按综合单价计价，投标时应计入投标总价

C. 计日工表中的项目名称由招标人填写，工程数量由投标人填写

D. 计日工单价由投标人自主确定，并按计日工表中所列数量结算

9. 采用工程量清单计价的总承包服务费计价表中，应由投标人填写的内容是（　　）。(2016 年)

A. 项目价值　　　　B. 服务内容

C. 计算基础　　　　D. 费率和金额

10. 关于工程量清单中的计日工，下列说法正确的是（　　）。(2015 年)

A. 即指零星工作所消耗的人工工时

B. 在投标时计入总价，其数量和单价由投标人填报

C. 应按投标文件载明的数量和单价进行结算

D. 在编制招标工程量清单时，暂定数量由招标人填写

11. 关于总承包服务费的支付，下列说法中正确的是（　　）。(2015 年)

A. 建设单位向总承包单位支付　　　　B. 分包单位向总承包单位支付

C. 专业承包单位向总承包单位支付　　　　D. 专业承包单位向建设单位支付

12. 招标人在工程量清单中提供的用于支付必然发生但暂时不能确定价格的材料、工程设备单价及专业工程金额的是（　　）。(2014 年)

A. 暂列金额　　　　B. 暂估价

C. 总承包服务费　　　　D. 价差预备费

（二）多项选择题

1. 下列费用中，在投标时需按招标人确定的单价或金额计入投标总价的有（　　）。

（2023年）

A. 暂列金额　　B. 专业工程暂估价

C. 计日工单价　　D. 材料暂估单价

E. 总承包服务费

2. 关于其他项目清单与计价表的编制，下列说法正确的有（　　）。（2020年）

A. 材料暂估单价计入清单项目综合单价，不汇总到其他项目清单计价表总额

B. 暂列金额归招标人所有，投标人应将其扣除后再做投标报价

C. 专业工程暂估价的费用构成类别应与分部分项工程综合单价的构成保持一致

D. 计日工的名称和数量应由投标人填写

E. 总承包服务费的内容和金额应由投标人填写

3. 下列费用中，由招标人填写金额，投标人直接计入投标总价的有（　　）。（2018年）

A. 材料设备暂估价　　B. 专业工程暂估价

C. 暂列金额　　D. 计日工合价

E. 总承包服务费

4. 关于暂估价的计算和填写，下列说法正确的有（　　）。（2016年）

A. 暂估价数量和拟用项目应结合工程量清单中“暂估价表”予以补充说明

B. 材料暂估价应由招标人填写暂估单价，无须指出拟用于哪些清单项目

C. 工程设备暂估价不应纳入分部分项工程综合单价

D. 专业工程暂估价应分不同专业，列出明细表

E. 专业工程暂估价由招标人填写，并计入投标总价

5. 根据《建设工程工程量清单计价规范》GB 50500，在其他项目清单中，应由投标人自主确定价格的有（　　）。（2015年）

A. 暂列金额　　B. 专业工程暂估价

C. 材料设备暂估价　　D. 计日工单价

E. 总承包服务费

Ⅴ　规费、税金项目清单

暂无真题。

Ⅵ　本节综合题

（一）单项选择题

暂无真题。

（二）多项选择题

关于招标工程量清单的编制，下列说法正确的有（　　）。（2022年）

A. 应在预算定额和工程量清单计算规范中选择工程量计算规则

B. 措施项目清单应根据拟建工程的实际情况列项

C. 专业工程暂估价应计入其他项目费

D. 计日工表应列出计量单位、暂定数量、暂定金额

E. 总承包服务费的项目名称和服务内容应由招标人填写

三、真题解析

Ⅰ 工程量清单计价的范围和作用

（一）单项选择题

1.【答案】C

【解析】本题考核工程量清单计价原理。根据现行国家标准《建设工程工程量清单计价规范》GB 50500 的规定，工程量清单又可分为招标工程量清单和已标价工程量清单。采用工程量清单方式招标，招标工程量清单必须作为招标文件的组成部分，其准确性和完整性由招标人负责。招标工程量清单应以单位（项）工程为单位编制，由分部分项工程项目清单，措施项目清单，其他项目清单，规费项目、税金项目清单组成。由上可知选项 ABD 错误。同时作为投标文件组成部分的已标明价格并经承包人确认的称为已标价工程量清单，选项 C 正确。

2.【答案】C

【解析】招标工程量清单必须作为招标文件的组成部分，其准确性和完整性由招标人负责。招标工程量清单应以单位（项）工程为单位编制，由分部分项工程项目清单，措施项目清单，其他项目清单，规费项目、税金项目清单组成。

3.【答案】D

【解析】使用国有资金投资的建设工程发承包，必须采用工程量清单计价；非国有资金投资的建设工程，宜采用工程量清单计价；不采用工程量清单计价的建设工程，应执行清单计价规范中除工程量清单等专门性规定外的其他规定。国有资金投资的项目包括全部使用国有资金（含国家融资资金）投资或国有资金投资为主的工程建设项目。国有资金（含国家融资资金）为主的工程建设项目是指国有资金占投资总额 50%以上，或虽不足 50%但国有投资者实质上拥有控股权的工程建设项目。因此正确答案为 D。

4.【答案】B

【解析】招标工程量清单应由具有编制能力的招标人或受其委托、具有相应资质的工程造价咨询人或招标代理人编制。采用工程量清单方式招标，招标工程量清单必须作为招标文件的组成部分，其准确性和完整性由招标人负责。因此正确答案为 B。

（二）多项选择题

1.【答案】ACDE

【解析】根据《住房城乡建设部关于进一步推进工程造价管理改革的指导意见》（建标〔2014〕142 号）的要求，清单计价方式应满足“完善工程项目划分，建立多层级工程量清单，形成以清单计价规范和各专（行）业工程量计算规范配套使用的清单规范体系，满足不同设计深度、不同复杂程度、不同承包方式及不同管理需求下工程计价的需要”的原则。融资方式与采用何种计价方式没有直接关系。

2.【答案】AB

【解析】此题综合考查工程量清单的特点和应用。工程量清单可分为招标工程量清单和已标价工程量清单，其中采用工程量清单方式招标时招标工程量清单必须作为招标文件的组成部分，而已标价工程量清单则是投标文件组成部分，故选项 A 正确，选项 C 错误；以招标工程量清单为例，其编制应以单位（项）工程为单位，故选项 B 正确；工程量清单中暂列金额和暂估价含有金额，因此选项 D 错误；清单计价适用于建设工程发承包及其实施阶段的计价活动，因此选项 E 错误。

3. **【答案】** BC

【解析】 使用国有企事业单位自有资金并且国有资金投资者实际拥有控制权的项目必须采用工程量清单计价，因此选项 A 错误；工程量清单计价方式下，鼓励采用单价合同，故选项 D 错误。E 选项错误，招标工程量清单的准确性和完整性由招标人负责。招标工程量清单应以单位（项）工程为单位编制，由分部分项工程项目清单，措施项目清单，其他项目清单，规费项目、税金项目清单组成。使用国有资金投资的建设工程发承包，必须采用工程量清单计价；非国有资金投资的建设工程，宜采用工程量清单计价；不采用工程量清单计价的建设工程，应执行清单计价规范中除工程量清单等专门性规定外的其他规定。因此正确答案为 BC。

Ⅱ　分部分项工程项目清单

（一）单项选择题

1. **【答案】** B

【解析】 清单项目编码以五级编码设置，其中第一级表示专业工程代码，第二级表示附录分类顺序码，第三级表示分部工程顺序码，第四级表示分项工程项目名称顺序码，第五级表示清单项目名称顺序码，故选项 A 错误。项目特征是对项目的准确描述，是确定一个清单项目综合单价不可缺少的重要依据，是区分清单项目的依据，是履行合同义务的基础；凡项目特征中未描述到的其他独有特征，由清单编制人视项目具体情况确定，以准确描述清单项目为准，故选项 B 正确。分部分项工程项目清单的项目名称应按各专业工程工程量计算规范附录的项目名称结合拟建工程的实际确定，故选项 C 错误。除另有说明外，所有清单项目的工程量应以实体工程量为准，并以完成后的净值计算；投标人投标报价时，应在单价中考虑施工中的各种损耗和需要增加的工程量，故选项 D 错误。

2. **【答案】** D

【解析】 分部分项工程项目清单的项目特征应按各专业工程工程量计算规范附录中规定的项目特征，结合技术规范、标准图集、施工图纸，按照工程结构、使用材质及规格或安装位置等，予以详细而准确的表述和说明。

3. **【答案】** D

【解析】 在编制工程量清单时，当出现工程量计算规范附录中未包括的清单项目时，编制人应作补充，并将编制的补充项目报省级或行业工程造价管理机构备案。

4. **【答案】** D

【解析】 此题主要考查分部分项工程项目清单的构成。五级编码中第二级表示附录分类顺序码，第三级表示分部工程顺序码，第四级表示分项工程项目名称顺序码，第五级表示清单项目名称顺序码，故选项 A 和 B 错误；当同一标段内含有多个单位工程且工程量清单是以单位工程为编制对象时，在编制工程量清单时应特别注意对项目编码十至十二位的设置不得有重码的规定，因此选项 C 错误；补充项目的编码由工程量计算规范的代码与“B”和三位阿拉伯数字组成，其中工程量计算规范的代码为两位编码，故可以推定补充项目应采用六位编码，因此选项 D 正确。

5. **【答案】** C

【解析】 在编制分部分项工程项目清单时，工程内容通常无需描述，因为在工程量计算规范中，工程量清单项目与工程量计算规则、工程内容有一一对应关系，当采用工程量计算规范这一标准时，工程内容均有规定。因此正确答案为 C。

6. **【答案】** B

【解析】 第三级表示分部工程顺序码，由两位数字表示（分二位），故选项 A 错误；当同一标段（或合同段）的一份工程量清单中含有多个单位工程，在编制工程量清单时应特别注意对项目编码十至十二位的设置不得有重码，故选项 B 正确，选项 C 错误；补充项目的编码由计量规范的代码与“B”和三位阿拉伯数字组成，故选项 D 错误。

7. **【答案】** C

【解析】 清单项目编码以五级编码设置，用十二位阿拉伯数字表示。一、二、三、四级编码为全国统一，第五级即十至十二位为清单项目名称顺序码，因此选项 A 错误。在编制分部分项工程项目清单时，工程内容通常无须描述，因此选项 B 错误。按施工方案计算的措施费，若无“计算基础”和“费率”的数值，也可只填“金额”数值，但应在备注栏说明施工方案出处或计算方法，因此选项 D 错误。选项 C 的说法是正确的。

8. **【答案】** A

【解析】 项目特征是构成分部分项工程项目、措施项目自身价值的本质特征。项目特征是对项目的准确描述，是确定一个清单项目综合单价不可缺少的重要依据，是区分清单项目的依据，是履行合同义务的基础。因此正确答案为 A。

9. **【答案】** C

【解析】 补充项目的编码由工程量计算规范的代码与“B”和三位阿拉伯数字组成，并应从 001 起顺序编制；在工程量清单中应附补充项目的项目名称、项目特征、计量单位、工程量计算规则和工作内容；将编制的补充项目报省级或行业工程造价管理机构备案。因此正确答案为 C。

（二）多项选择题

1. **【答案】** AD

【解析】 分部分项工程项目清单的项目名称应按各专业工程工程量计算规范附录的项目名称结合拟建工程的实际确定；考虑该项目的规格、型号、材质等特征要求，结合拟建工程的实际情况，使其工程量清单项目名称具体化、细化，以反映影响工程造价的主要因素。项目特征应按各专业工程工程量计算规范附录中规定的项目特征，结合技术规范、标准图集、施工图纸，按照工程结构、使用材质及规格或安装位置等，予以详细而准确地表述和说明，所以选项 B、C 错误。所有清单项目的工程量应以实体工程量为准，并以完成后的净值计算，所以选项 E 错误。选项 A、D 的说法是正确的。

2. 【答案】ABE

【解析】计量单位的有效位数应遵守下列规定：①以“t”为单位，应保留三位小数，第四位小数四舍五入。②以“m^3”“m^2”“m”“kg”为单位，应保留两位小数，第三位小数四舍五入。③以“个”“项”等为单位，应取整数。

3. 【答案】CD

【解析】在编制分部分项工程项目清单时，以附录中的分项工程项目名称为基础，考虑该项目的规格、型号、材质等特征要求，结合拟建工程的实际情况，使其工程量清单项目名称具体化、细化，以反映影响工程造价的主要因素，故选项 A 错误；在编制分部分项工程量清单时，工程内容通常无须描述，故选项 B 错误；在工程量清单中应附补充项目的项目名称、项目特征、计量单位、工程量计算规则和工作内容，故选项 E 错误；当计量单位有两个或两个以上时，应根据所编工程量清单项目的特征要求，选择最适宜表现该项目特征并方便计量的单位。除另有说明外，所有清单项目的工程量应以实体工程量为准，并以完成后的净值计算；投标人投标报价时，应在单价中考虑施工中的各种损耗和需要增加的工程量。

Ⅲ 措施项目清单

（一）单项选择题

1. 【答案】A

【解析】本题考核措施项目清单的类别。按照分部分项工程项目清单的方式列入单价措施项目清单与计价表的措施项目包括：脚手架工程，混凝土模板及支架（撑），垂直运输，超高施工增加，大型机械设备进出场及安拆，施工排水、降水等，因此正确答案为 A。

2. 【答案】A

【解析】按照分部分项工程项目清单的方式列入单价措施项目清单与计价表的措施项目，包括脚手架工程、混凝土模板及支架（撑）、垂直运输、超高施工增加、大型机械设备进出场及安拆、施工排水与降水等，因此正确答案为 A。

3. 【答案】D

【解析】此题主要考查措施项目清单的类别。应计入总价措施项目清单与计价表中的措施项目包括安全文明施工费、夜间施工、非夜间施工照明、二次搬运、冬雨期施工、地上地下设施和建筑物的临时保护设施、已完工程及设备保护等，只有选项 D 符合，其他选项内容均应计入单价措施项目清单与计价表中。

4. 【答案】B

【解析】脚手架工程、混凝土模板及支架（撑）、垂直运输、超高施工增加、大型机械设备进出场及安拆、施工排水与降水等，这类措施项目按照分部分项工程项目清单的方式采用综合单价计价。因此正确答案为 B。

5. 【答案】D

【解析】“计算基础”中安全文明施工费可为“定额基价”“定额人工费”或“定额人工费+定额施工机具使用费”。

6.【答案】C

【解析】按施工方案计算的措施费，若无“计算基础”和“费率”的数值，也可只填“金额”数值，但应在备注栏说明施工方案出处或计算方法，故C选项正确。

（二）多项选择题

1.【答案】CDE

【解析】脚手架工程、混凝土模板及支架（撑）、垂直运输、超高施工增加、大型机械设备进出场及安拆、施工排水与降水等，这类措施项目按照分部分项工程项目清单的方式采用综合单价计价。因此正确答案为CDE。

2.【答案】ABE

【解析】脚手架工程、混凝土模板及支架（撑）、垂直运输、超高施工增加、大型机械设备进出场及安拆、施工排水与降水等，这类措施项目按照分部分项工程项目清单的方式采用综合单价计价。

3.【答案】ACE

【解析】脚手架工程、混凝土模板及支架（撑）、垂直运输、超高施工增加、大型机械设备进出场及安拆、施工排水与降水等，这类措施项目按照分部分项工程项目清单的方式采用综合单价计价。

4.【答案】BDE

【解析】安全文明施工费的计算基础可为“定额基价”“定额人工费”或“定额人工费+定额施工机具使用费”，其他总价措施项目的计算基础可为“定额人工费”或“定额人工费+定额施工机具使用费”，因此选项B和D是正确的。不能计算工程量的项目（总价措施项目）应列明项目编码、项目名称、计算基础、费率和金额，因此选项C是错误的。

Ⅳ 其他项目清单

（一）单项选择题

1.【答案】B

【解析】专业工程的暂估价一般应是综合暂估价，包括人工费、材料费、施工机具使用费、企业管理费和利润，不包括规费和税金。

2.【答案】B

【解析】暂估价是指招标人在工程量清单中提供的用于支付必然发生但暂时不能确定价格的材料、工程设备的单价以及专业工程的金额，包括材料暂估单价、工程设备暂估单价和专业工程暂估价，其中只有专业工程暂估价汇总计入其他项目费，因此选项A错误。为方便合同管理，需要纳入分部分项工程项目清单综合单价中的暂估价应只是材料、工程设备暂估单价，以方便投标人组价，因此选项B正确。专业工程的暂估价一般应是综合暂估价，包括人工费、材料费、施工机具使用费、企业管理费和利润，不包括规费和税金，因此选项C错误。材料和工程设备暂估单价由招标人填写，并在备注栏说明暂估价的材料、工程设备拟用在哪些清单项目上，投标人应将上述材料、工程设备暂估价计入工程量清单综合单价报价中，因此选项D错误。

3.【答案】C

【解析】此题主要考查其他项目清单中总承包服务费的范围。总承包服务费包括对发包人自行采购的材料、工程设备等进行保管以及施工现场管理、竣工资料汇总整理等服务所需的费用，因此正确答案为C。

4.【答案】C

【解析】专业工程的暂估价一般应是综合暂估价，包括人工费、材料费、施工机具使用费、企业管理费和利润，不包括规费和税金，因此与分部分项工程综合单价在费用构成方面保持一致。因此正确答案为C。

5.【答案】C

【解析】总承包服务费是指总承包人为配合协调发包人进行的专业工程发包，对发包人自行采购的材料、工程设备等进行保管以及施工现场管理、竣工资料汇总整理等服务所需的费用。因此正确答案为C。

6.【答案】A

【解析】暂列金额是招标人在工程量清单中暂定并包括在合同价款中的一笔款项。暂估价包括暂时不能确定价格的材料、工程设备的单价以及专业工程的金额。专业工程的暂估价一般应是综合暂估价，包括人工费、材料费、施工机具使用费、企业管理费和利润，不包括规费和税金。计日工单价是综合单价，包括企业管理费和利润。因此正确答案为A。

7.【答案】A

【解析】投标人应将材料、工程设备暂估价计入工程量清单综合单价报价中。

8.【答案】B

【解析】计日工对完成零星工作所消耗的人工工日、材料数量、施工机具台班进行计量，所以选项A错误。计日工表中项目名称、暂定数量由招标人填写，编制最高投标限价时，单价由招标人按有关计价规定确定；投标时，单价由投标人自主报价，按招标人提供的暂定数量计算合价计入投标总价中。结算时，按发承包双方确认的实际数量计算合价。因此，正确答案为选项B。

9.【答案】D

【解析】总承包服务费计价表中项目名称、服务内容由招标人填写，编制最高投标限价时，费率及金额由招标人按有关计价规定确定；投标时，费率及金额由投标人自主报价，计入投标总价中，故选项D正确。

10.【答案】D

【解析】计日工指完成零星工作所消耗的人工工日、材料数量、施工机具台班；投标时，单价由投标人自主报价，按招标人提供的暂定数量计算合价计入投标总价中。结算时，按发承包双方确认的实际数量计算合价。因此正确答案为D。

11.【答案】A

【解析】招标人应预计总承包服务费，并按投标人的投标报价向投标人支付该项费用。因此正确答案为A。

12.【答案】B

【解析】暂估价是指招标人在工程量清单中提供的用于支付必然发生但暂时不能确定

价格的材料、工程设备单价以及专业工程的金额，包括材料暂估单价、工程设备暂估单价和专业工程暂估价。因此正确答案为 B。

（二）多项选择题

1. **【答案】** ABD

【解析】 本题考核其他项目清单费用的计算。①投标时，不需要投标人自主确定，根据招标人确定的单价或金额计入投标总价的有暂列金额、材料暂估单价、专业工程暂估价，其中投标人应将材料、工程设备暂估价计入工程量清单综合单价报价中。②投标时需要投标人自主确定的是计日工单价和总承包服务费率，其中按计日工单价和暂定数量计算计日工费用合价，由总承包服务费率计算得到总承包服务费金额。

2. **【答案】** AC

【解析】 材料（工程设备）暂估单价计入清单项目综合单价，不汇总到其他项目清单计价表总额，因此选项 A 正确；投标人应将暂列金额计入投标总价中，而不是扣除后再做投标报价，选项 B 错误；专业工程暂估价一般应是综合暂估价，包括人工费、材料费、施工机具使用费、企业管理费和利润，不包括规费和税金，因此选项 C 正确；计日工的项目名称、暂定数量由招标人填写，因此选项 D 错误；项目名称、服务内容由招标人填写，编制最高投标限价时费率及金额由招标人按有关计价规定确定，投标时费率及金额由投标人自主报价计入投标总价中，因此选项 E 错误。

3. **【答案】** BC

【解析】 虽然材料设备暂估价、专业工程暂估价和暂列金额都是由招标人填写金额，但投标人首先将上述材料、工程设备暂估价计入工程量清单综合单价报价中，因此不属于直接计入投标总价。因此答案只选 B 和 C。

4. **【答案】** ADE

【解析】 材料（工程设备）暂估价由招标人填写“暂估单价”，并在备注栏说明暂估价的材料、工程设备拟用在哪些清单项目上。暂估价数量和拟用项目应当结合工程量清单中的“暂估价表”予以补充说明。为方便合同管理，需要纳入分部分项工程项目清单综合单价中的暂估价应只是材料、工程设备暂估单价，以方便投标人组价。暂估价中的材料、工程设备暂估单价应根据工程造价信息或参照市场价格估算，列出明细表；专业工程暂估价应分不同专业，按有关计价规定估算，列出明细表。因此选项 ADE 的说法是正确的。

5. **【答案】** DE

【解析】 材料设备暂估价、专业工程暂估价和暂列金额由招标人填写金额，计日工单价和总承包服务费由投标人自主确定价格。因此正确答案为 DE。

Ⅴ 规费、税金项目清单

暂无真题。

Ⅵ 本节综合题

（一）单项选择题

暂无真题。

（二）多项选择题

【答案】BCE

【解析】此题为工程量清单部分的综合题。A 选项中预算定额不属于招标工程量清单编制规则。措施项目清单应根据相关专业现行工程量计算规范的规定编制，并应根据拟建工程的实际情况列项，故选项 B 正确。材料、工程设备暂估单价需要纳入分部分项工程项目清单综合单价中，专业工程暂估价应计入其他项目费，故选项 C 正确。计日工表应列出项目名称、计量单位和暂估数量，暂定金额的确定不属于招标工程量清单编制的内容，在编制最高投标限价或投标报价时确定，具体地，编制最高投标限价时单价由招标人按有关计价规定确定；投标时，单价由投标人自主报价，按暂定数量计算合价计入投标总价中，故选项 D 错误。总承包服务费的项目名称、服务内容由招标人填写，编制最高投标限价时，费率及金额由招标人按有关计价规定确定；投标时，费率及金额由投标人自主报价，并计入投标总价中，故选项 E 正确。

第三节　建筑安装工程人工、材料和施工机具台班定额消耗量的确定

一、名师考点

参见表 2-4。

表 2-4　建筑安装工程人工、材料和施工机具台班定额消耗量的确定考点

教材点		知识点
一	施工过程分解及工时研究	工人工作时间消耗的分类； 施工机械工作时间消耗的分类
二	确定人工定额消耗量的基本方法	工序作业时间、规范时间和定额时间的确定
三	确定材料定额消耗量的基本方法	材料的分类； 确定材料消耗量的基本方法； 理论计算法下材料消耗量的计算
四	确定施工机具台班定额消耗量的基本方法	施工机械台班产量定额和时间定额的计算

二、真题回顾

Ⅰ　施工过程分解及工时研究

（一）单项选择题

1. 下列工作时间中，属于损失时间，但在拟定定额时可以适当考虑的是（　　）。（2023 年）

A. 抹灰工偶然补墙洞的时间　　B. 工人熟悉图纸的时间

C. 工人完工后清理的时间　　D. 工人喝水的时间

2. 下列人工消耗量定额测定时间中，其长短与所负担的工作量大小无关，但往往与工作内容有关的是（　　）。(2021 年)

A. 基本工作时间　　B. 辅助工作时间

C. 准备与结束工作时间　　D. 休息时间

3. 在对工人工作时间消耗的分类中，属于必须消耗时间而被计入时间定额的是（　　）。(2020 年)

A. 偶然工作时间　　B. 工人休息时间

C. 施工本身造成的停工时间　　D. 非施工本身造成的停工时间

4. 下列机械工作时间中，属于有效工作时间的是（　　）。(2016 年)

A. 筑路机在工作区末端的掉头时间

B. 体积达标而未达到载重吨位的货物汽车运输时间

C. 机械在工作地点之间的转移时间

D. 装车数量不足而在低负荷下工作的时间

5. 根据施工过程工时研究结果，与工人所担负的工作量大小无关的必须消耗时间是（　　）。(2015 年)

A. 基本工作时间　　B. 辅助工作时间

C. 准备与结束工作时间　　D. 多余工作时间

（二）多项选择题

1. 下列施工机械消耗时间，应计入施工机具台班消耗量的有（　　）。(2023 年)

A. 筑路机在工作区末端掉头的时间

B. 暴雨时压路机的停工时间

C. 操作工人短暂休息的停机时间

D. 汽车装货时的停车时间

E. 甲方材料供应不及时引起的停机时间

2. 下列工人工作班内消耗时间，在确定人工工日消耗量定额时应适当考虑其影响的有（　　）。(2021 年)

A. 多余工作时间　　B. 偶然工作时间

C. 施工本身造成的停工时间　　D. 非施工本身造成的停工时间

E. 违背劳动纪律损失时间

3. 下列工人工作时间中，属于有效工作时间的有（　　）。(2017 年)

A. 基本工作时间　　B. 不可避免的中断时间

C. 辅助工作时间　　D. 偶然工作时间

E. 准备与结束工作时间

4. 下列施工工作时间分类选项中，属于工人有效工作时间的有（　　）。(2014 年)

A. 基本工作时间　　B. 休息时间

C. 辅助工作时间　　D. 准备与结束工作时间

E. 不可避免的中断时间

Ⅱ　确定人工定额消耗量的基本方法

（一）单项选择题

1. 通过计时观察资料得知，砌砖墙人工勾缝 $10m^2$ 的基本工作时间为 90min，辅助工作时间占工序作业时间的 5%，准备与结束工作时间、不可避免中断时间、休息时间分别占工作日的 5%、12%、3%，该人工勾缝的产量定额为（　　）m^2/工日。（2023 年）

A. 0.024　　B. 0.025

C. 40.53　　D. 42.22

2. 关于人工定额消耗量的测定，下列计算公式正确的是（　　）。（2022 年）

A. 工序作业时间＝基本工作时间×［1+辅助工作时间占比（%）］

B. 规范时间＝辅助工作时间+准备与结束工作时间+休息时间

C. 规范时间＝工序作业时间×［1+规范时间占比（%）］

D. 时间定额＝工序作业时间+规范时间

3. 工作日写实法测定的数据显示，完成 $10m^3$ 某现浇混凝土工程基本工作时间为 8h，辅助工作时间占工序作业时间的 8%，准备与结束工作时间、不可避免的中断时间、休息时间、损失时间分别占工作日的 5%、2%、18%、6%。则该混凝土工程的时间定额是（　　）工日/$10m^3$。（2019 年）

A. 1.44　　B. 1.45

C. 1.56　　D. 1.64

4. 已知某人工抹灰 $10m^2$ 的基本工作时间为 4h，辅助工作时间占工序作业时间的 5%，准备与结束工作时间、不可避免的中断时间、休息时间分别占工作日的 6%、11%、3%。则该人工抹灰的时间定额为（　　）工日/$100m^2$。（2018 年）

A. 6.30　　B. 6.56

C. 6.58　　D. 6.67

5. 已知人工挖土方 $1m^3$ 的基本工作时间为 1 个工日，辅助工作时间占工序作业时间的 5%，准备与结束工作时间、不可避免的中断时间、休息时间分别占工作日的 3%、2%、15%，则该人工挖土的时间定额为（　　）工日/$10m^3$。（2017 年）

A. 13.33　　B. 13.16

C. 13.13　　D. 12.50

6. 若完成 $1m^3$ 墙体砌筑工作的基本工时为 0.5 个工日，辅助工作时间占工序时间的 4%，准备与结束工作时间、不可避免的中断时间、休息时间分别占工作时间的 6%、3% 和 12%，该工程时间定额为（　　）工日/m^3。（2016 年）

A. 0.581　　B. 0.608

C. 0.629　　D. 0.659

7. 已知 $1m^2$ 砖墙的勾缝时间为 8min，则每立方米一砖半厚墙所需的勾缝时间为（　　）min。（2013 年）

A. 12.00　　B. 21.92

C. 22.22　　D. 33.33

（二）多项选择题

关于人工定额消耗量的确定，下列计算公式正确的有（　　）。(2020 年)

A. 工序作业时间＝基本工作时间×[1+辅助工作时间占比（%）]

B. 工序作业时间＝基本工作时间+辅助工作时间+不可避免的中断时间

C. 规范时间＝准备与结束时间+不可避免的中断时间+休息时间

D. 定额时间＝基本工作时间/[1-辅助工作时间占比（%）]

E. 定额时间＝（基本工作时间+辅助工作时间）/[1-规范时间占比（%）]

Ⅲ　确定材料定额消耗量的基本方法

（一）单项选择题

1. 用 M75 水泥砂浆与规格为 240mm×115mm×53mm 的普通砖砌筑一砖厚墙体，灰缝宽度为 10mm。假设普通砖与水泥砂浆的损耗率均为 1%，则每 $10m^3$ 该墙体中普通砖和水泥砂浆的消耗量分别为（　　）。(2023 年)

A. 5291 块，$2.26m^3$　　B. 5344 块，$2.18m^3$

C. 5291 块，$2.20m^3$　　D. 5344 块，$2.28m^3$

2. 用规格为 290mm×240mm×190mm 的烧结空心砌块砌筑 240mm 厚墙体，灰缝宽度为 10mm，砌块损耗率为 1%，则每 $10m^3$ 该种砌体空心砌块的消耗量为（　　）m^3。(2022 年)

A. 8.90　　B. 9.18

C. 9.28　　D. 10.10

3. 某一砖半厚混水墙，采用规格为 240mm×115mm×53mm 的烧结煤矸石普通砖砌筑，灰缝厚度为 10mm，每 $10m^3$ 该种墙体砖的净用量为（　　）千块。(2021 年)

A. 5.148　　B. 5.219

C. 6.374　　D. 6.462

4. 用干混地面砂浆 YT20 贴 600mm×600mm 石材楼面，灰缝宽为 2mm，石材损耗率为 2%，则每 $100m^2$ 石材楼面中石材的消耗量为（　　）块。(2020 年)

A. 281.46　　B. 281.57

C. 283.33　　D. 283.45

5. 用干混抹灰砂浆贴 200mm×300mm 瓷砖墙面，灰缝宽为 5mm，假设瓷砖损耗率为 8%，则 $100m^2$ 瓷砖墙面的瓷砖消耗量是（　　）m^2。(2019 年)

A. 103.6　　B. 104.3

C. 108.0　　D. 108.7

6. 关于材料消耗的性质及确定材料消耗量的基本方法，下列说法正确的是（　　）。(2018 年)

A. 理论计算法适用于确定材料净用量

B. 必须消耗的材料量是指材料的净用量

C. 土石方爆破工程所需的炸药、雷管、引信属于非实体材料

D. 现场统计法主要适用于确定材料损耗量

7. 已知砌筑 1m^3 砖墙中砖净用量和损耗量分别为 529 块、6 块，百块砖体积按 0.146m^3 计算，砂浆损耗率为 10%。则砌筑 1m^3 砖墙的砂浆用量为（　　）m^3。(2017 年)

A. 0.250　　B. 0.253

C. 0.241　　D. 0.243

8. 用水泥砂浆砌筑 2m^3 砖墙，标准砖（240mm×115mm×53mm）的总耗用量为 1113 块。已知砖的损耗率为 5%，则标准砖、砂浆的净用量分别为（　　）。(2015 年)

A. 1057 块、0.372m^3　　B. 1057 块、0.454m^3

C. 1060 块、0.372m^3　　D. 1060 块、0.449m^3

9. 在对材料消耗过程测定与观察的基础上，通过完成产品数量和材料消耗量的计算而确定各种材料消耗定额的方法是（　　）。(2014 年)

A. 实验室试验法　　B. 现场技术测定法

C. 现场统计法　　D. 理论计算法

10. 正常施工条件下，完成单位合格建筑产品所需某材料的不可避免损耗量为 0.9kg，已知该材料的损耗率为 7.2%，则其总消耗量为（　　）kg。(2014 年)

A. 13.50　　B. 13.40

C. 12.50　　D. 11.60

（二）多项选择题

下列定额测定方法中，主要用于测定材料净用量的有（　　）。(2016 年)

A. 现场技术测定法　　B. 实验室试验法

C. 现场统计法　　D. 理论计算法

E. 写实记录法

Ⅳ　确定施工机具台班定额消耗量的基本方法

（一）单项选择题

1. 某施工机械循环作业一次，各循环组成部分的正常延续时间分别为 3min、5min、4min、2min，交叠时间为 2min，一次循环的产量为 2m^3，机械时间利用系数为 0.9，则该机械的产量定额为（　　）m^3/台班。(2022 年)

A. 6.75　　B. 9

C. 54　　D. 72

2. 出料容量为 200L 的干混砂浆罐式搅拌机，每一次工作循环中，运料、装料、搅拌、卸料、不可避免的中断时间分别为 5min、1min、3min、1min、5min，若机械时间利用系数为 0.8，则该机械台班产量定额为（　　）。(2021 年)

A. 5.12m^3/台班　　B. 1.3 台班/10m^3

C. 7.68m^3/台班　　D. 1.95 台班/10m^3

3. 某装载容量为 15m^3 的运输机械，每运输 10km 的一次循环工作中，装车、运输、卸料、空车返回时间分别为 10min、15min、8min 和 12min，机械时间利用系数为 0.75，则该机械运输 10km 的台班产量定额为（　　）10m^3/台班。(2020 年)

A. 8　　B. 10.91

C. 12　　　　D. 16.36

4. 某混凝土输送泵每小时纯工作状态可输送混凝土 $25m^3$，泵的时间利用系数为 0.75，则该混凝土输送泵的产量定额为（　　）。(2018 年)

A. $150m^3$/台班　　　　B. 0.67 台班/$100m^3$

C. $200m^3$/台班　　　　D. 0.50 台班/$100m^3$

5. 确定施工机械台班定额消耗量前需计算机械时间利用系数，其计算公式正确的是（　　）。(2017 年)

A. 机械时间利用系数=机械纯工作 1h 正常生产率×工作班纯工作时间

B. 机械时间利用系数=1/机械台班产量定额

C. 机械时间利用系数=机械在一个工作班内纯工作时间/一个工作班延续时间（8h）

D. 机械时间利用系数=一个工作班延续时间（8h）/机械在一个工作班内纯工作时间

6. 某出料容量 750L 的砂浆搅拌机，每一次循环工作中，运料、装料、搅拌、卸料、中断需要的时间分别为 150s、40s、250s、50s、40s，运料和其他时间的交叠时间为 50s，机械时间利用系数为 0.8。该机械的台班产量定额为（　　）m^3/台班。(2016 年)

A. 29.79　　　　B. 32.60

C. 36.00　　　　D. 39.27

7. 某出料容量 750L 的混凝土搅拌机，每循环一次的正常延续时间为 9min，机械时间利用系数为 0.9。按 8h 工作制考虑，该机械的台班产量定额为（　　）。(2015 年)

A. $36m^3$/台班　　　　B. $40m^3$/台班

C. 0.28 台班/m^3　　　　D. 0.25 台班/m^3

（二）多项选择题

暂无真题。

Ⅴ　本节综合题

（一）单项选择题

暂无真题。

（二）多项选择题

1. 根据工程定额编制要求，下列工人工作时间消耗、材料消耗和机械工作时间的消耗，应计入人工、材料或施工机具定额的有（　　）。(2022 年)

A. 施工本身原因造成的人工停工时间　　　　B. 不可避免的施工废料

C. 施工措施性材料的用量　　　　D. 有根据地降低负荷下的工作时间

E. 与机械保养相关的必要中断时间

2. 下列人工、材料、机械台班的消耗，应计入定额消耗量的有（　　）。(2019 年)

A. 准备与结束工作时间

B. 施工本身原因造成的工人停工时间

C. 措施性材料的合理消耗量

D. 不可避免的施工废料

E. 低负荷下的机械工作时间

三、真题解析

Ⅰ 施工过程分解及工时研究

（一）单项选择题

1. **【答案】** A

【解析】 本题考核工人工作时间分类。属于损失时间，但在拟定定额时可以适当考虑的有两个时间：一是偶然工作，如抹灰工不得不补上偶然遗留的墙洞等；二是非施工本身造成的停工时间，如由于停电等外因引起的停工时间，故选项 A 正确。选项 B 中工人熟悉图纸的时间和选项 C 中工人完工后清理的时间，属于有效工作时间中的准备与结束工作时间。选项 D 中工人合理喝水的时间属于休息时间，这些时间均属于必须消耗的时间范畴。

2. **【答案】** C

【解析】 准备与结束工作时间是执行任务前或任务完成后所消耗的工作时间。如工作地点、劳动工具和劳动对象的准备工作时间；工作结束后的整理工作时间等。准备和结束工作时间的长短与所担负的工作量大小无关，但往往和工作内容有关。

3. **【答案】** B

【解析】 此题主要考查工人工作时间消耗的分类。工人在工作班内消耗的工作时间，按其消耗的性质，基本可以分为必须消耗的时间和损失时间两大类。必须消耗的时间包括有效工作时间、休息时间和不可避免中断时间的消耗，损失时间包括多余和偶然工作、停工、违背劳动纪律所引起的工时损失，因此正确答案为 B。

4. **【答案】** B

【解析】 有效工作时间消耗包括正常负荷下、有根据地降低负荷下的工时消耗。筑路机在工作区末端的掉头时间，属于不可避免的无负荷工作时间；汽车运输重量轻而体积大的货物属于有根据地降低负荷下的工作时间；机械在工作地点之间的转移属于不可避免的中断时间；装车数量不足属于损失时间。因此正确答案为 B。

5. **【答案】** C

【解析】 基本工作时间的长短和工作量大小成正比例。辅助工作时间长短与工作量大小有关。准备和结束工作时间的长短与所担负的工作量大小无关，但往往和工作内容有关。因此正确答案为 C。

（二）多项选择题

1. **【答案】** ABCD

【解析】 本题考核施工机具台班消耗量的确定。机器工作时间的消耗，按其性质分为必须消耗的时间和损失时间两大类。选项 A 中“筑路机在工作区末端掉头的时间”属于不可避免的无负荷工作，选项 C 中“操作工人短暂休息的停机时间”以及选项 D 中“汽车装货时的停车时间”均属于不可避免的中断时间，这三个时间均属于必须消耗的时间，因此应计入施工机具台班消耗量。选项 E 中“甲方材料供应不及时引起的停机时间”属于损失时间中施工本身造成的停工，不计入施工机具台班消耗量。虽然选项 B 中“暴雨时压路机的停工时间”属于损失时间，但属于“非施工本身造成的停工”，因此定额适当考虑。

2. 【答案】BD

【解析】偶然工作是工人在任务外进行的工作，但能够获得一定产品。由于偶然工作能获得一定产品，拟定定额时要适当考虑它的影响；非施工本身造成的停工时间，是由于停电等外因引起的停工时间。此种情况定额中则应给予合理的考虑。

3. 【答案】ACE

【解析】有效工作时间包括基本工作时间、辅助工作时间、准备与结束工作时间的消耗。不可避免的中断时间属于必须消耗的时间，但不属于有效工作时间；偶然工作时间属于损失时间。因此正确答案为 ACE。

4. 【答案】ACD

【解析】工人在工作班内消耗的工作时间，按其消耗的性质，基本可以分为必须消耗的时间和损失时间两大类。必须消耗的时间包括有效工作时间、休息时间和不可避免中断时间的消耗，其中有效工作时间包括基本工作时间、辅助工作时间、准备与结束工作时间的消耗。

Ⅱ 确定人工定额消耗量的基本方法

（一）单项选择题

1. 【答案】C

【解析】本题考核产量定额。思路是：先换算基本工作时间［每平方米勾缝需要的工日数，即 9/(60×8)］→计算工序作业时间→计算时间定额→求倒数计算产量定额。其中，工序作业时间=基本工作时间/［1-辅助时间占比(%)］，时间定额=工序作业时间/［1-规范时间占比（%)］。若分步计算涉及小数点保留问题，建议连除之后求倒数，可直接得答案。

2. 【答案】D

【解析】工序作业时间=基本工作时间+辅助工作时间，因此选项 A 错误。

规范时间=准备与结束工作时间+不可避免的中断时间+休息时间，故选项 B、C 错误。

时间定额=工序作业时间+规范时间，同时，时间定额$=\dfrac{\text{工序作业时间}}{1-\text{规范时间占比（\%）}}$，因此选项 D 正确。

3. 【答案】B

【解析】本题中损失时间占比是干扰项。

基本工作时间=8/8=1（工日/$10m^3$）；

工序作业时间=基本工作时间/［1-辅助时间占比(%)］=1/(1-8%)≈1.087（工日/$10m^3$）；

时间定额=工序作业时间/［1-规范时间占比(%)］=1.087/(1-5%-2%-18%)≈1.45（工日/$10m^3$）。

4. 【答案】C

【解析】基本工作时间=4/8=0.5（工日/$10m^2$）；

工序作业时间=0.5/(1-5%)≈0.526（工日/$10m^2$）；

时间定额＝0. 526/(1−6%−11%−3%)≈0. 658（工日/$10m^2$）＝6. 58（工日/$100m^2$）。

5. **【答案】** B

【解析】 工序作业时间＝1/(1−5%)＝1. 053(工日/m^3)；

时间定额＝1. 053/(1−3%−2%−15%)＝1. 316（工日/m^3）＝13. 16（工日/$10m^3$）。

6. **【答案】** D

【解析】 工序作业时间＝0. 5/(1−4%)＝0. 521（工日/m^3）；

时间定额＝0. 521/(1−6%−3%−12%)＝0. 659（工日/m^3）。

7. **【答案】** B

【解析】 一砖半厚墙，每立方米砌体墙面面积的换算系数为 1/0. 365＝2. 74（m^2）；

每立方米砌体所需的勾缝时间为：2. 74×8＝21. 92（min）。

（二）多项选择题

【答案】 CE

【解析】 工序作业时间＝基本工作时间+辅助工作时间＝基本工作时间/[1−辅助时间占比（%）]，因此选项 A、B 错误；规范时间＝准备与结束工作时间+不可避免的中断时间+休息时间，选项 C 正确；时间定额＝工序作业时间/[1−规范时间占比（%）]＝（基本工作时间+辅助工作时间）/[1−规范时间占比（%）]，因此选项 E 正确。

Ⅲ　确定材料定额消耗量的基本方法

（一）单项选择题

1. **【答案】** D

【解析】 本题考核材料定额消耗量的确定。

普通砖的净用量 $= 10 \times \dfrac{1}{0.24 \times (0.24 + 0.01) \times (0.053 + 0.01)} \times 2 \approx 5291$（块）；

普通砖的消耗量＝净用量×(1+损耗率)＝5291×(1+1%)＝ 5343. 91(块)≈5344（块）；

水泥砂浆的消耗量＝(10−5291×0. 24×0. 115×0. 053)×(1+1%)≈2. 28（m^3）。

2. **【答案】** C

【解析】 空心砌块的净用量 $=10\times\dfrac{1}{0.24\times(0.29+0.01)\times(0.19+0.01)}\approx 694.44$（块）；

空心砌块的总消耗量＝净用量×(1+损耗率)＝694. 44×(1+1%)≈701. 38（块）；

调整为体积表示的消耗量＝701. 38×0. 29×0. 24×0. 19≈9. 28（m^3）。

3. **【答案】** B

【解析】 $10m^3$ 墙体砖的净用量 $= 10 \times \dfrac{1}{0.365 \times (0.24 + 0.01) \times (0.053 + 0.01)} \times 3 =$ 5. 219(千块)。

4. **【答案】** A

【解析】 此题主要考查材料消耗量的计算。

$100m^2$ 块料净用量 $=\dfrac{100}{(\text{块料长}+\text{灰缝宽})\times(\text{块料宽}+\text{灰缝宽})}$

＝100/[(0. 6+0. 002)×(0. 6+0. 002)]＝275. 94（块）；

100m² 石材楼面中石材的消耗量=275.94×(1+2%)≈281.46（块）。

5.【答案】A

【解析】100m² 块料净用量 $=\dfrac{100}{（块料长+灰缝宽）\times（块料宽+灰缝宽）}$ = 100/[(0.2+0.005)×(0.3+0.005)]≈1599.36（块）；

每 100m² 瓷砖墙面中的瓷砖消耗量=1599.36×（1+8%）≈1727.31（块）；

每 100m² 瓷砖墙面中的瓷砖消耗量（面积）= 1727.31×0.2×0.3≈103.6（m²）。

6.【答案】A

【解析】必须消耗的材料包括直接用于建筑和安装工程的材料、不可避免的施工废料和不可避免的材料损耗。土石方爆破工程中所需的炸药、引信、雷管等属于实体材料中的辅助材料。现场技术测定法主要用于确定材料损耗量；实验室试验法主要用于编制材料净用量定额；现场统计法一般只能确定材料总消耗量，不能确定必须消耗的材料和损失量，只能作为编制定额的辅助性方法使用；理论计算法主要用于确定材料净用量。因此正确答案为 A。

7.【答案】A

【解析】砂浆净用量=1−529×0.146/100=0.228（m³）；

砂浆消耗量=0.228×(1+10%)= 0.250（m³）。

8.【答案】D

【解析】消耗量=净用量+损耗量=净用量×(1+损耗率)，所以砖的净用量=消耗量/(1+损耗率)= 1113/(1+5%)= 1060（块）；

砂浆的净用量（体积）= 2−砖的净体积=2−1060×0.24×0.115×0.053≈0.449（m³）。

9.【答案】B

【解析】现场技术测定法，又称为观测法，是根据对材料消耗过程的观测，通过完成产品数量和材料消耗量的计算，而确定各种材料消耗定额的一种方法。

10.【答案】B

【解析】消耗量=净用量+损耗量=损耗量/损耗率+损耗量=0.9/7.2%+0.9=13.40（kg）。

（二）多项选择题

【答案】BD

【解析】实验室试验法和理论计算法均用来确定材料净用量。现场技术测定法主要适用于确定材料损耗量。现场统计法不能作为确定材料净用量定额和材料损耗定额的依据，只能作为编制定额的辅助性方法使用。写实记录法属于计时观察法的一种。因此正确答案为 BD。

Ⅳ 确定施工机具台班定额消耗量的基本方法

（一）单项选择题

1.【答案】D

【解析】机械的产量定额=1h 的正常生产率×工作班延续时间×机械时间利用系数

=[60/(3+5+4+2−2)]×2×8×0.9=72（m³/台班）。

2.【答案】C

【解析】此题中运料时间不应计入循环时间内，因为运料与其他工作可以并行，因此，一次循环的正常延续时间=1+3+1+5=10（min）。

纯工作1h循环次数=6（次）。

纯工作1h正常生产率=6×200=1200（L）=1.2（m^3）。

该机械台班产量定额=1.2×8×0.8=7.68（m^3/台班）。

3.【答案】C

【解析】此题主要考查机械台班定额消耗量的确定。

$$\frac{施工机械台班}{产量定额}=\frac{机械1h纯工作}{正常生产率}\times\frac{工作班}{延续时间}\times\frac{机械时间}{利用系数}=[60/(10+15+8+12)]\times15\times8\times0.75=120（m^3/台班）=12（10m^3/台班）。$$

4.【答案】A

【解析】产量定额=1h的正常生产率×工作班延续时间×机械时间利用系数

=25×8×0.75=150（m^3/台班）。

5.【答案】C

【解析】$\frac{机械时间}{利用系数}=\frac{机械在一个工作班内纯工作时间}{一个工作班延续时间(8h)}$，因此正确答案为C。

6.【答案】C

【解析】一次循环正常延续时间=∑(循环各组成部分正常延续时间)-交叠时间

=150+40+250+50+40-50=480（s）；

机械纯工作1h循环次数=3600/480=7.5（次）；

1h正常生产率=7.5×750/1000=5.625（m^3）；

产量定额=1h的正常生产率×工作班延续时间×机械时间利用系数

=5.625×8×0.8=36.00（m^3/台班）。

7.【答案】A

【解析】机械纯工作1h循环次数=60/9=6.67（次）；

产量定额=1h的正常生产率×工作班延续时间×机械时间利用系数

=6.67×750/1000×8×0.9≈36（m^3/台班）。

（二）多项选择题

暂无真题。

V　本节综合题

（一）单项选择题

暂无真题。

（二）多项选择题

1.【答案】BCDE

【解析】①根据教材中图2.3.1，工人在工作班内消耗的工作时间，按其消耗的性质，基本可以分为两大类：必须消耗的时间和损失时间。必须消耗的时间是制定定额的主要依据，包括有效工作时间、休息时间和不可避免中断时间的消耗。损失时间里除偶然工作、非施工本身造成的停工时间在拟定定额时适当考虑外，其余损失时间包括施工本身造成的停工时间，均不应计入人工定额时间里，故选项 A 不计入人工定额时间。②必须消耗的材料，是指在合理用料的条件下，生产合格产品所需消耗的材料，是确定材料消耗定额的基本数据，包括直接用于建筑和安装工程的材料、不可避免的施工废料、不可避免的材料损耗，因此选项 B 计入材料定额中。③施工中的材料可分为实体材料和非实体材料两类，其中非实体材料是指在施工中必须使用但又不能构成工程实体的施工措施性材料，故选项 C 计入材料定额中。④根据教材图 2.3.2，机器工作时间的消耗，按其性质分为必须消耗的时间和损失时间两大类。在必须消耗的时间里，包括有效工作、不可避免的无负荷工作和不可避免的中断工作三项时间消耗，其中在有效工作的时间消耗中又包括正常负荷下、有根据地降低负荷下的工时消耗；不可避免的中断工作时间是与工艺过程的特点、机器的使用和保养、工人休息有关的中断时间，因此选项 DE 均计入施工机具定额中。

2. **【答案】** ACD

【解析】 施工本身原因造成的工人停工时间属于损失时间，不属于人工定额消耗量；低负荷下的机械工作时间属于损失时间，不属于施工机具台班定额消耗量；准备与结束工作时间属于人工定额消耗量，措施性材料的合理消耗量属于材料消耗定额中的非实体材料，不可避免的施工废料属于材料消耗定额中的材料损耗定额。因此正确答案为 ACD。

第四节　建筑安装工程人工、材料及施工机具台班单价的确定

一、名师考点

参见表 2-5。

表 2-5　建筑安装工程人工、材料及施工机具台班单价的确定考点

教材点		知识点
一	人工日工资单价的组成和确定方法	人工日工资单价具体组成及影响因素
二	材料单价的组成和确定方法	材料单价的组成内容和计算
三	施工机械台班单价的组成和确定方法	施工机械台班单价的构成，安拆费及场外运费的组成，折旧费、检修费、维护费、台班人工费的计算
四	施工仪器仪表台班单价的组成和确定方法	施工仪器仪表台班单价的组成

二、真题回顾

Ⅰ　人工日工资单价的组成和确定方法

（一）单项选择题

根据国家相关法律、法规和政策规定，因停工学习、执行国家或社会义务等原因，

按计时工资标准支付的工资属于人工日工资单价中的（　　）。(2014 年)

A. 基本工资　　B. 奖金

C. 津贴补贴　　D. 特殊情况下支付的工资

（二）多项选择题

1. 根据现行建筑安装工程费用项目组成规定，下列费用项目包括在人工日工资单价内的有（　　）。(2018 年)

A. 节约奖　　B. 流动施工津贴

C. 高温作业临时津贴　　D. 劳动保护费

E. 探亲假期间工资

2. 下列费用项目中，应计入人工日工资单价的有（　　）。(2015 年)

A. 计件工资　　B. 劳动竞赛奖金

C. 劳动保护费　　D. 流动施工津贴

E. 职工福利费

3. 影响人工日工资单价的因素包括（　　）。(2014 年)

A. 人工日工资单价的组成内容　　B. 社会工资差额

C. 劳动力市场供需变化　　D. 社会最低工资水平

E. 政府推行的社会保障与福利政策

Ⅱ　材料单价的组成和确定方法

（一）单项选择题

1. 某建设项目从供应商处采购甲材料，已知含税采购价为 5650 元/t（适用 13%增值税率），不含税运杂费为 100 元/t。若运输损耗、采购保管费率均按 3%考虑，则该材料的不含税单价应为（　　）元/t。(2023 年)

A. 5100　　B. 5406

C. 5411　　D. 5750

2. 某材料从两地采购，采购量分别是 600t 和 400t。采购价（含税）分别为 500 元/t 和 550 元/t 。运杂费（含税）分别为 20 元/t 和 25 元/t ，运输损耗费率、采购与仓储保管费率为 0.5%、3%，采用“一票制”支付方式，增值税率为 13%。则该材料的预算单价（不含税）为（　　）元/t 。(2022 年)

A. 488.04　　B. 488.11

C. 496.43　　D. 496.51

3. 某种材料含税（适用增值税率 13%）出厂价为 500 元/t，含税（适用增值税率 9%）运杂费为 30 元/t，运输损耗率为 1%，采购及保管费率为 3%。该材料的预算单价（不含税）为（　　）元/t。(2021 年)

A. 480.93　　B. 488.94

C. 551.36　　D. 632.17

4. 采用“一票制”“两票制”支付方式采购材料的，在进行增值税进项税抵扣时，正确的做法是（　　）。(2020 年)

A. “一票制”支付方式下，构成材料价格的所有费用均按货物销售适用的税率进行抵扣

B. “一票制”支付方式下，材料原价按货物销售适用税率进行抵扣，运杂费不再进行抵扣

C. “两票制”支付方式下，材料原价按货物销售适用税率，运杂费按交通运输适用税率进行抵扣

D. “两票制”支付方式下，材料原价按货物销售适用税率，运杂费、运输损耗和采购保管费按交通运输适用税率进行抵扣

5. 某工程采用“两票制”支付方式采购某种材料，已知材料原价和运杂费的含税价格分别为 500 元/t、30 元/t，材料运输损耗率、采购及保管费率分别为 0.5%、3.5%。材料采购和运输的增值税率分别为 13%、9%。则该材料的不含税单价为（　　）元/t。(2019 年)

A. 480.87　　B. 481.47

C. 488.88　　D. 489.49

6. 关于材料单价的计算，下列计算公式中正确的是（　　）。(2017 年)

A. (供应价格+运杂费)×(1+运输损耗率)×(1+采购及保管费率)

B. (供应价格+运杂费)/[(1-运输损耗率)×(1-采购及保管费率)]

C. (供应价格+运杂费)×(1+采购及保管费率)/(1-运输损耗率)

D. (供应价格+运杂费)×(1+运输损耗率)/(1-采购及保管费率)

(二) 多项选择题

1. 下列材料损耗中，因损耗而产生的费用包含在材料单价中的有（　　）。(2020 年)

A. 场外运输损耗　　B. 工地仓储损耗

C. 出工地仓库后的搬运损耗　　D. 材料加工损耗

E. 材料施工损耗

2. 关于材料单价的构成和计算，下列说法中正确的有（　　）。(2016 年)

A. 材料单价指材料由其来源地运达工地仓库的入库价

B. 运输损耗指材料在场外运输装卸及施工现场内搬运发生的不可避免的损耗

C. 采购及保管费包括组织材料检验、供应过程中发生的费用

D. 材料单价中包括材料仓储费和工地保管费

E. 材料生产成本的变动直接影响材料单价的波动

Ⅲ　施工机械台班单价的组成和确定方法

(一) 单项选择题

1. 某载重汽车预算价格为 20 万元，可耐用 1000 台班，残值率为 5%，需配司机 1 人。若年制度工作日为 250 天，年工作台班为 200 台班，人工单价为 300 元，该载重汽车的台班折旧费、人工费分别是（　　）元/台班。(2023 年)

A. 190、300　　B. 190、375

C. 200、300　　D. 200、375

2. 下列施工机械安拆和场外运费应用中，应计入施工机械台班单价的是（　　）。（2022 年）

A. 轻型施工机械现场安装发生的试运转费

B. 自行移动机械的场外行驶费

C. 移动机械所需的辅助设施的折旧费

D. 安拆复杂的重型施工机械的安拆费

3. 下列施工机械中，其安拆费及场外运费应单独计算，但不计入施工机械台班单价中的是（　　）。（2021 年）

A. 安拆简单的轻型施工机械

B. 利用辅助设施移动的施工机械

C. 固定在车间的施工机械

D. 不需辅助设施移动的施工运输机械

4. 已知某施工机械采购原值为 5 万元，寿命期内检修次数为 3 次，检修间隔台班为 400 台班，机械的残值率为 5%，则该台施工机械的台班折旧费为（　　）元/台班。（2020 年）

A. 29.69　　　B. 31.25

C. 39.58　　　D. 41.67

5. 关于施工机械台班单价的确定，下列表述式正确的是（　　）。（2018 年）

A. 台班折旧费＝机械原值×(1−残值率)/耐用总台班

B. 耐用总台班＝检修间隔台班×(检修次数+1)

C. 台班检修费＝一次检修费×检修次数/耐用总台班

D. 台班维护费＝(各级维修一次费用×各级维修次数)/耐用总台班

6. 某挖掘机配司机 1 人，若年制度工作日为 245 天，年工作台班为 220 台班，人工工日单价为 80 元，则该挖掘机的人工费为（　　）元/台班。（2017 年）

A. 71.8　　　B. 80.0

C. 89.1　　　D. 132.7

7. 某大型施工机械需配机上司机、机上操作人员各一名，若年制度工作日为 250 天，年工作台班为 200 台班，人工日工资单价均为 100 元/工日，则该施工机械的台班人工费为（　　）元/台班。（2015 年）

A. 100　　　B. 125

C. 200　　　D. 250

8. 某施工机械设备司机 2 人，若年制度工作日为 254 天，年工作台班为 250 台班，人工日工资单价为 80 元/工日，则该施工机械的台班人工费为（　　）元/台班。（2014 年）

A. 78.72　　　B. 81.28

C. 157.44　　　D. 162.56

（二）多项选择题

下列费用中，不计入机械台班单价而应单独列项计算的有（　　）。（2019 年）

A. 安拆简单、移动需要起重及运输机械的轻型施工机械的安拆费及场外运费

B. 安拆复杂、移动需要起重及运输机械的重型施工机械的安拆费及场外运费
C. 利用辅助设施移动的施工机械的辅助设施相关费用
D. 不需相关机械辅助运输的自行移动机械的场外运费
E. 固定在车间的施工机械的安拆费及场外运费

Ⅳ 施工仪器仪表台班单价的组成和确定方法

（一）单项选择题

下列费用项目中，属于施工仪器仪表台班单价构成内容的是（ ）。（2019 年）

A. 人工费　　B. 燃料费
C. 检测软件费　　D. 校验费

（二）多项选择题

1. 下列与施工仪器仪表相关的费用中，属于施工仪器仪表台班单价的有（ ）。（2023 年）

A. 折旧费　　B. 维护费
C. 校验费　　D. 检测软件费用
E. 操作人工费

2. 下列费用项目中，属于施工仪器仪表台班单价组成内容的有（ ）。（2021 年）

A. 折旧费　　B. 安拆费
C. 检测软件相关费用　　D. 校验费
E. 燃料费

3. 下列费用项目中，构成施工仪器仪表台班单价的有（ ）。（2017 年）

A. 折旧费　　B. 检修费
C. 维护费　　D. 人工费
E. 校验费

Ⅴ 本节综合题

（一）单项选择题

暂无真题。

（二）多项选择题

下列因素中，能够影响人工、材料或施工机械台班单价水平的有（ ）。（2022 年）

A. 社会保障和福利政策　　B. 施工技术水平
C. 施工中必要的材料损耗　　D. 材料的生产成本
E. 施工机械的维护保养水平

三、真题解析

Ⅰ 人工日工资单价的组成和确定方法

（一）单项选择题

【答案】D

【解析】 人工日工资单价由计时工资或计件工资、奖金（如节约奖、劳动竞赛奖等）、津贴补贴［如流动施工津贴、特殊地区施工津贴、高温（寒）作业临时津贴、高空津贴等］以及特殊情况下（如因病、工伤、产假、计划生育假、婚丧假、事假、探亲假、定期休假、停工学习）支付的工资组成。

（二）多项选择题

1. **【答案】** ABCE

【解析】 人工日工资单价由计时工资或计件工资、奖金（如节约奖、劳动竞赛奖等）、津贴补贴［如流动施工津贴、特殊地区施工津贴、高温（寒）作业临时津贴、高空津贴等］以及特殊情况下（如因病、工伤、产假、计划生育假、婚丧假、事假、探亲假、定期休假、停工学习）支付的工资组成。劳动保护费属于企业管理费，因此正确答案为ABCE。

2. **【答案】** ABD

【解析】 人工日工资单价由计时工资或计件工资、奖金（如节约奖、劳动竞赛奖等）、津贴补贴［如流动施工津贴、特殊地区施工津贴、高温（寒）作业临时津贴、高空津贴等］以及特殊情况下（如因病、工伤、产假、计划生育假、婚丧假、事假、探亲假、定期休假、停工学习）支付的工资组成。劳动保护费和职工福利费属于企业管理费，因此正确答案为ABD。

3. **【答案】** ACE

【解析】 影响人工日工资单价的因素有很多，归纳起来有以下方面：①社会平均工资水平；②生活消费指数；③人工日工资单价的组成内容；④劳动力市场供需变化；⑤政府推行的社会保障和福利政策。因此正确答案为ACE。

Ⅱ 材料单价的组成和确定方法

（一）单项选择题

1. **【答案】** C

【解析】 本题考核材料单价的计算。

该材料不含税单价=｛(不含税采购价格+不含税运杂费)×[1+运输损耗率(%)]｝×[1+采购及保管费率(%)]=[5650/(1+13%)+100)]×(1+3%)×(1+3%)=5410.59≈5411（元/t）。

2. **【答案】** D

【解析】 一票制运杂费采用与材料原价相同的方式扣除增值税进项税额。

来源地1的材料预算单价（不含税）=[(500/1.13)+(20/1.13)]×(1+0.5%)×(1+3%)≈476.35（元/t）；

来源地2的材料预算单价（不含税）=[(550/1.13)+(25/1.13)]×(1+0.5%)×(1+3%)≈526.74（元/t）；

则该材料的预算单价（不含税）=(476.35×600+526.74×400)/(600+400)=496.506≈496.51（元/t）。

3. **【答案】** B

【解析】 预算单价=[(500/1.13)+(30/1.09)]×(1+1%)×(1+3%)

=488.94（元/t）。

4. 【答案】C

【解析】运输费用为含税价格时，“一票制”支付方式下，运杂费采用与材料原价相同的方式扣除增值税进项税额，因此选项 A 和 B 错误；“两票制”支付方式下，材料原价和运杂费按照不同的方式进行抵扣，运杂费按交通运输与服务适用税率扣除增值税进项税额，因此正确答案为 C。

5. 【答案】C

【解析】材料的不含税单价 = (500/1.13+30/1.09)×(1+0.5%)×(1+3.5%)≈488.88(元/t)。

6. 【答案】A

【解析】材料单价 = （供应价格+运杂费）×（1+运输损耗率）×（1+采购及保管费率），因此正确答案为 A。

（二）多项选择题

1. 【答案】AB

【解析】此题主要考查材料单价的构成。材料单价中包含的损耗费用包括建筑材料从其来源地运到施工工地仓库过程中发生的合理损耗，不包含出工地仓库后的损耗和加工、施工损耗等，因此正确选项只有 A 和 B。

2. 【答案】CDE

【解析】材料单价是指建筑材料从其来源地运到施工工地仓库，直至出库形成的综合平均单价，故选项 A 错误；运输损耗是指材料在场外运输装卸过程中不可避免的损耗，故选项 B 错误；采购及保管费是指为组织采购、供应和保管材料过程中所需要的各项费用，包含采购费、仓储费、工地保管费和仓储损耗。市场供需变化、材料生产成本的变动、流通环节的多少和材料供应体制、运输距离及运输方法的改变都会影响材料单价变动，除此之外，国际市场行情还会对进口材料单价产生影响。因此正确答案为选项 CDE。

Ⅲ 施工机械台班单价的组成和确定方法

（一）单项选择题

1. 【答案】B

【解析】本题考核施工机械台班单价的计算。

$$台班折旧费=\frac{机械预算价格\times(1-残值率)}{耐用总台班}=[200000\times(1-5\%)]/1000=190\ （元/台班）$$

$$台班人工费=人工消耗量\times\left(1+\frac{年制度工作日-年工作台班}{年工作台班}\right)\times台班单价$$

$$=(人工消耗量\times年制度工作日\times台班单价)/年工作台班$$

$$=(1\times250\times300)/200=375\ （元/台班）$$

2. 【答案】A

【解析】安拆简单、移动需要起重及运输机械的轻型施工机械，其安拆费及场外运费计入台班单价，其中：①一次安拆费应包括施工现场机械安装和拆卸一次所需的人工费、材料费、机械费、安全监测部门的检测费及试运转费；②一次场外运费应包括运输、装卸、辅助材料、回程等费用。选项 C 和选项 D 属于单独计算的情况。选项 B 属于不需要计算场外运费的情况。

3. **【答案】** B

【解析】 安拆费及场外运费应单独计算的情况包括：

1）安拆复杂、移动需要起重及运输机械的重型施工机械，其安拆费及场外运费单独计算；

2）利用辅助设施移动的施工机械，其辅助设施（包括轨道和枕木）等的折旧、搭设和拆除等费用可单独计算。

4. **【答案】** A

【解析】 此题主要考查机械台班单价中折旧费的计算。此题需要计算耐用总台班，耐用总台班=检修间隔台班×检修周期=检修间隔台班×（检修次数+1）；

$$台班折旧费=\frac{机械预算价格\times(1-残值率)}{耐用总台班}=50000\times(1-5\%)/[400\times(3+1)]$$

$$\approx 29.69（元/台班）。$$

5. **【答案】** B

【解析】 $台班折旧费=\frac{机械预算价格\times（1-残值率）}{耐用总台班}$；

耐用总台班=检修间隔台班×检修周期=检修间隔台班×（检修次数+1）；

$$台班检修费=\frac{一次检修费\times检修次数}{耐用总台班}\times除税系数；$$

$$台班维护费=\frac{\sum(各级维护一次费用\times除税系数\times各级维护次数)+临时故障排除费}{耐用总台班}。$$

6. **【答案】** C

【解析】 $台班人工费=人工消耗量\times(1+\frac{年制度工作日-年工作台班}{年工作台班})\times人工工日单价$

$=(人工消耗量\times年制度工作日\times人工工日单价)/年工作台班$

$=(1\times245\times80)/220\approx89.1$（元/台班）。

7. **【答案】** D

【解析】 台班人工费$=(人工消耗量\times年制度工作日\times人工工日单价)/年工作台班$

$=(2\times250\times100)/200=250$（元/台班）。

8. **【答案】** D

【解析】 台班人工费$=(2\times254\times80)/250\approx162.56$（元/台班）。

（二）多项选择题

【答案】 BC

【解析】 安拆费及场外运费根据施工机械不同分为计入台班单价、单独计算和不需计算三种类型。安拆简单、移动需要起重及运输机械的轻型施工机械，其安拆费及场外运费计入台班单价。单独计算的情况包括：①安拆复杂、移动需要起重及运输机械的重型施工机械，其安拆费及场外运费单独计算；②利用辅助设施移动的施工机械，其辅助设施（包括轨道和枕木）等的折旧、搭设和拆除等费用可单独计算。不需计算的情况包括：

①不需安拆的施工机械，不计算一次安拆费；②不需相关机械辅助运输的自行移动机械，不计算场外运费；③固定在车间的施工机械，不计算安拆费及场外运费。因此正确答案为 BC。

Ⅳ 施工仪器仪表台班单价的组成和确定方法

（一）单项选择题

【答案】 D

【解析】 施工仪器仪表台班单价由四项费用组成，包括折旧费、维护费、校验费、动力费，施工仪器仪表台班单价中的费用组成不包括检测软件的相关费用。

（二）多项选择题

1. **【答案】** ABC

【解析】 本题考核施工仪器仪表台班单价的构成。施工仪器仪表台班单价由四项费用组成，包括折旧费、维护费、校验费、动力费等，其中动力费主要指施工仪器仪表在施工过程中所耗用的电费；单价组成中不包括检测软件的相关费用。

2. **【答案】** AD

【解析】 施工仪器仪表台班单价由四项费用组成，包括折旧费、维护费、校验费、动力费。施工仪器仪表台班单价中的费用组成不包括检测软件的相关费用。

3. **【答案】** ACE

【解析】 施工仪器仪表台班单价由四项费用组成，包括折旧费、维护费、校验费、动力费，不包含人工费、检修费、安拆与场外运费、燃料费。施工仪器仪表台班单价中的费用组成不包括检测软件的相关费用。因此正确答案为 ACE。

Ⅴ 本节综合题

（一）单项选择题

暂无真题。

（二）多项选择题

【答案】 ADE

【解析】 此题为综合题，同时考核了人工、材料或施工机械台班单价。

① 影响人工日工资单价的因素：社会平均工资水平；生活消费指数；人工日工资单价的组成内容；劳动力市场供需变化；政府推行的社会保障和福利政策。因此选项 A 正确。

② 影响材料单价变动的因素：市场供需变化；材料生产成本的变动；流通环节的多少和材料供应体制；运输距离和运输方法的改变；国际市场行情会对进口材料单价产生的影响。因此选项 D 正确。

③ 施工机械台班单价由七项费用组成，包括折旧费、检修费、维护费、安拆费及场外运费、人工费、燃料动力费和其他费用。施工机械的维护保养水平会影响其维护费，进而影响施工机械台班单价水平。故选项 E 正确。

选项 B、C 会影响材料消耗量的构成和水平，不影响单价。

第五节　工程计价定额的编制

一、名师考点

参见表 2-6。

表 2-6　工程计价定额的编制考点

教材点		知识点
一	预算定额及其基价编制	预算定额中人工工日消耗量的构成和计算； 预算定额中材料消耗量的计算方法； 预算定额中机具台班消耗量的计算、机械台班幅度差的内容
二	概算定额及其基价编制	概算定额与预算定额的比较
三	概算指标及其编制	概算指标与概算定额的比较；概算指标的分类和表现形式
四	投资估算指标及其编制	投资估算指标三个层次指标的内容

二、真题回顾

Ⅰ　预算定额及其基价编制

（一）单项选择题

1. 依据劳动定额编制预算定额人工工日消耗量，已知完成 $10m^3$ 某工作的基本用工 8 个工日、辅助用工 1.5 个工日、超运距用工 0.5 个工日，人工幅度差系数按照 15%考虑，则完成该工作 $10m^3$ 的预算定额人工消耗量为（　　）工日。（2023 年）

A. 10.0　　B. 11.2

C. 11.3　　D. 11.5

2. 编制预算定额人工工日消耗量时，实际工程现场运距超过预算定额取定运距时的用工应计入（　　）。（2019 年）

A. 超运距用工　　B. 辅助用工

C. 现场二次搬运用工　　D. 人工幅度差

3. 关于预算定额消耗量的确定方法，下列表述正确的是（　　）。（2018 年）

A. 人工工日消耗量由基本用工量和辅助用工量组成

B. 材料消耗量=材料净用量/(1-损耗率)

C. 机械幅度差包括了正常施工条件下，施工中不可避免的工序间歇

D. 机械台班消耗量=施工定额机械台班消耗量/(1-机械幅度差)

4. 编制某分项工程预算定额人工工日消耗量时，已知基本用工、辅助用工、超运距用工分别为 20 工日、2 工日、3 工日，人工幅度差系数为 10%，则该分项工程单位人工工日消耗量为（　　）工日。（2018 年）

A. 27.0　　B. 27.2

C. 27.3　　D. 27.5

5. 在计算预算定额人工工日消耗量时，含在人工幅度差内的用工是（　　）。(2017年)

A. 超运距用工　　B. 材料加工用工

C. 机械土方工程的配合用工　　D. 工种交叉作业相互影响的停歇用工

6. 某挖掘机械挖二类土方的台班产量定额为100m^3/台班，当机械幅度差系数为20%时，该机械挖二类土方1000m^3预算定额的台班耗用量应为（　　）台班。(2017年)

A. 8.0　　B. 10.0

C. 12.0　　D. 12.5

7. 完成某分部分项工程1m^3，需基本用工0.5工日，超运距用工0.05工日，辅助用工0.1工日。如人工幅度差系数为10%，则该工程预算定额人工工日消耗量为（　　）工日/10m^3。(2016年)

A. 6.05　　B. 5.85

C. 7.00　　D. 7.15

8. 下列材料损耗，应计入预算定额材料损耗量的是（　　）。(2016年)

A. 场外运输损耗　　B. 工地仓储损耗

C. 一般性检验鉴定损耗　　D. 施工加工损耗

9. 在正常施工条件下，完成10m^3混凝土梁浇捣需4个基本用工、0.5个辅助用工、0.3个超运距用工，若人工幅度差系数为10%，则该梁混凝土浇捣预算定额人工工日消耗量为（　　）工日/10m^3。(2015年)

A. 5.20　　B. 5.23

C. 5.25　　D. 5.28

10. 完成某单位分部分项工程需要基本用工4.2工日、超运距用工0.3工日、辅助用工1工日，人工幅度差系数为10%，则该单位分部分项工程预算定额人工工日消耗量为（　　）工日/10m^3。(2014年)

A. 5.92　　B. 5.95

C. 6.02　　D. 6.05

11. 某挖土机挖土一次正常循环工作时间为50s，每次循环平均挖土量为0.5m^3，机械时间利用系数为0.8，机械幅度差系数为25%，按8h工作制考虑，挖土方预算定额的机械台班消耗量为（　　）台班/1000m^3。(2014年)

A. 5.43　　B. 7.2

C. 8　　D. 8.68

（二）多项选择题

1. 确定预算定额人工工日消耗量过程中，应计入其他用工的有（　　）。(2017年)

A. 材料二次搬运用工

B. 电焊点火用工

C. 按劳动定额规定应增（减）计算的用工

D. 临时水电线移动造成的停工

E. 完成某一分项工程所需消耗的技术工种用工

2. 下列与施工机械工作相关的时间中，应包括在预算定额机械台班消耗量中，但不包括在施工定额中的有（　　）。(2015 年)

A. 低负荷下工作时间

B. 机械施工不可避免的工序间歇

C. 机械维修引起的停歇时间

D. 开工时工作量不饱满所损失的时间

E. 不可避免的中断时间

Ⅱ　概算定额及其基价编制

(一) 单项选择题

1. 关于概算定额，下列说法正确的是（　　）。(2020 年)

A. 不仅包括人工、材料和施工机具台班的数量标准，还包括费用标准

B. 是施工定额的综合与扩大

C. 反映的主要内容、项目划分和综合扩大程度与预算定额类似

D. 定额水平体现平均先进水平

2. 概算定额与预算定额的差异主要表现在（　　）的不同。(2017 年)

A. 项目划分

B. 主要工程内容

C. 主要表达方式

D. 基本使用方法

(二) 多项选择题

关于概算定额与预算定额，下列说法正确的有（　　）。(2018 年)

A. 概算定额的主要内容、主要方式及基本使用方法与预算定额相近

B. 概算定额与预算定额的不同之处，在于项目划分和综合扩大程度上的差异

C. 概算定额是确定概算指标中各种消耗量的依据

D. 概算定额与预算定额之间的水平差一般在 10%左右

E. 概算定额项目可以按工程结构划分，也可以按工程部位划分

Ⅲ　概算指标及其编制

(一) 单项选择题

1. 关于概算指标的内容和特点，下列说法正确的是（　　）。(2021 年)

A. 编制对象只涉及单项工程和建设项目

B. 编制内容不包括人工、材料、机具台班的消耗量

C. 适用范围不包括投资决策阶段和施工阶段

D. 编制费用包括建安费和设备及工器具购置费

2. 关于工程计价定额中的概算指标，下列说法正确的是（　　）。(2018 年)

A. 概算指标通常以分部工程为对象

B. 概算指标中各种消耗量指标的确定，主要来自预算或结算资料

C. 概算指标的组成内容一般分为列表形式和必要的附录两部分

D. 概算指标的使用及调整方法，一般在附录中说明

(二) 多项选择题

1. 概算指标列表形式的构成内容包括（　　）等。(2021 年)

A. 示意图
B. 工程总说明
C. 人工、主要材料消耗量
D. 工程量指标
E. 总投资指标

2. 下列概算定额与概算指标关系的表述中，正确的是（　　）。(2015 年)

A. 概算定额以单位工程为对象，概算指标以单项工程为对象
B. 概算定额以预算定额为基础，概算指标主要来自各种预算和结算资料
C. 概算定额适用于初步设计阶段，概算指标不适用于初步设计阶段
D. 概算指标比概算定额更加综合与扩大
E. 概算定额是编制概算指标的依据

Ⅳ　投资估算指标及其编制

(一) 单项选择题

关于投资估算指标的说法，正确的是（　　）。(2022 年)

A. 定额水平保持平均先进水平
B. 费用范围涉及建设期全部投资
C. 在概算指标的基础上综合扩大编制
D. 按表现形式分为综合指标和单项指标

(二) 多项选择题

1. 关于投资估算指标，下列说法正确的有（　　）。(2020 年)

A. 以独立的建设项目、单项工程或单位工程为对象
B. 费用和消耗量指标主要来自概算指标
C. 一般分为建设项目综合指标、单项工程指标和单位工程指标三个层次
D. 单项工程指标一般以单位生产能力投资表示
E. 建设项目综合指标表示的是建设项目的静态投资指标

2. 关于投资估算指标反映的费用内容和计价单位，下列说法中正确的有（　　）。(2016 年)

A. 单位工程指标反映建筑安装工程费，以每“m^2、m^3、m、座”等单位投资表示
B. 单项工程指标反映工程费用，以每“m^2、m^3、m、座”等单位投资表示
C. 单位工程指标反映建筑安装工程费，以单项工程生产能力单位投资表示
D. 建设项目综合指标反映项目固定资产投资，以项目综合生产能力单位投资表示
E. 建设项目综合指标反映项目总投资，以项目综合生产能力单位投资表示

Ⅴ　本节综合题

(一) 单项选择题

暂无真题。

(二) 多项选择题

1. 关于预算定额、概算定额和估算指标等各类计价定额的异同，下列说法正确的有（　　）。(2022 年)

A. 反映的定额水平各有不同

B. 项目划分与综合扩大程度各有不同

C. 定额的表现形式不同

D. 定额内容均包含人工、材料、施工机具台班消耗量等

E. 适用的图纸深度不同

2. 关于各类工程计价定额的说法，正确的有（　　）。（2019 年）

A. 概算定额基价可以是工料单价、清单综合单价或全费用综合单价

B. 概算指标分为建筑工程概算指标和设备及安装工程概算指标

C. 综合概算指标的准确性高于单项概算指标

D. 概算指标是在概算定额的基础上进行编制的

E. 投资估算指标必须反映项目建设前期和交付使用期内发生的动态投资

3. 下列关于各类工程计价定额的说法中，正确的有（　　）。（2014 年）

A. 预算定额以现行劳动定额和施工定额为编制基础

B. 概预算定额的基价一般由人工、材料和机械台班费用组成

C. 概算指标可分为建筑工程概算指标、设备及安装工程概算指标

D. 投资估算指标主要以概算定额和概算指标为编制基础

E. 单位工程投资估算指标中仅包括建筑安装工程费

三、真题解析

Ⅰ　预算定额及其基价编制

（一）单项选择题

1. **【答案】** D

【解析】 本题考核预算定额的确定。

预算定额人工消耗量＝（基本用工+辅助用工+超运距用工）×（1+人工幅度差系数）

＝（8+1.5+0.5）×(1+15%)＝11.5（工日）。

2. **【答案】** C

【解析】 超运距是指劳动定额中已包括的材料、半成品场内水平搬运距离与预算定额所考虑的现场材料、半成品堆放地点到操作地点的水平运输距离之差。当实际工程现场运距超过预算定额取定运距时，可另行计算现场二次搬运费。因此正确答案为 C。

3. **【答案】** C

【解析】 预算定额中人工工日消耗量是指在正常施工条件下，生产单位合格产品所必须消耗的人工工日数量，是由分项工程所综合的各个工序劳动定额包括的基本用工、其他用工两部分组成。材料消耗量＝材料净用量×（1+损耗率）。

$$\frac{\text{预算定额机械耗用台班}}{} = \text{施工定额机械耗用台班} \times (1+\text{机械幅度差系数})$$

预算定额机械耗用台班＝施工定额机械耗用台班×（1＋机械幅度差系数）。机械台班幅度差是指施工定额所规定的范围内没有包括，而在实际施工中又不可避免产生的影响机械或使机械停歇的时间。因此正确答案为 C。

4. **【答案】** D

【解析】单位人工工日消耗量=(基本用工+辅助用工+超运距用工)×(1+人工幅度差系数)=(20+2+3)×(1+10%)=27.5（工日），因此正确答案为D。

5.【答案】D

【解析】人工幅度差内容包括：①各工种间的工序搭接及交叉作业相互配合或影响所发生的停歇用工；②施工过程中，移动临时水电线路而造成的影响工人操作的时间；③因工程质量检查和隐蔽工程验收而影响工人操作的时间；④同一现场内单位工程之间因操作地点转移而影响工人操作的时间；⑤工序交接时对前一工序不可避免的修整用工；⑥施工中不可避免的其他零星用工。

6.【答案】C

【解析】施工机械台班时间定额=1/100=0.01（台班/m^3）；

预算定额机械耗用台班=0.01×(1+20%)=0.012（台班/m^3）；

挖土方1000m^3的预算定额机械耗用台班量=1000×0.012=12（台班）。

7.【答案】D

【解析】定额人工工日消耗量=(基本用工+辅助用工+超运距用工)×(1+人工幅度差系数)=(0.5+0.05+0.1)×(1+10%)=0.715（工日/m^3）=7.15（工日/10m^3）。

8.【答案】D

【解析】场外运输损耗、工地仓储损耗均属于材料单价的内容，因此选项A、B错误。选项C，一般性检验鉴定损耗属于管理费中检验试验费。施工加工损耗和场内运输损耗属于定额材料损耗量，因此正确答案为D。

9.【答案】D

【解析】定额人工工日消耗量=(基本用工+辅助用工+超运距用工)×(1+人工幅度差系数)=(4+0.5+0.3)×(1+10%)=5.28（工日/10m^3），因此正确答案为D。

10.【答案】D

【解析】定额人工工日消耗量=(基本用工+辅助用工+超运距用工)×(1+人工幅度差系数)

=（4.2+0.3+1)×(1+10%)

=6.05（工日/m^3）。

因此正确答案为D。

11.【答案】A

【解析】产量定额=1h的正常生产率×工作班延续时间×机械时间利用系数

=0.5×(3600/50)×8×0.8=230.4（m^3/台班）；

施工机械台班时间定额=1/230.4≈0.00434（台班/m^3）；

预算定额机械耗用台班=0.00434×(1+25%)=0.005425（台班/m^3）

≈5.43（台班/1000m^3）。

（二）多项选择题

1.【答案】BD

【解析】预算定额中人工工日消耗量是由分项工程所综合的各个工序劳动定额包括的基本用工、其他用工两部分组成。其中完成某一分项工程所需消耗的技术工种用工、按劳动定额规定应增（减）计算的用工属于基本用工；二次搬运用工不属于预算定额人工工日消耗量；电焊点火用工属于其他用工中的辅助用工，临时水电线移动造成的停工属于其他用工中的人工幅度差。因此正确答案为BD。

2. 【答案】BCD

【解析】此题考核机械台班幅度差的内容。选项A，低负荷下工作时间，既不属于施工定额也不属于预算定额，属于损失时间。选项E，不可避免的中断时间，包括在施工定额中。机械台班幅度差内容包括：①施工机械转移工作面及配套机械相互影响损失的时间；②在正常施工条件下，机械在施工中不可避免的工序停歇；③工程开工或收尾时工作量不饱满所损失的时间；④检查工程质量影响机械操作的时间；⑤临时停机、停电影响机械操作的时间；⑥机械维修引起的停歇时间。因此正确答案为BCD。

Ⅱ 概算定额及其基价编制

（一）单项选择题

1. 【答案】A

【解析】此题主要考查概算定额及其定额编制。概算定额是在预算定额基础上，确定完成合格的单位扩大分项工程或单位扩大结构构件所需消耗的人工、材料和施工机具台班的数量标准及其费用标准，因此选项A正确；概算定额是预算定额的综合与扩大，表达的主要内容、方式及基本使用方法都与预算定额相近，因此选项B和C错误；概算定额属于计价性定额，体现社会平均水平，选项D错误。

2. 【答案】A

【解析】概算定额与预算定额的不同之处，在于项目划分和综合扩大程度上的差异，同时，概算定额主要用于设计概算的编制。因此正确答案为A。

（二）多项选择题

【答案】ABE

【解析】概算定额表达的主要内容、方式及基本使用方法都与预算定额相近。概算定额与预算定额的不同之处，在于项目划分和综合扩大程度上的差异，同时，概算定额主要用于设计概算的编制。概算定额以现行预算定额为基础，通过计算之后才综合确定出各种消耗量指标，而概算指标中各种消耗量指标的确定，则主要来自各种预算或结算资料。概算定额项目一般按以下两种方法划分：一是按工程结构（一般是按土石方、基础、墙、梁板柱、门窗、楼地面、屋面、装饰、构筑物等）划分；二是按工程部位（分部）（一般是按基础、墙体、梁柱、楼地面、屋盖、其他工程部位等）划分。选项A、B、E的说法都是正确的。选项D教材中已删除。

Ⅲ 概算指标及其编制

（一）单项选择题

1. 【答案】D

【解析】建筑安装工程概算指标通常是以单位工程为对象，以建筑面积、体积或成套设备装置的“台”或“组”为计量单位而规定的人工、材料、机具台班的消耗量标准和造价指标。概算指标可分为两大类：一类是建筑工程概算指标；另一类是设备及安装工程概算指标，因此包括建安费和设备及工器具购置费两部分。

2. **【答案】** B

【解析】 概算指标通常是以单位工程为对象，选项 A 错误；概算指标的组成内容一般分为文字说明和列表形式两部分，以及必要的附录，选项 C 错误；概算指标中各种消耗量指标的确定，则主要来自各种预算或结算资料，因此正确答案为 B。选项 D 教材中已删除。

（二）多项选择题

1. **【答案】** ACD

【解析】 概算指标的组成内容一般分为文字说明和列表形式两部分，以及必要的附录。其中列表形式包括示意图、工程特征、经济指标、构造内容及工程量指标几个部分。选项 C 中人工、主要材料消耗量属于工程量指标。

2. **【答案】** BD

【解析】 概算定额的编制对象是单位扩大分项工程或单位扩大结构构件，概算指标通常是以单位工程为对象，因此概算指标比概算定额更加综合与扩大。概算定额以现行预算定额为基础，通过计算之后才综合确定出各种消耗量指标，而概算指标中各种消耗量指标的确定，则主要来自各种预算或结算资料。概算指标和概算定额、预算定额一样，都是与各个设计阶段相适应的多次性计价的产物，它主要用于初步设计阶段。

Ⅳ 投资估算指标及其编制

（一）单项选择题

【答案】 B

【解析】 投资估算指标是一种反映社会平均水平的计价性定额。由于投资估算指标属于项目建设前期进行估算投资的技术经济指标，它不仅要反映实施阶段的静态投资，还必须反映项目建设前期和交付使用期内发生的动态投资，以投资估算指标为依据编制的投资估算，包含项目建设的全部投资额。与概预算定额相比，投资估算以独立的建设项目、单项工程或单位工程为对象，综合项目全过程投资和建设中的各类成本和费用，反映出其扩大的技术经济指标。投资估算指标的内容可分为建设项目综合指标、单项工程指标和单位工程指标三个层次。因此选项 B 正确。

（二）多项选择题

1. **【答案】** ACD

【解析】 此题主要考查投资估算指标及其编制的内容。与概预算定额相比较，投资估算指标以独立的建设项目、单项工程或单位工程为对象，综合项目全过程投资和建设中的各类成本和费用，反映出其扩大的技术经济指标，因此选项 A 正确、B 错误；投资估算指标一般可分为建设项目综合指标、单项工程指标和单位工程指标三个层次，其中单项工程指标一般以单项工程生产能力单位投资表示，因此选项 C、D 正确；建设项目综合指标指按规定应列入建设项目总投资的从立项筹建开始至竣工验收交付使用的全部投资额，既包括静态投资也包括动态投资，因此选项 E 错误。

2. **【答案】** AE

【解析】 单项工程指标反映工程费用，通常以单项工程生产能力单位投资表示，故选项 C 错误；建设项目综合指标指按规定应列入建设项目总投资的从立项筹建开始至竣工验收交付使用的全部投资额，建设项目综合指标一般以项目的综合生产能力单位投资表示，故选项 D 错误。建设项目综合指标一般以项目的综合生产能力单位投资表示，单项工程指标一般以单项工程生产能力单位投资表示，单位工程指标一般以如下方式表示：房屋区别不同结构形式以“元/m^2”表示；道路区别不同结构层、面层以“元/m^2”表示；水塔区别不同结构层、容积以“元/座”表示；管道区别不同材质、管径以“元/m”表示。因此选项 A、E 说法正确，选项 B 错误。

Ⅴ　本节综合题

（一）单项选择题

暂无真题。

（二）多项选择题

1. **【答案】** BCDE

【解析】 计价定额的编制遵循社会平均水平和简明适用等原则，故选项 A 错误。

2. **【答案】** ABE

【解析】 概算定额基价可能是工料单价、清单综合单价或全费用综合单价，用于编制设计概算。概算指标分为建筑工程概算指标和设备及安装工程概算指标。概算指标在具体内容的表示方法上，分为综合概算指标和单项概算指标两种形式，综合概算指标的概括性较大，其准确性、针对性不如单项指标；单项概算指标的针对性较强。由于投资估算指标属于项目建设前期进行估算投资的技术经济指标，它不但要反映实施阶段的静态投资，还必须反映项目建设前期和交付使用期内发生的动态投资，以投资估算指标为依据编制的投资估算，包含项目建设的全部投资额。因此正确答案为 ABE。

3. **【答案】** ABCE

【解析】 与概预算定额相比较，估算指标以独立的建设项目、单项工程或单位工程为对象，综合项目全过程投资和建设中的各类成本和费用，反映出其扩大的技术经济指标，既是定额的一种表现形式，但又不同于其他的计价定额；其主要编制基础不是预算定额和概算定额，因此选项 D 错误。概预算定额的基价是工料单价时，其基价由人工、材料和机械台班费用组成。概算指标可分为两大类，一类是建筑工程概算指标，另一类是设备及安装工程概算指标。建设项目综合指标指按规定应列入建设项目总投资的从立项筹建开始至竣工验收交付使用的全部投资额，包括单项工程投资、工程建设其他费用和预备费等，单项工程指标中包括建筑工程费、安装工程费、设备、工器具及生产家具购置费和可能包含的其他费用，单位工程指标按规定应列入能独立设计、施工的工程项目的费用，即建筑安装工程费用。因此选项 ABCE 的说法是正确的。

第六节　工程计价信息及其应用

一、名师考点

参见表 2-7。

表 2-7 工程计价信息及其应用考点

教材点		知识点
一	工程计价信息及其主要内容	工程计价信息包括的主要内容：价格信息、工程造价指数和工程造价指标
二	工程造价指标的编制及使用	工程造价指标的分类； 工程造价指标测算时应注意的问题以及工程特征的具体信息； 指标测算方法的适用范围以及数据统计法的测算过程
三	工程造价指数及其编制	工程造价指数的分类和编制
四	工程计价信息的动态管理	—
五	工程造价数字化及发展趋势	BIM 技术在工程造价管理各阶段的应用

二、真题回顾

Ⅰ 工程计价信息及其主要内容

（一）单项选择题

1. 下列工程造价信息中，最能体现市场机制下信息动态性变化特征的是（ ）。(2018 年)

A. 工程价格信息　　B. 政策性文件

C. 计价标准和规范　　D. 工程定额

2. 某类建筑材料本身的价格不高，但所需的运输费用却很高，该类建筑材料的价格信息一般具有较明显的（ ）。(2015 年)

A. 专业性　　B. 季节性

C. 区域性　　D. 动态性

3. 最能体现信息动态性变化特征，并且在工程价格的市场机制中起重要作用的工程造价信息主要包括（ ）。(2014 年)

A. 工程造价指数、在建工程信息和工程造价指标

B. 价格信息、工程造价指数和工程造价指标

C. 人工价格信息、材料价格信息及在建工程信息

D. 价格信息、工程造价指数及刚开工的工程信息

（二）多项选择题

暂无真题。

Ⅱ 工程造价指标的编制及使用

（一）单项选择题

1. 根据《建设工程造价指标指数分类与测算标准》GB/T 51290，按照用途的不同，建设工程造价指标可以分为（ ）。(2023 年)

A. 投资估算、设计概算、施工图预算、工程结算和竣工决算指标

B. 工程经济指标、工程量指标、工料价格与消耗量指标

C. 建设项目总投资指标和建设项目投资明细指标

D. 人材机市场价格指标、单项工程造价指标和建设工程造价综合指标

2. 现从 30 个建设工程造价资料中随机抽取 7 个项目的现浇混凝土矩形梁工程，其综合单价及工程量数据如下表所示。采用数据统计法测算，现浇混凝土矩形梁工程的综合单价指标为（　　）元/m^3。(2023 年)

综合单价及工程量数据

项目编号	1	2	3	4	5	6	7
综合单价（元/m^3）	680	770	720	745	805	830	765
工程量（m^3）	1200	540	620	600	420	190	570

A. 738　　B. 758

C. 759　　D. 761

3. 现有 30 个某类建设工程造价数据，随机抽取的 7 个项目的造价及相关数据如下表所示。采用数据统计法测算该类工程造价指标为（　　）元/m^2。(2022 年)

项目的造价及相关数据

项目编号	1	2	3	4	5	6	7
单方造价（元/m^2）	2000	1800	1900	1850	2050	2200	1950
建筑面积（m^2）	10 万	50 万	10 万	20 万	30 万	50 万	30 万

A. 1950　　B. 1960

C. 1964　　D. 1980

4. 当应用数据统计法测算工程造价指标时，采用各样本工程的消耗量占比作为权重进行加权平均计算的造价指标是（　　）。(2021 年)

A. 工程经济指标　　B. 工程量指标

C. 消耗量指标　　D. 工料价格指标

5. 关于工程造价指标，下列说法正确的是（　　）。(2020 年)

A. 按照工程构成不同，工程造价指标可划分为人工指标、材料指标、机械台班指标

B. 工程造价指标测算时，部分数据可通过理论推测获得

C. 造价指标可分行业、分专业进行测算，不受区域范围影响

D. 汇总计算法计算工程造价指标时，应采用加权平均的方法

6. 工程造价指标测算中，各类造价数据的时间需符合造价指标的时间要求。下列造价数据的时间选取符合规定的是（　　）。(2019 年)

A. 投资估算采用投资估算书编制完成日期

B. 最高投标限价采用投标截止日期

C. 合同价采用合同签订日期

D. 结算价采用工程结算日期

（二）多项选择题

1. 关于房屋建筑工程造价指标的特征信息，下列说法正确的有（　　）。(2023 年)

A. 建设项目特征信息包括基本信息和面积信息

B. 二级或三级分类的工程需描述分类特征信息

C. 必须描述的项目特征信息包括工程所在地、竣工日期和资金来源等

D. 必须描述的通用特征信息包括建筑性质、结构类型、抗震等级、建筑面积等

E. 居住建筑必须描述的分类特征信息包括建筑分类、高度类型、建筑档次等

2. 按照用途的不同，建设工程造价指标可分为（　　）。(2020 年)

A. 工料价格指标　　B. 工程经济指标

C. 工程量指标　　D. 单位工程造价指标

E. 消耗量指标

3. 建设工程造价指标测算常用的方法包括（　　）。(2019 年)

A. 数据统计法　　B. 现场测算法

C. 典型工程法　　D. 写实记录法

E. 汇总计算法

Ⅲ　工程造价指数及其编制

（一）单项选择题

1. 某地区测算新建医院的造价综合指数，已测得新建医院的住院楼、医技楼、门诊楼、实验楼、其他建筑的造价指数及总投资额如下表所示。若基期价格指数为 1.00，则该地区新建医院的造价综合指数为（　　）。(2023 年)

新建医院各项目造价综合指数

类别	住院楼	医技楼	门诊楼	实验楼	其他建筑
单项工程造价指数	1.08	1.10	1.05	1.03	1.04
总投资（亿元）	6	4	5	2	3

A. 1.060　　B. 1.066

C. 1.075　　D. 1.077

2. 某地区新建学校的教学楼、宿舍楼、实验楼、办公楼、其他建筑的报告期指数及相关投资数据见下表。如学校项目基期造价综合指数为 1，则其报告期的建设工程造价综合指数是（　　）。(2022 年)

报告期指数及相关投资数据

类别	教学楼	宿舍楼	实验楼	办公楼	其他建筑
总投资（亿元）	28	36	3	1	2
报告期单项工程造价指数	1.1	1.05	1.3	1.15	1.2

A. 1.09　　B. 1.12

C. 1.15　　D. 1.16

3. 关于建设工程造价综合指数的计算方法，下列说法正确的是（　　）。(2021 年)

A. 按报告期与基准期建设工程造价的比值计算

B. 按报告期与基准期各类单项工程造价指数之和的比值计算

C. 用同期各类单项工程造价指数加总计算

D. 用同期各类单项工程造价指数加权汇总计算

4. 2020 年某水泥厂建设工程的建筑安装工程造价为 7.31 亿元。其中：矿山工程造价为 7800 万元，定额编制期同类项目的矿山工程造价为 6000 万元。该水泥厂建设工程造价综合指数为 1.20，则该矿山工程的造价指数是（　　）。(2020 年)

A. 1.30　　B. 0.77

C. 0.92　　D. 1.56

5. 关于工程造价指数的计算，下列表达式正确的是（　　）。(2019 年)

A. $\text{材料费价格指数} = \sum\left(\text{同期各种材料单价} \times \dfrac{\text{各种材料费用}}{\text{所有材料费用之和}}\right)$

B. $\text{单位工程价格指数} = \sum\left(\text{同期各分部工程价格指数} \times \dfrac{\text{各分部工程费用}}{\text{单位工程费用}}\right)$

C. $\text{单项工程造价指数} = \dfrac{\text{报告期单项工程造价指标}}{\text{基准期单项工程造价指标}}$

D. $\text{建设工程造价综合指数} = \dfrac{\text{报告期建设工程造价综合指标}}{\text{基准期建设工程造价综合指标}}$

（二）多项选择题

暂无真题。

三、真题解析

Ⅰ　工程计价信息及其主要内容

（一）单项选择题

1. **【答案】** A

【解析】 最能体现信息动态性变化特征，并且在工程价格的市场机制中起重要作用的工程计价信息主要包括工程价格信息、工程造价指数和工程造价指标三类。因此正确答案为 A。

2. **【答案】** C

【解析】 不少建筑材料本身的价值或生产价格并不高，但所需要的运输费用却很高，这在客观上要求尽可能就近使用建筑材料，体现了材料价格信息的区域性。因此正确答案为 C。

3. **【答案】** B

【解析】 最能体现信息动态性变化特征，并且在工程价格的市场机制中起重要作用的工程计价信息主要包括价格信息、工程造价指数和工程造价指标三类。因此正确答案为 B。

（二）多项选择题

暂无真题。

Ⅱ 工程造价指标的编制及使用

（一）单项选择题

1. **【答案】** B

【解析】 本题考核建设工程造价指标的分类。①按照工程造价指标的层级的不同，建设工程造价指标可分为建设项目总投资指标和建设项目投资明细指标。②按照用途的不同，建设工程造价指标可以分为工程经济指标、工程量指标、工料价格与消耗量指标。

2. **【答案】** B

【解析】 本题考核数据统计法的测算过程。从序列两端各去掉5%的边缘项目，边缘项目不足1时按1计算，本题需要从序列两端各去掉1个项目。去掉综合单价最低的项目1和最高的项目6，然后对剩余的5个项目（即项目2、3、4、5、7）加权平均。

现浇混凝土矩形梁工程的综合单价指标

=(770×540+720×620+745×600+805×420+765×570)/(540+620+600+420+570)

=757.58≈758（元/m^3）。

3. **【答案】** B

【解析】 数据统计法计算建设工程经济指标、工程量指标、消耗量指标时，应将所有样本工程的单位造价、单位工程量、单位消耗量进行排序，从序列两端各去掉5%的边缘项目，边缘项目不足1时按1计算，剩下的样本采用加权平均计算，得出相应的造价指标。

因此去掉单方造价最低的项目2和最高的项目6，然后对剩余的5个项目（即项目1、3、4、5、7）加权平均。

该类工程单方造价指标=(2000×10+1900×10+1850×20+2050×30+1950×30)/(10+10+20+30+30)= 1960（元/m^2）。

4. **【答案】** D

【解析】 数据统计法计算建设工程经济指标、工程量指标、消耗量指标时，通常采用建设规模作权重；数据统计法计算工料价格指标时，采用消耗量作权重。

5. **【答案】** D

【解析】 此题主要考查工程造价指标的分类和方法。按照工程造价指标的层级不同，建设工程造价指标可分为建设项目总投资指标和建设项目投资明细指标，因此选项A错误；工程造价指标测算时必须都是采集实际的工程数据，不能通过理论推测获得，因此选项B错误；工程造价指标应区分地区、工程类型、造价类型、时间进行测算，因此选项C错误；汇总计算法计算工程造价指标时，应采用加权平均计算法，权重为指标对应的总建设规模，因此正确答案为选项D。

6. **【答案】** A

【解析】 建设工程造价指标的时间应符合下列规定：①投资估算、设计概算、最高投标限价应采用成果文件编制完成日期；②合同价应采用工程开工日期；③结算价应采用工程竣工日期。因此正确答案为A。

（二）多项选择题

1. **【答案】** ABDE

【解析】 本题考核工程造价指标测算时应注意的问题，如数据的真实性、符合时间要求以及根据工程特征进行测算。按照工程造价指标层级，工程特征包括建设项目特征信息和单项工程特征信息，具体内容见下表。选项 C 中竣工日期和资金来源属于可选择描述的特征。

工程特征具体内容

<table>
<tr><td rowspan="8">工程特征</td><td rowspan="4">建设项目特征信息</td><td rowspan="2">基本信息</td><td>必须描述的特征</td><td>工程特征分类、项目所在地、造价类型以及建安造价是否含税</td></tr>
<tr><td>可选择描述的特征</td><td>变化率、开竣工日期、工程承包模式、资金来源</td></tr>
<tr><td rowspan="2">面积信息</td><td>必须描述的特征</td><td>建筑面积</td></tr>
<tr><td>可选择描述的特征</td><td>红线内室外面积、人防建筑面积、停车场面积等</td></tr>
<tr><td rowspan="2">单项工程特征信息</td><td>通用信息</td><td>适合于所有的房屋建筑工程的一级分类</td><td>必须描述的通用信息：建设性质（新建或扩建）、结构类型、抗震等级、建筑面积、檐高、层数、层高、装修标准等</td></tr>
<tr><td>分类信息</td><td>适合于房屋建筑工程的二级或以下级别分类</td><td>以居住建筑为例，必须描述的分类信息：居住建筑分类、高度类型、居住建筑档次等</td></tr>
</table>

2. **【答案】** ABCE

【解析】 此题主要考查建设工程造价指标的分类。按照用途的不同，建设工程造价指标可以分为工程经济指标、工程量指标、工料价格指标及消耗量指标。

3. **【答案】** ACE

【解析】 建设工程造价指标测算方法主要包括数据统计法、典型工程法和汇总计算法。

Ⅲ 工程造价指数及其编制

（一）单项选择题

1. **【答案】** B

【解析】 本题考核建设工程造价综合指数的编制。新建医院的造价综合指数 $=(1.08\times6+1.10\times4+1.05\times5+1.03\times2+1.04\times3)/(6+4+5+2+3)=1.0655\approx1.066$。

2. **【答案】** A

【解析】 建设工程造价综合指数的编制是在单项工程造价指数编制结果的基础上，将不同专业类型的单项工程造价指数以投资额为权重加权汇总后编制完成。

故建设工程造价综合指数 $=(1.1\times28+1.05\times36+1.3\times3+1.15\times1+1.2\times2)/(28+36+3+1+2)\approx1.09$。

3. **【答案】** D

【解析】 综合指数通常按照地区进行编制，即将不同专业的单项工程造价指数进行加权汇总后，反映出该地区某一时期内工程造价的综合变动情况。

4. **【答案】** A

【解析】 此题主要考查单项工程造价指数的编制。

单项工程造价指数 = P_1/P_0 = 7800/6000 = 1.30。

5. **【答案】** C

【解析】 建设工程造价指数分为工料机市场价格指数、单项工程造价指数、建设工程造价综合指数。人工费（材料费、施工机具使用费）价格指数可以简单表示为报告期价格与基期价格之比；单项工程造价指数也可以表示为报告期单项工程造价指标与基期单项工程造价指标之比；建设工程造价综合指数则在单项工程造价指数编制结果的基础上，将不同专业的单项工程造价指数以投资额为权重进行加权汇总，通常按照地区进行编制。

（二）多项选择题

暂无真题。

第三章　建设项目决策和设计阶段工程造价的预测

一、本章概览

参见图 3-1。

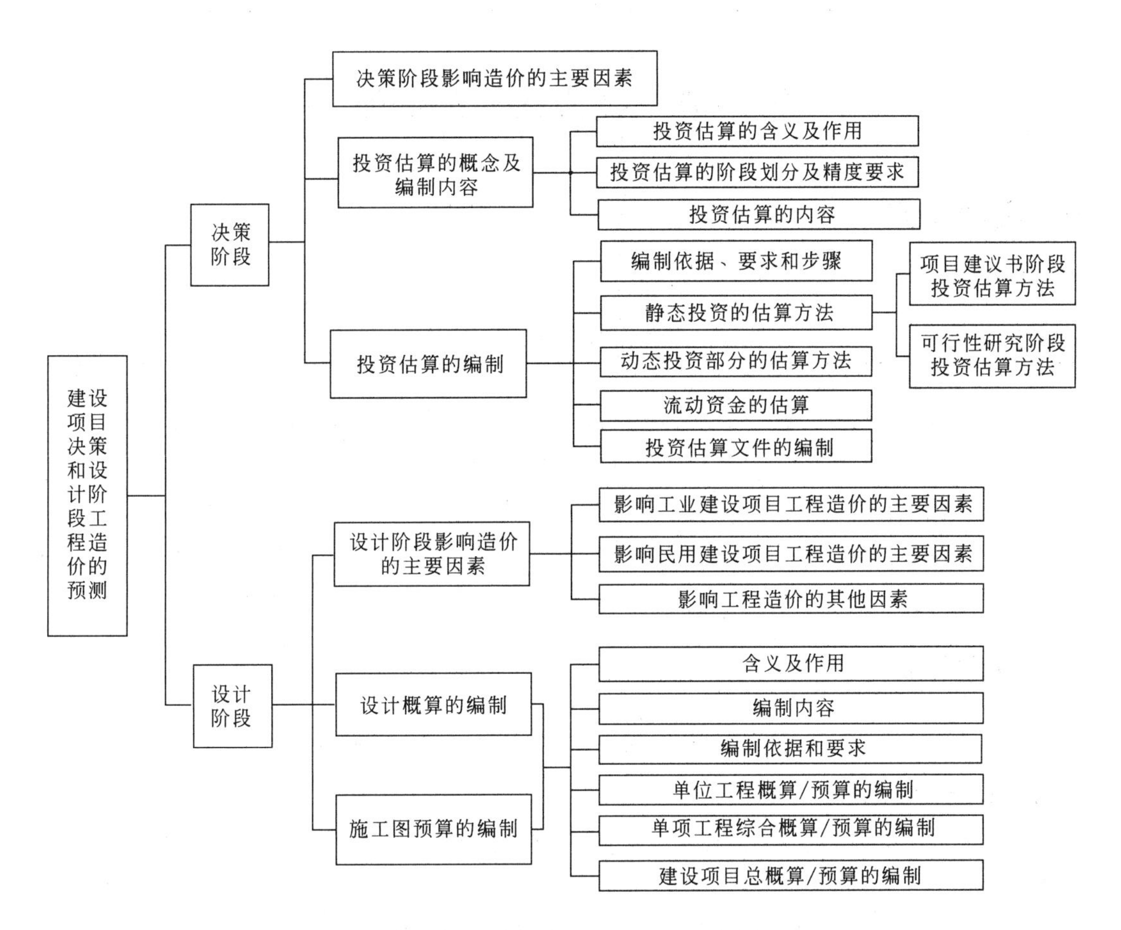

图 3-1　“建设项目决策和设计阶段工程造价的预测”框架图

二、考情分析

参见表 3-1。

表 3-1　　2021～2023 年第三章各节考点分值分布表

考试年度	2023 年					2022 年					2021 年				
题型	单选题		多选题		分值	单选题		多选题		分值	单选题		多选题		分值
第一节　投资估算的编制	3 道	3 分	1 道	2 分	5 分	4 道	4 分	2 道	4 分	8 分	4 道	4 分	1 道	2 分	6 分
第二节　设计概算的编制	3 道	3 分	1 道	2 分	5 分	4 道	4 分	1 道	2 分	6 分	4 道	4 分	1 道	2 分	6 分
第三节　施工图预算的编制	2 道	2 分	0 道	0 分	2 分	2 道	2 分	0 道	0 分	2 分	2 道	2 分	0 道	0 分	2 分
本章小计	8 道	8 分	2 道	4 分	12 分	10 道	10 分	3 道	6 分	16 分	10 道	10 分	2 道	4 分	14 分
本章得分	12 分					16 分					14 分				

第一节　投资估算的编制

一、名师考点

参见表 3-2。

表 3-2　　投资估算的编制考点

教材点		知识点
一	项目决策阶段影响工程造价的主要因素	项目决策与工程造价的关系；建设规模、建设地区及建设地点（厂址）、技术方案等项目决策阶段影响工程造价的主要因素
二	投资估算的概念及其编制内容	投资估算的作用；阶段划分与精度要求；投资估算的内容
三	投资估算的编制	投资估算的编制要求和步骤；静态投资估算不同编制方法的适用范围、计算过程；流动资金的估算方法；建设投资估算表的编制

二、真题回顾

Ⅰ　项目决策阶段影响工程造价的主要因素

（一）单项选择题

1. 在项目决策阶段，环境治理方案比选中的技术水平对比，主要是比较（　　）。(2022 年)

A. 选用设备的先进性、可靠性　　B. 环境治理效果

C. 管理与监测水平　　D. 环保费用与效益

2. 关于不同行业、不同类型的建设项目建设规模的确定基础，下列说法正确的是（　　）。(2021 年)

A. 石油天然气项目，应依据资源储备量确定建设规模

B. 水利水电项目，应依据水资源量和可开发利用量确定建设规模

C. 铁路公路项目，应进行运量需求预测和考虑本线路在综合运输系统中的作用等

D. 技术改造项目，应依据产量缺口确定新增生产规模和对应的配套、辅助设施规模

3. 关于项目决策与工程造价的关系，下列说法正确的是（　　）。(2020 年)

A. 项目不同决策阶段的投资估算精度要求是一致的

B. 项目决策的内容与工程造价无关

C. 项目决策的正确性不影响设备选型

D. 工程造价的金额影响项目决策的结果

4. 确定建设项目建设规模需考虑的首要因素是（　　）。(2020 年)

A. 建设地点　　B. 产品需求市场

C. 生产成本　　D. 建造方案

5. 在进行建设场址多方案全寿命周期技术经济分析时，应计入项目投产后生产经营费用的是（　　）。(2019 年)

A. 拆迁补偿费　　B. 生活设施费

C. 动力设施费　　D. 原材料运输费

6. 关于项目建设规模，下列说法正确的是（　　）。(2018 年)

A. 建设规模越大，产生的效益越高

B. 国家不对行业的建设规模设定规模界限

C. 资金市场条件对建设规模的选择起着制约作用

D. 技术因素是确定建设规模需考虑的首要因素

7. 关于工业项目建设地点的选择，下列说法正确的是（　　）。(2018 年)

A. 应远离其他工业项目，减少环境保护费用

B. 应远离铁路、公路、水路，减少运营干扰

C. 应靠近城镇和居民密集区，减少生活设施费

D. 应少占耕地，降低土地补偿费用

8. 项目决策阶段对环境治理方案进行技术经济比较时，不作为比较内容的是（　　）。(2017 年)

A. 技术水平对比　　B. 管理及监测方式对比

C. 安全生产条件对比　　D. 环境效益对比

9. 建设项目投资决策阶段，在技术方案中选择生产方法时应重点关注（　　）。(2016 年)

A. 是否选择了合理的物料消耗定额　　B. 是否符合工艺流程的柔性安排

C. 是否使工艺流程中的工序合理衔接　　D. 是否符合节能清洁要求

10. 建设地点选择时需要进行费用分析，下列费用应列入项目投资费用比较的是（　　）。(2015 年)

A. 动力供应费　　B. 燃料运入费

C. 产品运出费　　D. 建材运输费

11. 对于技术密集型建设项目，选择建设地区应遵循的原则是（　　）。(2014 年)

A. 选择在大中型发达城市　　B. 靠近原料产地

C. 靠近产地消费地　　D. 靠近电（能）源地

（二）多项选择题

1. 在技术改造项目中，可采用生产能力平衡法来确定合理生产规模。下列属于生产能力平衡法的是（　　）。(2017 年)

A. 盈亏平衡产量分析法　　B. 平均成本法
C. 最小公倍数法　　D. 最大工序生产能力法
E. 设备系数法

2. 建设规模是影响工程造价的主要因素之一，项目决策阶段合理确定建设规模的主要方法有（　　）。(2015 年)

A. 盈亏平衡产量分析法　　B. 平均成本法
C. 生产能力平衡法　　D. 单位生产能力估算法
E. 回归分析法

3. 在选择建设地点（厂址）时，应尽量满足下列需求（　　）。(2014 年)

A. 节约土地，尽量少占耕地，降低土地补偿费用
B. 建设地点（厂址）的地下水位应与地下建筑物的基准面持平
C. 尽量选择人口相对稀疏的地区，减少拆迁移民数量
D. 尽量选择在工程地质、水文地质较好的地段
E. 厂区地形应平坦，避免山地

Ⅱ　投资估算的概念及其编制内容

（一）单项选择题

1. 关于项目投资估算的作用，下列说法中正确的是（　　）。(2017 年)

A. 项目建议书阶段的投资估算，是确定建设投资最高限额的依据
B. 可行性研究阶段的投资估算，是项目投资决策的重要依据，不得突破
C. 投资估算不能作为制定建设贷款计划的依据
D. 投资估算是核算建设项目固定资产投资需要额的重要依据

2. 关于我国项目前期阶段投资估算的精度要求，下列说法中正确的是（　　）。(2017 年)

A. 项目建议书阶段，允许误差大于±30%
B. 投资设想阶段，要求误差控制在±30%以内
C. 预可行性研究阶段，要求误差控制在±20%以内
D. 可行性研究阶段，要求误差控制在±15%以内

3. 可行性研究阶段投资估算的精度要求为：误差控制在（　　）以内。(2014 年)

A. ±5%　　B. ±10%
C. ±15%　　D. ±20%

（二）多项选择题

编制投资估算文件时，投资估算分析的内容应包括（　　）。(2021 年)

A. 影响投资的主要因素分析　　B. 工程投资比例分析
C. 各类费用构成占比分析　　D. 盈亏平衡分析
E. 与类似工程项目的比较分析

Ⅲ　投资估算的编制

（一）单项选择题

1. 某地 2023 年拟建一年产 30 万 t 的工业产品项目。该地区 2020 年建成的年产 20 万 t 的同类产品项目主要设备购置费为 6000 万元，建筑安装工程费占主要设备购置费的比例为 70%。若该地区 2020~2023 年工程造价年均递增 4%，预计建设期两年内造价年均上涨率为 5%，则该项目的工程费用估算为（　　）万元（生产能力指数为 0.8）。（2023 年）

A. 13768　　B. 15554

C. 15870　　D. 17497

2. 关于投资决策阶段对工艺设备安装费的估算，下列说法正确的是（　　）。（2023 年）

A. 以单位工程为估价单元进行估算

B. 不包括安装主材费

C. 可以设备原价为基数，乘以安装费率进行估算

D. 以“m^3”或“m^2”为单位，套用投资估算指标进行估算

3. 关于投资决策阶段对流动资金的估算，下列说法正确的是（　　）。（2023 年）

A. 在确定各类资产和负债的最低周转天数时应考虑适当的保险系数

B. 流动资金借款利息应计入建设期贷款利息

C. 在项目计算期末收回全部流动资金（含利息）

D. 用扩大指标估算法计算流动资金应在经营成本估算前进行

4. 某地 2022 年拟建一年产 40 万 t 的化工产品项目，设备购置费估算为 6000 万元，该地区 2019 年已建 20 万 t 相同产品项目的建安工程费为 6000 万元。该地区 2019 年至 2022 年设备购置费、建筑安装工程费年均分别递增 3%、4%。若生产能力指数为 0.6，则该拟建项目的工程费用投资估算应为（　　）万元。（2022 年）

A. 16229.85　　B. 16786.21

C. 20167.44　　D. 20459.70

5. 关于可行性研究阶段投资估算的方法，下列说法正确的是（　　）。（2022 年）

A. 建筑工程费用通常采用概算指标法估算

B. 工业建筑的建筑工程费应按实物工程量和主要措施项目分别列项估算

C. 安装工程费的估算应包括安装主材费和安装费

D. 工艺设备安装工程费应按设备工程量乘以单位工程量安装费指标进行估算

6. 根据《建设项目投资估算编审规程》CECA/GC 1，关于投资估算文件的编制，下列说法正确的是（　　）。（2022 年）

A. 按照概算法编制的建设投资估算表，由建筑工程费、设备及工器具购置费、工程建设其他费三部分组成

B. 按照形成资产法编制的建设投资估算表，由形成固定资产、无形资产、其他资产的费用三部分组成

C. 总投资估算表中的工程费用，应分解到主要单位工程

D. 建设期利息估算表中，期初借款余额等于上年期末借款余额

7. 某地2021年拟建一座年产30万t化工产品项目。调查得到该地区2018年已建20万t相同产品项目的建筑工程费为6000万元，安装工程费为3000万元，设备购置费为10000万元。已知按2021年拟建项目设备购置费为12000万元，土地使用等其他费用为5000万元，该地区2018年至2021年建筑安装工程造价平均每年递增3%，则按生产能力指数法估算的该项目静态投资为（ ）万元（生产能力指数为1）。（2021年）

A. 27800　　B. 28801.5

C. 31752　　D. 36143

8. 关于流动资金估算，下列说法正确的是（ ）。（2021年）

A. 流动资金的估算与产品存货无关

B. 扩大指标估算法仅用于可行性研究阶段的流动资金估算

C. 达产前应按不同生产负荷下的需要分别估算所需流动资金

D. 投产前筹措的流动资金贷款利息可计入建设总投资

9. 按照形成资产法编制建设投资估算表，生产准备费应列入（ ）。（2021年）

A. 固定资产费用　　B. 固定资产其他费用

C. 无形资产费用　　D. 其他资产费用

10. 关于投资估算中建设投资估算的构成，下列说法正确的是（ ）。（2020年）

A. 由工程费用和建设期利息估算构成

B. 由工程费用、预备费和建设期利息估算构成

C. 由建筑安装工程费用、工程建设其他费用和预备费估算构成

D. 由工程费用、工程建设其他费用和预备费构成

11. 某拟建项目，建筑安装工程费为11.2亿元，设备及工器具购置费为33.6亿元，工程建设其他费为8.4亿元，建设单位管理费为3亿元，基本预备费率为5%，则拟建项目基本预备费为（ ）亿元。（2020年）

A. 0.56　　B. 2.24

C. 2.66　　D. 2.81

12. 某地2019年拟建一座年产40万t的某产品的化工厂。根据调查，该地区2017年已建年产30万t相同产品的项目的建筑工程费为4000万元，安装工程费为2000万元，设备购置费为8000万元。已知按2019年该地区价格计算的拟建项目设备购置费为9500万元，征地拆迁等其他费用为1000万元，且该地区2017年至2019年建筑安装工程费平均每年递增4%，则该拟建项目的静态投资估算为（ ）万元。（2019年）

A. 16989.6　　B. 17910.0

C. 18206.4　　D. 19152.8

13. 若外币对人民币贬值，则关于该汇率变化对涉外项目投资额产生的影响，下列说法正确的是（ ）。（2019年）

A. 从国外市场购买材料，所支付的外币金额减少

B. 从国外市场购买材料，换算成人民币所支付的金额减少

C. 从国外借款，本息所支付的外币金额增加

D. 从国外借款，换算成人民币所支付的本息金额增加

14. 某项目根据《建设项目投资估算编审规程》CECA/GC 1，采用概算法编制的估算中，工程费用为8000万元，工程建设其他费用为800万元，基本预备费为880万元，价差预备费为120万元，建设期利息为200万元，流动资金为100万元，则该项目建设投资估算为（　　）万元。(2019年)

A. 9680　　B. 9800

C. 10000　　D. 10100

15. 关于建设项目投资估算的编制，下列说法正确的是（　　）。(2018年)

A. 应直接委托造价工程师编制

B. 应做到费用构成齐全，并适当降低估算标准，节省投资

C. 项目建议书阶段的投资估算精度误差应控制在+20%以内

D. 应对影响造价变动的因素进行敏感性分析

16. 某地2017年拟建一座年产20万t的化工厂，该地区2015年建成的年产15万t相同产品的类似项目实际建设投资为6000万元，2015年和2017年该地区工程造价指数（定基期数）分别为112、115，生产能力指数为0.7，预计该项目建设期的两年内工程造价仍将年均上涨5%。则该项目的静态投资为（　　）万元。(2018年)

A. 7147.08　　B. 7535.09

C. 7911.84　　D. 8307.43

17. 采用分项详细估算法进行流动资金估算时，应计入流动负债的是（　　）。(2018年)

A. 预收账款　　B. 存货

C. 库存资金　　D. 应收账款

18. 某建设项目投资估算中，建设管理费2000万元，可行性研究费100万元，勘察设计费5000万元，引进技术和引进设备其他费400万元，市政公用设施建设及绿化费2000万元，专利权使用费200万元，非专利技术使用费100万元，生产准备费500万元，则按形成资产法编制建设投资估算表，计入固定资产其他费用、无形资产费用和其他资产费用的金额分别为（　　）。(2018年)

A. 10000万元、300万元、0　　B. 9600万元、700万元、0

C. 9500万元、300万元、500万元　　D. 9100万元、700万元、500万元

19. 在国外某地建设一座化工厂，已知设备到达工地的费用（E）为3000万美元，该项目的朗格系数（K）及包含的内容如下表所示。则该工厂的间接费用为（　　）万美元。(2017年)

项目朗格系数表

朗格系数（K）		3.003
内容	(a) 包括基础、设备、油漆及设备安装费	E×1.4
	(b) 包括上述在内和配管工程费	(a) ×1.1
	(c) 装置直接费	(b) ×1.5
	(d) 包括上述在内和间接费	(c) ×1.3

A. 9009　　B. 6930

C. 2079　　D. 1350

20. 按照形成资产法编制建设投资估算表，下列费用中可计入无形资产费用的是（　　）。(2017 年)

A. 研究试验费　　B. 非专利技术使用费

C. 引进技术和引进设备其他费　　D. 生产准备及开办费

21. 某地 2016 年拟建一年产 50 万 t 产品的工业项目，预计建设期为 3 年，该地区 2013 年已建年产 40 万 t 的类似项目投资为 2 亿元。已知生产能力指数为 0.9，该地区 2013 年、2016 年同类工程造价指数分别为 108、112，预计拟建项目建设期内工程造价年上涨率为 5%。用生产能力指数法估算的拟建项目静态投资为（　　）亿元。(2016 年)

A. 2.54　　B. 2.74

C. 2.75　　D. 2.94

22. 下列安装工程费估算公式中，适用于估算工业炉窑砌筑和工艺保温或绝热工程安装工程费的是（　　）。(2016 年)

A. 设备原价×设备安装费率（%）

B. 重量（体积、面积）总量×单位重量（m^3、m^2）安装费指标

C. 设备原价×材料费占设备费百分比×材料安装费率（%）

D. 安装工程功能总量×功能单位安装工程费指标

23. 投资估算的主要工作包括：①估算预备费；②估算工程建设其他费；③估算工程费用；④估算设备购置费。其正确的工作步骤是（　　）。(2015 年)

A. ③④②①　　B. ③④①②

C. ④③②①　　D. ④③①②

24. 世界银行贷款项目的投资估算常采用朗格系数法推算建设项目的静态投资，该方法的计算基数是（　　）。(2015 年)

A. 主体工程费　　B. 设备购置费

C. 其他工程费　　D. 安装工程费

25. 按照形成资产法编制建设投资估算表，下列费用中应列入无形资产费用的是（　　）。(2015 年)

A. 建设单位管理费　　B. 土地使用权

C. 生产准备及开办费　　D. 引进技术费

26. 某地拟于 2015 年新建一年产 60 万 t 产品的生产线，该地区 2013 年建成的年产 50 万 t 相同产品的生产线的建设投资额为 5000 万元。假定 2013 年至 2015 年该地区工程造价年均递增 5%。则该生产线的建设项目静态投资为（　　）万元。(2014 年)

A. 6000　　B. 6300

C. 6600　　D. 6615

（二）多项选择题

1. 关于利用指标估算法进行投资估算，下列说法正确的有（　　）。(2023 年)

A. 应根据不同地区、建设年代、施工条件等进行价格调整

B. 可以以工程量为依据进行价格调整

C. 可以以人工、主要材料消耗量为依据进行价格调整

D. 应根据工艺流程、定额、价格等的分析结果进行指标调整与换算

E. 工程建设其他费的估算指标无须调整

2. 关于建设项目投资估算的编制要求，下列说法正确的是（　　）。(2022 年)

A. 在可行性研究阶段，应选用比例估算法估算

B. 应做到工程内容和费用构成齐全，不提高或降低估算标准

C. 需对主要经济指标进行分析

D. 应对影响造价的因素进行敏感性分析

E. 估算内容由静态部分和动态部分两个部分组成

3. 建设项目总投资估算中，属于动态投资部分的费用项目有（　　）。(2022 年)

A. 工程建设其他费用　　B. 基本预备费

C. 价差预备费　　D. 建设期利息

E. 流动资金

4. 流动资产的构成要素一般包括（　　）。(2019 年)

A. 存货　　B. 库存现金

C. 应收账款　　D. 应付账款

E. 预付账款

5. 下列估算方法中，不适用于可行性研究阶段投资估算的有（　　）。(2018 年)

A. 生产能力指数法　　B. 比例估算法

C. 系数估算法　　D. 指标估算法

E. 混合法

6. 关于投资决策阶段流动资金的估算，下列说法中正确的有（　　）。(2016 年)

A. 流动资金周转额的大小与生产规模及周转速度直接相关

B. 分项详细估算时，需要计算各类流动资产和流动负债的年周转次数

C. 当年发生的流动资金借款应按半年计息

D. 流动资金借贷利息应计入建设期贷款利息

E. 不同生产负荷下的流动资金按 100%生产负荷下的流动资金乘以生产负荷百分比计算

三、真题解析

Ⅰ　项目决策阶段影响工程造价的主要因素

（一）单项选择题

1. **【答案】** A

【解析】 环境治理方案比选内容包括四个方面：①技术水平对比，分析对比不同环境保护治理方案所采用的技术和设备的先进性、适用性、可靠性和可得性。②治理效果对比，分析对比不同环境保护治理方案在治理前及治理后环境指标的变化情况，以及是否能满足环境保护法律法规的要求。③管理及监测方式对比，分析对比各治理方案所采用的管理和监测方

式的优缺点。④环境效益对比，将环境治理保护所需投资和环保措施运行费用与所获得的收益相比较，并将分析结果作为方案比选的重要依据。因此正确选项为 A。

2. **【答案】** C

【解析】 此题有些争议，无论答案 B 和答案 C 均有不完整之处，但由于 C 答案中采用了“等”来描述，相比而言比答案 B 更符合题意，因此选择答案 C。

3. **【答案】** D

【解析】 此题主要考查项目决策与工程造价的关系。不同阶段决策的深度不同，投资估算的精度也不同，故选项 A 错误；项目决策的内容是决定工程造价的基础，故选项 B 错误；显然，选项 C 的说法错误、选项 D 的说法正确。

4. **【答案】** B

【解析】 此题主要考查决策阶段影响造价的因素。市场因素是确定建设规模需考虑的首要因素，其中市场因素包括市场需求状况、原材料市场、资金市场、劳动力市场、市场价格分析、市场风险分析等。因此正确答案为 B。

5. **【答案】** D

【解析】 项目投产后生产经营费用包括原材料、燃料运入及产品运出费用，给水、排水、污水处理费用，动力供应费用等。因此正确答案为 D。

6. **【答案】** C

【解析】 此题为建设规模部分的综合题。在项目决策阶段应选择合理的建设规模，以达到规模经济的要求，但规模扩大所产生的效益不是无限的，它受到技术进步、管理水平、项目经济技术环境等多种因素的制约，因此选项 A 错误。为了防止投资项目效率低下和资源浪费，国家对某些行业的建设项目规定了规模界限，因此选项 B 错误。原材料市场、资金市场、劳动力市场等对建设规模的选择起着不同程度的制约作用，故选项 C 正确。制约项目规模合理化的主要因素包括市场因素、技术因素以及环境因素等几个方面，其中市场因素是确定建设规模需考虑的首要因素，因此选项 D 错误。

7. **【答案】** D

【解析】 工业项目适当集聚有利于发挥集聚效应，故选项 A 应远离其他工业项目说法错误。应尽量靠近交通运输条件和水电供应等条件好的地方，以缩短运输距离，减少建设投资和未来运营成本，故 B 选项错误。工业建设项目选址尽可能不靠近、不穿越人口密集的城镇或居民区，减少或不发生拆迁安置费，降低工程造价，故 C 选项错误。项目的建设尽量将厂址选择在荒地、劣地、山地和空地，不占或少占耕地，降低土地补偿费用，因此选项 D 正确。

8. **【答案】** C

【解析】 环境治理方案比选的主要内容包括：①技术水平对比；②治理效果对比；③管理及监测方式对比；④环境效益对比。因此正确答案为 C。

9. **【答案】** D

【解析】 一般在选择生产方法时，从以下几个方面着手：①积极采用先进适用的生产方法；②采用的生产方法是否与采用的原材料相适应；③采用生产方法的技术来源的可得性；④研究拟采用的生产方法是否符合节能和清洁的要求。只有 D 选项属于技术方案中生产方法的选择，选项 ABC 均属于工艺流程选择的内容。

10. **【答案】** D

【解析】 项目投资费用包括土地征购费、拆迁补偿费、土石方工程费、运输设施费、排水及污水处理设施费、动力设施费、生活设施费、临时设施费、建材运输费等。

11. **【答案】** A

【解析】 对于技术密集型的建设项目，由于大中城市工业和科学技术力量雄厚、协作配套条件完备、信息灵通，所以选址宜在大中型发达城市。因此正确答案为 A。

（二）多项选择题

1. **【答案】** CD

【解析】 项目合理建设规模的确定方法包括盈亏平衡产量分析法、平均成本法和生产能力平衡法、政府或行业规定，其中生产能力平衡法又分为最大工序生产能力法和最小公倍数法。

2. **【答案】** ABC

【解析】 项目合理建设规模的确定方法包括盈亏平衡产量分析法、平均成本法和生产能力平衡法、政府或行业规定。

3. **【答案】** ACD

【解析】 选择建设地点（厂址）的要求：①节约土地，尽量少占耕地，降低土地补偿费用。项目的建设尽量将厂址选择在荒地、劣地、山地和空地，不占或少占耕地，力求节约用地。②减少拆迁移民数量。③应尽量选在工程地质、水文地质条件较好的地段，建设地点（厂址）的地下水位应尽可能低于地下建筑物的基准面。④要有利于厂区合理布置和安全运行。⑤应尽量靠近交通运输和水电供应等条件好的地方。⑥应尽量减少对环境的污染。因此选项 ACD 说法正确。

Ⅱ　投资估算的概念及其编制内容

（一）单项选择题

1. **【答案】** D

【解析】 项目建议书阶段的投资估算是编制项目规划、确定建设规模的参考依据，选项 A 错误；项目可行性研究阶段的投资估算，是项目投资决策的重要依据，当可行性研究报告被批准后，其投资估算额将作为设计任务书中下达的投资限额，即建设项目投资的最高限额，不能随意突破，故选项 B 错误；项目投资估算可作为项目资金筹措及制订建设贷款计划的依据，故选项 C 错误；项目投资估算是核算建设项目固定资产投资需要额和编制固定资产投资计划的重要依据，因此选项 D 正确。

2. **【答案】** C

【解析】 项目建议书阶段要求误差控制在±30%以内，预可行性研究阶段要求误差控制在±20%以内，可行性研究阶段要求误差控制在±10%以内。投资设想阶段对投资估算精度的要求较低，允许误差大于±30%。因此正确答案为 C。

3. **【答案】** B

【解析】 项目建议书阶段要求误差控制在±30%以内，预可行性研究阶段要求误差控制在±20%以内，可行性研究阶段要求误差控制在±10%以内。

（二）多项选择题

【答案】ABCE

【解析】投资估算分析应包括以下内容：工程投资比例分析；各类费用构成占比分析；影响投资的主要因素分析；与类似工程项目的比较分析；对投资总额进行分析。盈亏平衡分析属于合理确定投资规模的方法。

Ⅲ 投资估算的编制

（一）单项选择题

1.【答案】C

【解析】本题考核生产能力指数法的计算。本题中，工程费用=设备购置费+建筑安装工程费=设备购置费+设备购置费×70%，设备购置费的估算根据生产能力指数法进行，属于静态投资的组成部分，“建设期两年内造价年均上涨率为5%”为干扰条件。所以：

工程费用$=6000\times(30/20)^{0.8}\times(1+4\%)^{3}\times(1+0.7)\approx15869.86\approx15870$（万元）。

2.【答案】C

【解析】本题考核可行性研究阶段投资估算中安装工程费的估算。安装工程费包括安装主材费和安装费，安装费根据设备专业属性，按相应方法进行估算，其中工艺设备安装费估算以单项工程为单元，可采用按设备费百分比估算指标进行估算（即安装工程费=设备原价×设备安装费率），或根据单项工程设备总重，安装工程费=设备吨重×单位重量（t）×安装费指标，因此只有选项C正确。

3.【答案】A

【解析】本题考核投资估算中流动资金的估算方法。①在采用分项详细估算法时，应根据项目实际情况分别确定现金、应收账款、预付账款、存货等各类资产和应付账款、预收账款等负债的最低周转天数，并考虑一定的保险系数，选项A正确。②流动资金借款部分按全年计算利息，流动资金利息应计入生产期间财务费用，项目计算期末收回全部流动资金（不含利息），选项B、C错误。③用扩大指标估算法计算流动资金，可能需以经营成本及其中的某些科目为基数，因此应在经营成本估算之后进行，选项D错误。

4.【答案】A

【解析】首先运用生产能力指数法估算拟建项目的建筑安装工程费，然后与设备购置费相加计算工程费用。

拟建项目的建筑安装工程费$=6000\times(40/20)^{0.6}\times(1+4\%)^{3}=10229.85$（万元）。

拟建项目的工程费用投资估算$=6000+10229.85=16229.85$（万元）。

5.【答案】C

【解析】为了保证编制精度，可行性研究阶段建设项目投资估算原则上应采用指标估算法。其中：①建筑工程费估算通常应根据不同的专业工程选择不同的实物工程量计算方法，套用不同的投资估算指标或类似工程造价资料进行估算。当无适当估算指标或类似工程造价资料时，可采用计算主体实物工程量套用相关综合定额或概算定额进行估算。②安装工程费包括安装主材费和安装费，安装主材费可以根据行业和地方相关部门定期发布的价格信息或市场询价进行估算；安装费根据设备专业属性，可按相应方法估算，比如工艺设备安装费估算，以单项工程为单元，根据单项工程的专业特点和各种具体的投资估算指标，采用按设备费百分比估算指标进行估算；或根据单项工程设备总重，采用以“t”为单位的综合单价指标进行估算。因此正确答案为 C。

6.【答案】D

【解析】按照概算法分类，建设投资由工程费用、工程建设其他费用和预备费三部分构成。按照形成资产法分类，建设投资由形成固定资产的费用、形成无形资产的费用、形成其他资产的费用和预备费四部分组成。总投资估算表中工程费用的内容应分解到主要单项工程；工程建设其他费用可在总投资估算表中分项计算。建设期利息估算表主要包括建设期发生的各项借款及其债券等项目，期初借款余额等于上年借款本金和应计利息之和，即上年期末借款余额；其他融资费用主要指融资中发生的手续费、承诺费、管理费、信贷保险费等融资费用。

7.【答案】C

【解析】拟建项目的建筑安装工程费 $=(6000+3000)\times(30/20)^{1}\times(1+3\%)^{3}$

$=14752$（万元）。

拟建项目的静态投资 $=14752+12000+5000=31752$（万元）。

8.【答案】C

【解析】在不同生产负荷下的流动资金，应按不同生产负荷所需的各项费用金额根据相关公式分别估算，而不能直接按照 100% 生产负荷下的流动资金乘以生产负荷百分比求得。

9.【答案】D

【解析】按照形成资产法分类，建设投资由形成固定资产的费用、形成无形资产的费用、形成其他资产的费用和预备费四部分组成。其他资产费用是指建设投资中除形成固定资产和无形资产以外的部分，如生产准备费等。

10.【答案】D

【解析】此题主要考查建设投资估算的构成。按照概算法分类，建设投资由工程费用、工程建设其他费用和预备费三部分构成，故正确答案为选项 D。

11.【答案】C

【解析】此题主要考查基本预备费的计算。基本预备费 =（工程费用+工程建设其他费用）×基本预备费率 = $(11.2+33.6+8.4)\times5\%=2.66$（亿元）。

12.【答案】C

【解析】此题考核的是设备系数法，拟建项目静态投资估算

$$=9500\times\left[1+\frac{4000}{8000}\times(1+4\%)^{2}+\frac{2000}{8000}\times(1+4\%)^{2}\right]+1000$$

$=18206.4$（万元）。

13.【答案】B

【解析】外币对人民币贬值时，项目从国外市场购买设备材料所支付的外币金额不变，但换算成人民币的金额减少；从国外借款，本息所支付的外币金额不变，但换算成人民币的金额减少。因此正确答案为 B。

14. 【答案】B

【解析】建设投资估算不包括建设期利息和流动资金，故建设期利息和流动资金为干扰项。建设投资估算=8000+800+880+120=9800（万元）。

15. 【答案】D

【解析】建设项目投资估算的编制，应做到工作内容和费用构成齐全，不重不漏，不提高或降低估算标准，计算合理；应对影响造价变动的因素进行敏感性分析，分析市场的变动因素，充分估计物价上涨因素和市场供求情况对项目造价的影响，确保投资估算的编制质量；故选项 B 错误，选项 D 正确。项目建议书阶段的投资估算精度误差应控制在+30%以内，故选项 C 错误。

16. 【答案】B

【解析】“建设期的两年内工程造价仍将年均上涨 5%”为干扰条件。

$C_2=C_1\cdot(Q_2/Q_1)^x\cdot f=6000\times(20/15)^{0.7}\times115/112=7535.09$（万元）。

17. 【答案】A

【解析】流动负债=应付账款+预收账款。

18. 【答案】C

【解析】无形资产费用=专利权使用费+非专利技术使用费=200+100=300（万元）；

其他资产费用=生产准备费=500（万元）；其余费用均计入固定资产其他费用中，固定资产其他费用=2000+100+5000+400+2000=9500（万元）。

19. 【答案】C

【解析】（1）设备到达现场的费用 3000 万美元；

（2）计算费用（c），即装置直接费$=E\times1.4\times1.1\times1.5=6930$（万美元）；

（3）计算费用（d），即包括上述在内和间接费$=E\times1.4\times1.1\times1.5\times1.3=9009$（万美元）；

其中间接费用为：9009-6930=2079（万美元）。

20. 【答案】B

【解析】按照形成资产法分类，建设投资由形成固定资产的费用、形成无形资产的费用、形成其他资产的费用和预备费四部分组成。固定资产费用是指项目投产时将直接形成固定资产的建设投资，包括工程费用和工程建设其他费用中按规定将形成固定资产的费用，后者被称为固定资产其他费用，主要包括建设管理费、技术服务费、场地准备及临时设施费、工程保险费、联合试运转费、特殊设备安全监督检验费和市政公用设施费等；无形资产费用是指直接形成无形资产的建设投资，主要是专利权、非专利技术、商标权、土地使用权和商誉等；其他资产费用是指建设投资中除形成固定资产和无形资产以外的部分，如生产准备费等。因此 A 选项计入固定资产其他费用；D 选项计入其他资产费用。选项 C 在教材中已删除。

21. 【答案】A

【解析】拟建项目的静态投资：

$C_2=C_1 \cdot (Q_2/Q_1)^x \cdot f=2\times(50/40)^{0.9}\times(112/108)=2.54$（亿元）。

22.【答案】B

【解析】工业炉窑砌筑和工艺保温或绝热工程安装工程费，以单项工程为单元，以“t、m^3 或 m^2”为单位，即：安装工程费=重量（体积、面积）总量×单位重量（m^3、m^2）安装费指标。

23.【答案】C

【解析】可行性研究阶段的投资估算的编制一般包含静态投资部分、动态投资部分与流动资金估算三部分，主要步骤及流程如下：分别估算各单项工程所需建筑工程费、设备及工器具购置费、安装工程费→汇总各单项工程费用→估算工程建设其他费用→基本预备费→工程项目静态投资→价差预备费，估算建设期利息，完成工程项目动态投资部分的估算，在估算流动资金的基础上估算建设项目总投资。

24.【答案】B

【解析】朗格系数法以设备购置费为基数，乘以适当的系数来推算项目的静态投资。

25.【答案】B

【解析】按照形成资产法分类，建设投资由形成固定资产的费用、形成无形资产的费用、形成其他资产的费用和预备费四部分组成，其中无形资产费用是指直接形成无形资产的建设投资，主要是专利权、非专利技术、商标权、土地使用权和商誉等。

26.【答案】D

【解析】由于 $Q_2/Q_1=60/50=1.2<2$，故生产能力指数 $X=1$；

拟建建设项目静态投资 $=5000\times(60\div50)\times(1+5\%)^2=6615$（万元）。

（二）多项选择题

1.【答案】ABCD

【解析】本题考核利用指标估算法进行投资估算时的注意事项。为了保证编制精度，可行性研究阶段建设项目投资估算原则上应采用指标估算法。①在应用指标估算法时，应根据不同地区、建设年代、施工条件等进行调整，调整方法可以以人工、主要材料消耗量或“工程量”为计算依据，也可以按不同的工程项目的“万元工料消耗定额”确定不同的系数；②使用估算指标法进行投资估算必须对工艺流程、定额、价格及费用标准进行分析，经过实事求是的调整与换算后，才能提高其精确度，因此选项 A、B、C、D 的说法都是正确的。在运用指标估算法进行估算时，不仅各个单项工程费用，工程建设其他费、基本预备费等估算指标也需要根据相关规定进行计算和调整。

2.【答案】BCD

【解析】（1）关于投资估算编制方法，在可行性研究阶段，投资估算精度要求高，需采用相对详细的投资估算方法，如指标估算法等，因此选项 A 错误。（2）投资估算编制时，应满足一些要求，比如：①应根据主体专业设计的阶段和深度，采用合适的方法，对建设项目投资估算进行编制，并对主要技术经济指标进行分析；②应做到工程内容和费用构成齐全，不重不漏，不提高或降低估算标准，计算合理；③参考工程造价管理部门发布的投资估算指标或各类工程造价指标和指数等，依据工程所在地市场价格水平，结合项目实际情况及科学合理的建造工艺，全面反映建设项目建设前期和建设期的全部投资；④应对影响造价变动的因素进行敏感性分析，分析市场的变动因素，充分估计物价上涨因素和市场供求情况对项目造价的影响等，据此，选项 B、C、D 的说法正确。(3) 投资估算的编制一般包含静态投资部分、动态投资部分与流动资金估算三部分，选项 E 错误。

3.【答案】CD

【解析】建设项目总投资估算中，动态投资部分包括价差预备费和建设期利息两部分。

4.【答案】ABCE

【解析】流动资产=应收账款+预付账款+存货+库存现金。

5.【答案】ABCE

【解析】在项目建议书阶段，投资估算的精度较低，可采取简单的匡算法，如生产能力指数法、系数估算法、比例估算法或混合法等，在条件允许时，也可采用指标估算法；在可行性研究阶段，投资估算精度要求高，需采用相对详细的投资估算方法，如指标估算法等。因此综合分析此题的设置，选项 D 不是正确答案。

6.【答案】AB

【解析】流动资金周转额的大小与生产规模及周转速度直接相关，选项 A 正确。进行流动资金估算时，首先计算各类流动资产和流动负债的年周转次数，然后再分项估算占用资金额，选项 B 正确。当年发生的流动资金借款应按全年计算利息，故选项 C 错误；流动资金利息应计入生产期间财务费用，项目计算期末收回全部流动资金（不含利息），故选项 D 错误；在不同生产负荷下的流动资金，应按不同生产负荷所需的各项费用金额分别估算，不能直接按照 100%生产负荷下的流动资金乘以生产负荷百分比求得，故选项 E 错误。

第二节 设计概算的编制

一、名师考点

参见表 3-3。

表 3-3 设计概算的编制考点

教材点		知识点
一	设计阶段影响工程造价的主要因素	设计阶段影响工程造价的主要因素；总平面设计、建筑设计的内容及对造价的影响；结构面积系数
二	设计概算的概念及其编制内容	设计概算的作用；三级概算的组成内容、关系和费用组成
三	设计概算的编制	不同概算方法的适用范围、编制步骤和可能涉及的计算；概算编制的市场化发展趋势

二、真题回顾

Ⅰ 设计阶段影响工程造价的主要因素

（一）单项选择题

1. 在满足住宅功能和质量的前提下，下列设计思路中，可降低单位面积造价的是（　　）。（2023 年）

A. 缩小住宅宽度　　B. 降低结构面积系数

C. 增加楼层数　　D. 扩大流通空间面积

2. 关于建筑设计因素与工程造价的关系，下列说法正确的是（　　）。（2022 年）

A. 建筑周长系数越高，单方造价越低

B. 相同建筑面积下，圆形建筑的单方造价比矩形小

C. 单跨厂房在柱距不变时，跨度越大单方造价越低

D. 流通空间面积越大，建筑物平面布置经济性越强

3. 对于单层大跨度工业厂房设计，较经济合理的结构类型是（　　）。（2020 年）

A. 木结构　　B. 砌体结构

C. 钢结构　　D. 钢筋混凝土结构

4. 在满足住宅功能和质量的前提下，下列设计方法中，可降低单位建筑面积造价的是（　　）。（2019 年）

A. 增加住宅层高　　B. 分散布置公共设施

C. 增大墙体面积系数　　D. 减少结构面积系数

5. 关于建筑设计因素对工业项目工程造价的影响，下列说法中正确的是（　　）。（2017 年）

A. 建筑周长系数越高，建筑工程造价越低

B. 多跨厂房跨度不变，中跨数目越多越经济

C. 大中型工业厂房一般选用砌体结构，以降低造价

D. 建筑物面积或体积的增加，一般会引起单位面积造价的增加

6. 关于住宅建筑设计中的结构面积系数，下列说法中正确的是（　　）。（2016 年）

A. 结构面积系数越大，设计方案越经济

B. 房间平均面积越大，结构面积系数越小

C. 结构面积系数与房间户型组成有关，与房屋长度、宽度无关

D. 结构面积系数与房屋结构有关，与房屋外形无关

7. 关于建筑设计对民用住宅项目工程造价的影响，下列说法中正确的是（　　）。（2015 年）

A. 加大住宅宽度，不利于降低单方造价

B. 降低住宅层高，有利于降低单方造价

C. 结构面积系数越大，越有利于降低单方造价

D. 住宅层数越多，越有利于降低单方造价

8. 下列建筑设计影响工程造价的选项中，属于影响工业建筑但一般不影响民用建筑的因素是（　　）。(2014 年)

A. 建筑物平面形状　　B. 项目利益相关者

C. 柱网布置　　D. 风险因素

（二）多项选择题

1. 关于建筑设计对工业建设项目单位造价的影响，下列说法正确的是（　　）。(2021 年)

A. 建筑周长系数越低，造价越低

B. 圆形建筑较正方形建筑造价更低

C. 建筑层数越多，造价越低

D. 多跨厂房跨度不变时，中跨数目越多造价越低

E. 多层或大跨度建筑，钢筋混凝土结构较钢结构造价更低

2. 在满足建筑物使用要求的前提下，关于设计阶段影响工程造价的因素，下列说法正确的有（　　）。(2020 年)

A. 流通空间越大，工业建筑物越经济

B. 建筑层高越高，工程造价越高

C. 对于单跨厂房，当柱间距不变时，跨度越大单位面积造价越低

D. 对于多跨厂房，当跨度不变时，中跨数目越多单位面积造价越低

E. 住宅层数越多，单位面积造价越低

3. 关于建筑设计对工业项目造价的影响，下列说法正确的有（　　）。(2018 年)

A. 建筑周长系数越高，单位面积造价越低

B. 单跨厂房柱间距不变，跨度越大，单位面积造价越低

C. 多跨厂房跨度不变，中跨数目越多，单位面积造价越高

D. 超高层建筑采用框架结构和剪力墙结构比较经济

E. 大中型工业厂房一般选用砌体结构来降低工程造价

4. 总平面设计中，影响工程造价的主要因素有（　　）。(2017 年)

A. 现场条件　　B. 占地面积

C. 工艺设计　　D. 功能分区

E. 柱网布置

Ⅱ　设计概算的概念及其编制内容

（一）单项选择题

1. 下列工程概算，属于单位设备及安装工程概算的是（　　）。(2021 年)

A. 照明线路敷设工程概算

B. 风机盘管安装工程概算

C. 电气设备及安装工程概算

D. 特殊构筑物工程概算

2. 关于单位工程概算的费用组成，下列表述中正确的是（　　）。(2020 年)

A. 由直接费、企业管理费、利润、规费组成

B. 由直接费、企业管理费、利润、规费、税金组成

C. 由直接费、企业管理费、利润、规费、税金、设备及工器具购置费组成

D. 由直接费、企业管理费、利润、规费、税金、设备及工器具购置费、工程建设其他费组成

3. 关于设计概算的说法，正确的是（　　）。(2019 年)

A. 设计概算是工程造价在设计阶段的表现形式，具备价格属性

B. 三级概算编制形式适用于单一的单项工程建设项目

C. 概算中工程费用应按预测的建设期价格水平编制

D. 概算应考虑贷款的时间价值对投资的影响

4. 关于设计概算的作用，下列说法正确的是（　　）。(2018 年)

A. 设计概算是确定建设规模的依据

B. 设计概算是编制固定资产投资计划的依据

C. 政府投资项目设计概算经批准后，不得进行调整

D. 设计概算不应作为签订贷款合同的依据

5. 当建设项目为一个单项工程时，其设计概算应采用的编制形式是（　　）。(2015 年)

A. 单位工程概算、单项工程综合概算和建设项目总概算二级

B. 单位工程概算和单项工程综合概算二级

C. 单项工程综合概算和建设项目总概算二级

D. 单位工程概算和建设项目总概算二级

6. 在建设项目各阶段的工程造价中，一经批准将作为控制建设项目投资最高限额的是（　　）。(2014 年)

A. 投资估算　　B. 设计概算

C. 施工图预算　　D. 竣工结算

7. 单位工程概算按其工作性质可分为单位建筑工程概算和单位设备及安装工程概算两类，下列属于单位设备及安装工程概算的是（　　）。(2014 年)

A. 通风、空调工程概算　　B. 工具、器具及生产家具购置费概算

C. 电气、照明工程概算　　D. 弱电工程概算

（二）多项选择题

暂无真题。

Ⅲ　设计概算的编制

（一）单项选择题

1. 某学校拟新建宿舍楼工程，按概算指标和地区材料预算价格等算出每平方米建筑面积含税工程造价为 2100 元，但拟建宿舍楼设计资料与概算指标相比较，外墙涂料装饰变更为墙砖装饰，增加了热水系统。已知每平方米建筑面积外墙装饰的工程量为 0.5m^2，涂料装饰和墙砖装饰税前综合单价分别为 90 元/m^2、150 元/m^2，每平方米建筑面积热水系统税前造价为 20 元，增值税率为 9%。该新建宿舍楼工程每平方米建筑面积的含税工

程造价为（　　）元。（2023年）

A. 2144　　B. 2146

C. 2150　　D. 2155

2. 采用类似工程预算法编制设计概算时，关于调整公式 $D=A\cdot K$ 的应用，下列说法正确的是（　　）。（2023年）

A. 如 A 为工料单价，则 K 取工料机费的综合调整系数

B. 如 A 为全费用单价，则 K 取工料机费和企业管理费的综合调整系数

C. 各费用项目的调整系数=类似工程成本中该费用项目单价（或费率）/拟建地区该费用项目单价（或费率）

D. 费用项目的调整权重=类似工程成本中该费用项目金额/类似工程总预算

3. 关于使用概算定额法编制建筑工程概算，在采用全费用综合单价的情况下，下列说法正确的是（　　）。（2022年）

A. 建筑工程概算应按工程量清单计算规范的要求列项并计算工程量

B. 建筑工程概算表应以单位工程为对象进行编制

C. 单位工程概算造价应为分部分项工程费和措施项目费之和

D. 综合计取的措施项目费应以分部分项工程费为基数计算

4. 某地拟建一景观工程，已知其类似已完工程造价指标为400元/m^2，其中人材机费分别占15%、55%、10%，拟建工程与类似工程地区的人材机差异系数分别为1.15、1.05、0.95，假定拟建工程综合取费以人材机费之和为基数，费率为25%，则该拟建工程的造价指标为（　　）元/m^2。（2022年）

A. 402.0　　B. 405.6

C. 418.0　　D. 422.5

5. 当初步设计深度不够，但能提供的设备清单有规格和设备重量时，编制设备安装工程概算应选用的方法是（　　）。（2022年）

A. 预算单价法　　B. 扩大单价法

C. 设备价值百分比法　　D. 综合吨位指标法

6. 关于应用概算定额法编制单位建筑工程概算，下列说法正确的是（　　）。（2021年）

A. 确定各分部分项工程费和措施项目费后，才能生成综合单价分析表

B. 采用全费用综合单价时，单位工程概算造价只包括分部分项工程费、措施项目费和其他项目费

C. 综合单价分析表中应包括管理费的计算

D. 人材机和单价分析数据应采用定额数据

7. 某拟建工程概算编制中，已知类似工程土建工程造价指标为1600元/m^2，其中人材机费分别占土建工程造价的15%、60%、10%，拟建工程与类似工程由于时间地点差异产生的人材机费差异系数分别为1.1、1.25、0.95，假定以人材机费用之和为基数取费的综合取费率为25%，则该拟建工程的造价指标为（　　）元/m^2。（2021年）

A. 1856　　B. 1932

C. 2020 D. 2320

8. 当初步设计深度不够，设备清单不完备，只有主体设备或仅有成套设备重量时，编制设备安装工程概算应选用的方法是（ ）。(2021年)

A. 预算单价法 B. 扩大安装单价法

C. 设备价值百分比法 D. 综合吨位指标法

9. 采用概算定额法编制设计概算的主要工作步骤有：①套用各子目的综合单价；②搜集基础资料；③计算措施项目费；④编写概算编制说明；⑤汇总单位工程造价；⑥计算工程量。上述工作步骤正确的排序是（ ）。(2020年)

A. ②⑥①③⑤④ B. ④②⑥①⑤③

C. ②⑥④①③⑤ D. ④⑥②①⑤③

10. 某地新建单身宿舍一座，当地同期类似工程概算指标为900元/m^2，该工程基础为混凝土结构，而概算指标对应的基础为毛石混凝土结构。已知该工程与概算指标：每100m^2建筑面积中分摊的基础工程量均为15m^3，同期毛石混凝土基础综合单价为580元/m^3，混凝土基础综合单价为640元/m^3，则经结构差异修正后的概算指标为（ ）元/m^2。(2020年)

A. 891 B. 909

C. 960 D. 993

11. 某地拟建某市政道路工程，已知与其类似的已完工程造价指标为600元/m^2，其中人工、材料、施工机具使用费分别占工程造价的10%、50%、20%，拟建工程地区与类似工程地区人工、材料、施工机具使用费差异系数分别为1.10、1.05、1.05。假定以人工、材料、施工机具使用费之和为基数取费，综合费率为25%，则拟建工程的综合单价为（ ）元/m^2。(2019年)

A. 507.00 B. 608.40

C. 633.75 D. 657.00

12. 编制工程建设其他费用概算表时，下列其他费用中，一般按“工程费用×费率”计算的是（ ）。(2019年)

A. 征地补偿费 B. 拆迁补偿费

C. 研究试验费 D. 工程监理费

13. 关于设计概算的编制，下列计算式正确的是（ ）。(2018年)

A. 单位工程概算=人工费+材料费+施工机具使用费+企业管理费+利润

B. 单项工程综合概算=建筑工程费+安装工程费+设备及工器具购置费

C. 单项工程综合概算=建筑工程费+安装工程费+设备及工器具购置费+工程建设其他费用

D. 建设项目总概算=各单项工程综合概算+建设期利息+预备费

14. 采用概算定额法编制设计概算的主要工作有：①列出分部分项工程项目名称并计算工程量；②搜集基础资料；③编写概算编制说明；④计算措施项目费；⑤确定各分部分项工程费；⑥汇总单位工程概算造价。上述工作排序正确的是（ ）。(2018年)

A. ②①⑤④⑥③ B. ②③①⑤④⑥

C. ③②①④⑤⑥　　D. ②①③⑤④⑥

15. 当初步设计深度不够，只有设备出厂价而无详细规格、重量时，编制设备安装工程费概算可选用的方法是（　　）。(2017 年)

A. 设备价值百分比法　　B. 设备系数法

C. 综合吨位指标法　　D. 预算单价法

16. 某建筑工程的造价组成见下表，该工程的含税造价为（　　）万元。(2017 年)

某建筑工程的造价组成

名称	人工费（万元）	材料费（万元）	机具费（万元）	管理费、规费、利润（万元）	增值税率
金额及费率	800	3450	1600	750	11%
说明	不含税	含税、可抵扣综合进项税率为 15%	不含税	—	—

A. 6826.5　　B. 6876.0

C. 7276.5　　D. 7326.0

17. 某地拟建一办公楼，当地类似工程的单位工程概算指标为 3600 元/m^2。概算指标为瓷砖地面，拟建工程为复合木地板，每 100m^2 该类建筑中铺贴地面面积为 50m^2，当地预算定额中瓷砖地面和复合木地板的预算单价分别为 128 元/m^2、190 元/m^2。假定以人、材、机费用之和为基数取费，综合费率为 25%。则用概算指标法计算的拟建工程造价指标为（　　）元/m^2。(2016 年)

A. 2918.75　　B. 3413.75

C. 3631.00　　D. 3638.75

18. 某地拟建一工程，与其类似的已完工程单方工程造价为 4500 元/m^3，其中人、材、机使用费分别占工程造价的 15%、55% 和 10%，拟建工程地区与类似工程地区人、材、机使用费差异系数分别为 1.05、1.03 和 0.98。假定以人、材、机费用之和为基数取费，综合费率为 25%。用类似工程预算法计算的拟建工程造价指标为（　　）元/m^2。(2016 年)

A. 3699.00　　B. 4590.75

C. 4599.00　　D. 4623.75

19. 设计概算一经批准一般不得进行调整，其总投资应反映（　　）时的价格水平。(2015 年)

A. 项目立项　　B. 可行性研究

C. 概算编制　　D. 项目施工

20. 在建筑工程初步设计文件深度不够、不能准确计算出工程量的情况下，可采用的设计概算编制方法是（　　）。(2015 年)

A. 概算定额法　　B. 概算指标法

C. 预算单价法　　D. 综合吨位指标法

21. 当初步设计深度较深，有详细的设备清单时，最能精确编制设备安装工程费概算

的方法是（　　）。（2014 年）

A. 预算单价法　　B. 扩大单价法

C. 设备价值百分比法　　D. 综合吨位指标法

（二）多项选择题

1. 关于建筑工程设计概算的编制工作，下列说法正确的有（　　）。（2023 年）

A. 设计概算的编制内容包括静态投资、动态投资和铺底流动资金三个层次

B. 根据设计深度的不同，合理选择概算编制方法

C. 通过项目特征合理匹配工程造价指标，并结合项目情况进行调整后编制

D. 针对基础性建材和劳务用工，充分利用市场化询价信息编制

E. 充分利用数智化技术进行编制

2. 某单位建筑工程的初步设计采用的技术比较成熟，但由于设计深度不够，不能准确计算出工程量，若急需该单位建筑工程概算时，可采用的概算编制方法有（　　）。（2019 年）

A. 预算单价法　　B. 概算定额法

C. 概算指标法　　D. 类似工程预算法

E. 扩大单价法

3. 下列文件中，包括在建设项目总概算文件中的有（　　）。（2016 年）

A. 总概算表　　B. 单项工程综合概算表

C. 工程建设其他费用概算表　　D. 主要建筑安装材料汇总表

E. 分年投资计划表

4. 直接套用概算指标编制单位建筑工程设计概算时，拟建工程应符合的条件包括（　　）。（2015 年）

A. 建设地点与概算指标中的工程建设地点相同

B. 工程特征与概算指标中的工程特征基本相同

C. 建筑面积与概算指标中的工程建筑面积相差不大

D. 建造时间与概算指标中工程建造时间相近

E. 物价水平与概算指标中工程的物价水平基本相同

5. 建筑工程概算的编制方法主要有（　　）。（2014 年）

A. 设备价值百分比法　　B. 概算定额法

C. 综合吨位指标法　　D. 概算指标法

E. 类似工程预算法

三、真题解析

Ⅰ　设计阶段影响工程造价的主要因素

（一）单项选择题

1. **【答案】** B

【解析】 本题考核设计阶段影响工程造价的因素。各选项释义如下：①在满足住宅功能和质量的前提下，适当加大住宅宽度有利于降低造价。②衡量单元组成、户型设计的

指标是结构面积系数（住宅结构面积与建筑面积之比），系数越小设计方案越经济。③在不改变建筑物的结构形式的情况下，增加楼层单位建筑面积的造价一般会降低。④在满足建筑物使用要求的前提下，应将流通空间减少到最小，这是建筑物经济平面布置的主要目标之一。

2. **【答案】** C

【解析】 通常情况下，建筑周长系数越低，设计越经济，故选项 A 错误。虽然圆形、正方形、矩形、T 形、L 形建筑的 $K_{周}$ 依次增大，但是圆形建筑物施工复杂，施工费用一般比矩形建筑增加 20%～30%，所以其墙体工程量所节约的费用并不能使建筑工程造价降低，故选项 B 错误。对于单跨厂房，当柱间距不变时，跨度越大单位面积造价越低；对于多跨厂房，当跨度不变时，中跨数目越多越经济，故选项 C 正确。在满足建筑物使用要求的前提下，应将流通空间减少到最小，这是建筑物经济平面布置的主要目标之一，选项 D 错误。

3. **【答案】** C

【解析】 此题主要考查设计阶段影响造价的因素。对于五层以下的建筑物，一般选用砌体结构；对于大中型工业厂房，一般选用钢筋混凝土结构；对于多层房屋或大跨度建筑，选用钢结构明显优于钢筋混凝土结构，因此正确答案为 C。

4. **【答案】** D

【解析】 结构面积系数（住宅结构面积与建筑面积之比）越小，有效面积越大，设计方案越经济。

5. **【答案】** B

【解析】 一般来说，建筑物平面形状越简单，单位面积造价就越低；通常情况下，建筑周长系数越低，设计越经济。对于单跨厂房，当柱间距不变时，跨度越大单位面积造价越低；对于多跨厂房，当跨度不变时，中跨数目越多越经济。对于五层以下的建筑物，一般选用砌体结构；对于大中型工业厂房，一般选用钢筋混凝土结构；对于多层房屋或大跨度建筑，选用钢结构明显优于钢筋混凝土结构；对于高层或者超高层建筑，框架结构和剪力墙结构比较经济。建筑物尺寸的增加，一般会引起单位面积造价的降低，选项 D 错误。

6. **【答案】** B

【解析】 结构面积系数（住宅结构面积与建筑面积之比）越小，有效面积越大，设计方案越经济，故选项 A 错误；结构面积系数除与房屋结构有关外，还与房屋外形及其长度和宽度有关，同时也与房间平均面积大小和户型组成有关。故选项 C、D 错误。

7. **【答案】** B

【解析】 在满足住宅功能和质量前提下，适当加大住宅宽度有利于降低造价，故选项 A 错误。住宅的层高和净高，直接影响工程造价；在建筑面积不变的情况下，建筑层高的增加会引起各项费用的增加，选项 B 正确。衡量单元组成、户型设计的指标是结构面积系数，系数越小设计方案越经济，故选项 C 错误。在一定幅度内，随着住宅层数的增加，单方造价系数逐渐降低，即层数越多越经济；但是边际造价系数也在逐渐减小，说明随着层数的增加，单方造价系数下降幅度减缓，当住宅层数超过一定限度时，要经受较强的风力荷载，需要提高结构强度，改变结构形式，使工程造价大幅度上升，故选项 D

错误。

8. 【答案】C

【解析】设计单位和设计人员的知识水平、项目利益相关者的利益诉求、风险因素属于影响工程造价的其他因素。柱网布置属于工业建筑中影响造价的特有因素，因此正确答案为C。

（二）多项选择题

1. 【答案】AD

【解析】即使在同样的建筑面积下，建筑平面形状不同，建筑周长系数 $K_{周}$（建筑物周长与建筑面积比，即单位建筑面积所占外墙长度）便不同。通常情况下建筑周长系数越低，设计越经济；对于单跨厂房，当柱间距不变时，跨度越大单位面积造价越低；对于多跨厂房，当跨度不变时，中跨数目越多越经济，这是因为柱子和基础分摊在单位面积上的造价减少。

2. 【答案】CD

【解析】此题主要考查设计阶段影响工程造价的因素。在满足建筑物使用要求的前提下应将流通空间减少到最小，因此选项A错误；在建筑面积不变的情况下，建筑层高的增加会引起各项费用的增加，因此选项B错误；如果增加一个楼层不影响建筑物的结构形式，单位建筑面积的造价可能会降低，而当建筑物超过一定层数时，因结构形式的改变，导致单位造价增加，因此选项E错误。

3. 【答案】BD

【解析】通常情况下建筑周长系数越低，设计越经济。对于单跨厂房，当柱间距不变时，跨度越大单位面积造价越低；对于多跨厂房，当跨度不变时，中跨数目越多越经济。对于大中型工业厂房，一般选用钢筋混凝土结构；对于高层或者超高层建筑，框架结构和剪力墙结构比较经济。因此正确答案为BD。

4. 【答案】ABD

【解析】总平面设计中，影响工程造价的主要因素包括：①现场条件；②占地面积；③功能分区；④运输方式。

Ⅱ　设计概算的概念及其编制内容

（一）单项选择题

1. 【答案】C

【解析】建筑工程概算包括土建工程概算，给水排水、采暖工程概算，通风、空调工程概算，电气照明工程概算，弱电工程概算，特殊构筑物工程概算等；设备及安装工程概算包括机械设备及安装工程概算，电气设备及安装工程概算，热力设备及安装工程概算，工具、器具及生产家具购置费概算等。

2. 【答案】C

【解析】此题主要考查设计概算的费用构成。单位工程概算=单位建筑安装工程费用+单位设备及工器具购置费，其中单位建筑安装工程费用由直接费、企业管理费、利润、规费、税金组成，因此正确答案为C。

3. 【答案】D

【解析】选项 A 教材已删除。当建设项目只有一个单项工程时，可采用两级概算编制形式，选项 B 错误。设计概算应按项目合理建设期限预测建设期价格水平，以及资产租赁和贷款的时间价值等动态因素对投资的影响，故选项 C 错误，选项 D 正确。

4. 【答案】B

【解析】一般而言，投资估算是确定建设规模的依据，选项 A 错误。设计概算是编制固定资产投资计划、确定和控制建设项目投资的依据，选项 B 正确。政府投资项目设计概算一经批准，将作为控制建设项目投资的最高限额；未经规定程序批准，都不能突破这一限额，故选项 C 错误。同时设计概算是签订建设工程合同和贷款合同的依据，选项 D 错误。

5. 【答案】D

【解析】当建设项目为一个单项工程时，可采用单位工程概算和建设项目总概算二级概算编制形式。

6. 【答案】B

【解析】政府投资项目设计概算一经批准，将作为控制建设项目投资的最高限额。

7. 【答案】B

【解析】建筑工程概算包括土建工程概算，给水排水、采暖工程概算，通风、空调工程概算，电气、照明工程概算，弱电工程概算，特殊构筑物工程概算等；设备及安装工程概算包括机械设备及安装工程概算，电气设备及安装工程概算，热力设备及安装工程概算，工具、器具及生产家具购置费概算等。因此正确答案为 B。

（二）多项选择题

暂无真题。

Ⅲ 设计概算的编制

（一）单项选择题

1. 【答案】D

【解析】本题考核概算指标法的调整应用。注意“每平方米建筑面积外墙装饰的工程量为 $0.5m^2$”这个条件的使用。

新建宿舍楼含税工程造价 $=2100+[0.5\times(150-90)+20]\times(1+9\%)=2154.5$（元/$m^2$）$\approx 2155$（元/$m^2$）。

2. 【答案】A

【解析】本题考核类似工程预算法调整公式中各字母的含义。公式中，A 为类似工程成本单价，K 为成本单价综合调整系数，A 和 K 所包含的费用项目范围是一致的，比如 A 为工料单价，则 K 取工料机费的综合调整系数，选项 A 正确。选项 C 中各费用项目的调整系数=拟建地区该费用项目单价（或费率）/类似工程成本中该费用项目单价（或费率）。选项 D 中费用项目的调整权重=类似工程成本中该费用项目金额/类似工程预算成本。

3. 【答案】C

【解析】概算定额法编制设计概算的步骤如下：

（1）搜集基础资料、熟悉设计图纸、了解有关施工条件和施工方法。

（2）按照概算定额子目，列出单位工程中分部分项工程项目名称并计算工程量。

（3）确定各分部分项工程费。

（4）计算措施项目费。可以计量的措施项目费与分部分项工程费的计算方法相同。综合计取的措施项目费应以该单位工程的分部分项工程费和可以计量的措施项目费之和为基数乘以相应费率计算。

（5）计算汇总单位工程概算造价。如采用全费用综合单价，则：

单位工程概算造价＝分部分项工程费+措施项目费

（6）编写概算编制说明。

4.【答案】D

【解析】本题考核类似工程预算法。

拟建工程造价指标＝400×(15%×1.15+55%×1.05+10%×0.95)×(1+25%)＝422.5（元/m^2）。

5.【答案】D

【解析】①当初步设计较深，有详细的设备清单时，可直接按安装工程预算定额单价编制安装工程概算。②当初步设计深度不够，设备清单不完备，只有主体设备或仅有成套设备重量时，可采用主体设备、成套设备的综合扩大安装单价来编制概算。③当初步设计深度不够，只有设备出厂价而无详细规格、重量时，安装费可按占设备费的百分比计算。④当初步设计深度不够，但能提供的设备清单有规格和设备重量时，可采用综合吨位指标法编制概算。

6.【答案】C

【解析】在“确定各分部分项工程费”步骤中，建模完成工程量计算后，通过套用定额各子目的综合单价，形成合价。各子目的综合单价包括人工费、材料费、施工机具使用费、管理费、利润、规费和税金。之后，便可生成综合单价表和单位工程概算表。

7.【答案】C

【解析】原造价指标中的人材机费分别为240元/m^2、960元/m^2、160元/m^2。在工料单价中人材机费的比重分别为17.64%、70.59%和11.77%。

拟建工程的造价指标＝(240+960+160)×(17.64%×1.1+70.59%×1.25+11.77%×0.95)×(1+25%)＝2020（元/m^2）。

8.【答案】B

【解析】当初步设计深度不够，设备清单不完备，只有主体设备或仅有成套设备重量时，可采用主体设备、成套设备的综合扩大安装单价来编制概算。

9.【答案】A

【解析】此题主要考查设计概算的编制步骤。首先搜集基础资料，其次计算工程量，然后套用各子目的综合单价计算分部分项工程费，并计算措施项目费，直至汇总单位工程造价，最后编写概算编制说明，因此正确答案为A。

10.【答案】B

【解析】此题主要考查概算指标法的运用。

经结构差异修正后的概算指标=900+(15/100)×(640−580)= 909（元/m^2）。

11.【答案】C

【解析】拟建项目综合单价=600×(10%×1.1+50%×1.05+20%×1.05)×(1+25%)

=633.75（元/m^2）。

12.【答案】D

【解析】在工程建设其他费用概算表填写时，注意以下事项：①土地征用及拆迁补偿费应填写土地补偿单价、数量和安置补助费标准等，列式计算所需费用，填入金额栏。②建设管理费包括建设单位（业主）管理费、工程监理费等，按“工程费用×费率”或有关定额列式计算。③研究试验费应根据设计需要进行研究试验的项目分别填写项目名称及金额或列式计算或进行说明。因此正确答案为D。

13.【答案】B

【解析】单位工程概算包括单位建筑工程概算、单位安装工程概算和设备及工器具购置费用，其中单位建筑工程概算和单位安装工程概算=人工费+材料费+施工机具使用费+企业管理费+利润+规费+税金；单项工程综合概算一般应包括建筑工程费用、安装工程费用、设备及工器具购置费；建设项目总概算由各单项工程综合概算、工程建设其他费用、预备费、建设期利息和铺底流动资金组成。因此正确答案为B。

14.【答案】A

【解析】概算定额法编制设计概算的步骤如下：①搜集基础资料、熟悉设计图纸和了解有关施工条件和施工方法；②按照概算定额子目，列出单位工程中分部分项工程项目名称并计算工程量；③确定各分部分项工程费；④计算措施项目费；⑤计算汇总单位工程概算造价；⑥编写概算编制说明。

15.【答案】A

【解析】设备价值百分比法，又叫安装设备百分比法。当初步设计深度不够，只有设备出厂价而无详细规格、重量时，安装费可按设备费的百分比计算。

16.【答案】A

【解析】含税造价=[800+3450/(1+15%)+1600+750]×(1+11%)= 6826.5（万元）。

17.【答案】D

【解析】拟建工程造价指标=3600+(190−128)×50/100×(1+25%)= 3638.75（元/m^2）。

18.【答案】D

【解析】先使用调差系数计算出拟建工程的工料单价。

类似工程的工料单价=4500×80%=3600（元/m^2）。

在类似工程的工料单价中，人、材、机使用费的比重分别为18.75%、68.75%和12.5%。

拟建工程的工料单价=3600×(18.75%×1.05+68.75%×1.03+12.5%×0.98)= 3699（元/m^2）。

拟建工程造价指标=3699×(1+25%)= 4623.75（元/m^2）。

还可以按如下思路计算：

$(4500\times15\%\times1.05+4500\times55\%\times1.03+4500\times10\%\times0.98)\times(1+25\%)=4623.75$（元/$m^2$）。

19.【答案】C

【解析】设计概算应按编制时项目所在地的价格水平编制，总投资应完整反映编制时建设项目实际投资。因此正确答案为 C。

20.【答案】B

【解析】在方案设计中，由于无详图而只有概念性设计时，或初步设计深度不够，不能准确地计算出工程量，但工程设计采用的技术比较成熟时，可以选定与该工程相似类型的概算指标编制概算。

21.【答案】A

【解析】当初步设计深度较深，有详细的设备清单时，可直接按安装工程预算定额单价编制安装工程概算，概算编制程序与安装工程施工图预算基本相同，优点是计算比较具体且精确性较高。

（二）多项选择题

1.【答案】BCDE

【解析】本题综合了设计概算的概念和市场化改革。设计概算的编制内容包括静态投资和动态投资两个层次，其中静态投资作为评价和选择设计方案的依据，动态投资作为项目筹措、供应和控制资金使用的限额，选项 A 错误。为了保证概算编制的精度要求，概算编制的市场化改革应包括：①根据设计深度的不同（如方案设计、初步设计等阶段）合理选择概算编制方法。②充分利用市场化的造价数据：一是根据项目达到的设计深度建立建设项目分解清单，根据项目分解情况通过项目特征匹配寻找可参考使用的工程造价指标，根据项目情况进行调整后完成概算编制；二是充分进行市场化的询价，重点针对基础性建材价格信息和劳务用工市场价格信息建立完整询价规则和机制。③充分利用数智化技术。因此选项 BCDE 的说法都是正确的。

2.【答案】CD

【解析】某单位建筑工程的初步设计采用的技术比较成熟，但由于设计深度不够，不能准确计算出工程量，若急需该单位建筑工程概算时，可优先采用的概算编制方法为概算指标法。题目中未表明是否存在概算指标，若拟建工程初步设计与已完工程或在建工程的设计相类似而又没有可用的概算指标时，也可以采用类似工程预算法。因此正确答案为 CD。

3.【答案】ABCD

【解析】设计总概算文件应包括：编制说明、总概算表、单项工程综合概算书、工程建设其他费用概算表、主要建筑安装材料汇总表。分年投资计划表在投资估算文件中包含。因此正确答案为 ABCD。

4.【答案】ABC

【解析】在直接套用概算指标时，拟建工程应符合以下条件：①拟建工程的建设地点与概算指标中的工程建设地点相同；②拟建工程的工程特征和结构特征与概算指标中的工程特征、结构特征基本相同；③拟建工程的建筑面积与概算指标中的工程建筑面积相差不大。因此正确答案为 ABC。

5. 【答案】BDE

【解析】建筑工程概算编制方法有：概算定额法、概算指标法、类似工程预算法等。设备及安装工程概算的编制方法有：预算单价法、扩大单价法、设备价值百分比法和综合吨位指标法等。因此正确答案为 BDE。

第三节 施工图预算的编制

一、名师考点

参见表 3-4。

表 3-4 施工图预算的编制考点

教材点		知识点
一	施工图预算的概念及其编制内容	施工图预算的作用和编制内容
二	施工图预算的编制	实物量法和工料单价法的编制步骤以及两者的异同

二、真题回顾

Ⅰ 施工图预算的概念及其编制内容

（一）单项选择题

1. 关于施工图预算的作用，下列说法正确的是（ ）。(2023 年)

A. 是招标投标阶段控制投标报价不突破最高投标限价的依据

B. 是施工企业确定合同价款的直接依据

C. 是施工企业收取工程款的直接依据

D. 是投资方控制造价的依据

2. 关于施工图预算对投资方的作用，下列说法正确的是（ ）。(2022 年)

A. 确定固定资产投资计划的依据

B. 控制施工图设计不突破设计概算的重要措施

C. 施工合同的主要组成内容

D. 安排调配施工力量的依据

3. 关于施工图预算文件的编制形式，下列说法正确的是（ ）。(2021 年)

A. 二级预算编制形式下的单项工程综合预算是指建筑工程和安装工程预算

B. 当建设项目有多个单项工程时，应采用二级预算编制形式

C. 二级预算编制形式由单项工程综合预算和单位工程预算组成

D. 采用三级预算编制形式的工程预算文件应包括综合预算表

4. 施工图预算的三级预算编制形式由（ ）组成。(2020 年)

A. 单位工程预算、单项工程综合预算、建设项目总预算

B. 静态投资、动态投资、流动资金

C. 建筑安装工程费、设备购置费、工程建设其他费

D. 单项工程综合预算、建设期利息、建设项目总预算

5. 施工图预算的二级预算编制形式由（　　）组成。(2019 年)

A. 总预算和单位工程预算

B. 单项工程综合预算和单位工程预算

C. 总预算和单项工程综合预算

D. 建筑工程预算和设备安装工程预算

6. 施工图预算的二级预算编制形式是指（　　）。(2017 年)

A. 编制人编制、审核人审核

B. 建筑安装工程预算、设备工器具购置费预算

C. 单位工程预算、建设项目总预算

D. 单项工程综合预算、建设项目总预算

7. 关于施工图预算的含义，下列说法中正确的是（　　）。(2016 年)

A. 是设计阶段对工程建设所需资金的粗略计算

B. 其成果文件一般不属于设计文件的组成部分

C. 可以由施工企业根据企业定额考虑自身实力计算

D. 其价格性质为预期，不具有市场性质

8. 关于建设工程预算，符合组合与分解层次关系的是（　　）。(2014 年)

A. 单位工程预算、单位工程综合预算、类似工程预算

B. 单位工程预算、类似工程预算、建设项目总预算

C. 单位工程预算、单项工程综合预算、建设项目总预算

D. 单位工程综合预算、类似工程预算、建设项目总预算

（二）多项选择题

1. 关于施工图预算的编制，下列说法正确的有（　　）。(2020 年)

A. 施工图总预算应控制在已批准的设计总概算范围内

B. 施工图预算采用的价格水平应与设计概算编制时期的保持一致

C. 只有一个单项工程的建设项目，应采用三级预算编制形式

D. 单项工程综合预算由组成该单项工程的各个单位工程预算汇总而成

E. 施工图预算编制时，已发生的工程建设其他费按合理发生金额计列

2. 施工图预算对投资方、施工企业都具有十分重要的作用，下列选项中仅属于对施工企业的作用的有（　　）。(2016 年)

A. 确定合同价款的依据　　B. 控制资金合理使用的依据

C. 控制工程施工成本的依据　　D. 调配施工力量的依据

E. 办理工程结算的依据

3. 关于施工图预算对投资方的作用，下列说法中正确的有（　　）。(2015 年)

A. 是控制施工图设计不突破设计概算的重要措施

B. 是控制造价及资金合理使用的依据

C. 是投标报价的基础

D. 是与施工预算进行“两算”对比的依据

E. 是调配施工力量、组织材料供应的依据

Ⅱ 施工图预算的编制

（一）单项选择题

1. 施工图预算编制时可能发生的主要工作有：①列项计量；②套预算定额计算人、材、机消耗量；③套预算定额单价；④计算并汇总直接费；⑤编制工料分析表；⑥计算主材费并调整直接费；⑦计算其他费用，并汇总造价。采用工料单价法编制施工图预算时，发生的主要工作及其顺序是（　　）。(2023年)

A. ①②④⑦　　　　B. ①③④⑤⑥⑦

C. ①②⑤④⑥⑦　　　　D. ①③④⑦

2. 下列施工图预算编制工作中，属于工料单价法但不属于实物量法的工作步骤是（　　）。(2022年)

A. 列项计量

B. 套用定额，计算人工材料消耗量

C. 计算主材费并调整价差

D. 计算管理费、利润

3. 下列施工图预算编制工作中，属于实物量法但不属于工料单价法的工作步骤是（　　）。(2021年)

A. 列项并计算工程量

B. 套用定额，计算人材机消耗量

C. 调用当时当地人材机单价，汇总直接费

D. 计算其他各项费用

4. 关于施工图预算编制时工程建设其他费的计费原则，下列说法正确的是（　　）。(2020年)

A. 若工程建设其他费已发生，则发生部分按合理发生金额计列

B. 若工程建设其他费已发生，则发生部分按本阶段的计费标准计列

C. 无论工程建设其他费是否发生，均按原批复概算的计费标准计列

D. 无论工程建设其他费是否发生，均按原批复估算金额计列

5. 采用实物量法与工料单价法编制施工图预算，其工作步骤的差异体现在（　　）。(2019年)

A. 工程量的计算　　　　B. 直接费的计算

C. 企业管理费的计算　　　　D. 税金的计算

6. 用工料单价法计算建筑安装工程费时需套用定额预算单价，下列做法正确的是（　　）。(2018年)

A. 分项工程名称与定额名称完全一致时，直接套用定额预算单价

B. 分项工程计量单位与定额计量单位完全一致时，直接套用定额预算单价

C. 分项工程主要材料品种与预算定额不一致时，直接套用定额预算单价

D. 分项工程施工工艺条件与预算定额不一致时，调整定额预算单价后套用

7. 实物量法与定额单价法编制施工图预算，编制步骤的主要差别在于（　　）。（2016 年）

A. 列项　　B. 计算工程量

C. 计算直接费　　D. 计算利润与管理费

8. 某单项工程的单位建筑工程预算为 1000 万元，单位安装工程预算为 500 万元，设备购置预算为 600 万元，未达到固定资产标准的工器具购置预算为 60 万元，若预备费率为 5%，则该单项工程施工图预算为（　　）万元。（2016 年）

A. 1500　　B. 2100

C. 2160　　D. 2268

9. 单位建筑工程预算费用包括（　　）。（2015 年）

A. 建筑安装工程费用、设备及工器具购置费、建设单位管理费

B. 人、材、机费用及企业管理费、利润、规费和税金

C. 人、材、机费用及企业管理费、工程建设其他费用

D. 分部分项工程费、措施费、规费、税金、工程建设其他费用

10. 采用工料单价法编制单位工程预算时，在进行工料分析后紧接着的下一步骤是（　　）。（2015 年）

A. 计算主材费并调整直接费

B. 计算企业管理费、利润、规费、税金等

C. 复核工程量的准确性

D. 套用定额预算单价

11. 关于各级施工图预算的构成内容，下列说法中正确的是（　　）。（2015 年）

A. 建设项目总预算反映施工图设计阶段建设项目的预算总投资

B. 建设项目总预算由组成该项目的各个单项工程综合预算费用相加而成

C. 单项工程综合预算由单项工程的建筑工程费和设备及工器具购置费组成

D. 单位工程预算由单位建筑工程预算和单位安装工程预算费用组成

12. 采用实物量法编制施工图预算时，在按人工、材料、机械台班的市场价计算人、材、机费用之后，下一个步骤是（　　）。（2014 年）

A. 进行工料分析

B. 计算管理费、利润等费用

C. 计算工程量

D. 编写编制说明

13. 未达到固定资产标准的工器具购置费的计算基数一般为（　　）。（2014 年）

A. 工程建设其他费　　B. 建筑安装工程费

C. 设备购置费　　D. 设备及安装工程费

14. 建设工程预算编制中的总预算由（　　）组成。（2014 年）

A. 综合预算和工程建设其他费、预备费

B. 预备费、建设期利息及铺底流动资金

C. 综合预算和工程建设其他费、铺底流动资金

D. 综合预算和工程建设其他费、预备费、建设期利息及铺底流动资金

（二）多项选择题

暂无真题。

三、真题解析

Ⅰ 施工图预算的概念及其编制内容

（一）单项选择题

1. **【答案】** D

【解析】 本题考核施工图预算对于投资方和施工企业的作用。（1）施工图预算对投资方的作用：①是设计阶段控制工程造价的重要环节，是控制施工图设计不突破设计概算的重要措施；②是控制造价及资金合理使用的依据；③是确定工程最高投标限价的依据；④可以作为确定合同价款、拨付工程进度款及办理工程结算的基础。（2）施工图预算对施工企业的作用：①是建筑施工企业投标报价的基础；②是建筑工程预算包干的依据和签订施工合同的主要内容；③是施工企业安排调配施工力量、组织材料供应的依据；④是施工企业控制工程成本的依据。

2. **【答案】** B

【解析】 施工图预算对投资方的作用：①施工图预算是设计阶段控制工程造价的重要环节，是控制施工图设计不突破设计概算的重要措施。②施工图预算是控制造价及资金合理使用的依据。③施工图预算是确定工程最高投标限价的依据。④施工图预算可以作为确定合同价款、拨付工程进度款及办理工程结算的基础。因此正确答案为 B。

3. **【答案】** D

【解析】 采用三级预算编制形式的工程预算文件包括：封面、签署页及目录、编制说明、总预算表、综合预算表、单位工程预算表、附件等内容。采用二级预算编制形式的工程预算文件包括：封面、签署页及目录、编制说明、总预算表、单位工程预算表、附件等内容。

4. **【答案】** A

【解析】 此题主要考查施工图预算的编制内容。当建设项目有多个单项工程时，其三级预算编制形式由建设项目总预算、单项工程综合预算、单位工程预算组成，因此正确答案为 A。

5. **【答案】** A

【解析】 当建设项目只有一个单项工程时，应采用二级预算编制形式，二级预算编制形式由建设项目总预算和单位工程预算组成。

6. **【答案】** C

【解析】 当建设项目只有一个单项工程时，应采用二级预算编制形式，二级预算编制形式由建设项目总预算和单位工程预算组成。

7. **【答案】** C

【解析】 施工图预算是在施工图设计阶段对工程建设所需资金作出较精确计算的设计文件，故选项 A、B 错误。施工图预算既可以是工程招标投标前或招标投标时，基于施工图纸，按照预算定额、取费标准、各类工程计价信息等计算得到的计划或预期价格，也可以是工程中标后施工企业根据自身的企业定额、资源市场价格以及市场供求及竞争状况计算得到的实际预算价格，故选项 C 正确、选项 D 错误。

8. **【答案】** C

【解析】 当建设项目有多个单项工程时，应采用三级预算编制形式，三级预算编制形式由建设项目总预算、单项工程综合预算、单位工程预算组成。

（二）多项选择题

1. **【答案】** ADE

【解析】 此题主要考查施工图预算的编制。设计单位必须按批准的初步设计和总概算进行施工图设计，施工图预算不得突破设计概算，故选项 A 正确。施工图预算应反映工程所在地当时价格水平，故选项 B 错误。当建设项目只有一个单项工程时，应采用建设项目总预算和单位工程预算组成的二级预算编制形式，故选项 C 错误。单项工程综合预算由组成该单项工程的各个单位工程预算汇总而成；施工图预算编制时已发生的工程建设其他费按合理发生金额计列，如未发生按照原概算内容和本阶段的计费原则计算列入，故选项 DE 正确。

2. **【答案】** CD

【解析】 施工图预算对施工企业的作用：①施工图预算是建筑施工企业投标报价的基础。②施工图预算是建筑工程预算包干的依据和签订施工合同的主要内容。③施工图预算是施工企业安排调配施工力量、组织材料供应的依据。④施工图预算是施工企业控制工程成本的依据。因此正确答案为 CD。

3. **【答案】** AB

【解析】 施工图预算对投资方的作用：①施工图预算是设计阶段控制工程造价的重要环节，是控制施工图设计不突破设计概算的重要措施。②施工图预算是控制造价及资金合理使用的依据。③施工图预算是确定工程最高投标限价（最高投标限价）的依据。④施工图预算可以作为确定合同价款、拨付工程进度款及办理工程结算的基础。因此正确答案为 AB。教材中已删除 D 选项。

Ⅱ　施工图预算的编制

（一）单项选择题

1. **【答案】** B

【解析】 本题考核工料单价法编制施工图预算的步骤。工料单价法编制施工图预算的步骤为：①准备工作；②列项并计算工程量；③套用定额单价，计算直接费；④编制工料分析表；⑤计算主材费并调整直接费；⑥按计价程序计取其他费用，并汇总造价；⑦复核，填写封面、编制说明。

2. **【答案】** C

【解析】实物量法与定额单价法首尾部分的步骤基本相同（即选项 A 和选项 D 的步骤是两个相同的方法），所不同的是中间计算工料机费用的步骤或计算直接费的步骤不同。在工料单价法中，单位工程直接费 = Σ 分项工程量×分项工程工料单价，然后计算主材费并调整直接费；而在实物量法中，先套用相应人工、材料、施工机械台班预算定额消耗量，求出各分项工程人工、材料、施工机械台班消耗数量，并汇总成单位工程所需各类人工工日、材料和施工机械台班的消耗量，然后采用当时当地的各类人工工日、材料和施工机械台班的实际单价分别乘以相应的人工工日、材料和施工机械台班总的消耗量，汇总后得出单位工程的人工费、材料费和施工机具使用费。

3. 【答案】B

【解析】工料单价法下直接套单价计算得到直接费，不需要单独套用定额，计算人材机消耗量。但此题的答案有些争议，从某种程度上看，答案 C 也可以认为是正确答案。

4. 【答案】A

【解析】此题主要考查施工图预算编制时的计费原则。建设项目总预算由综合预算和工程建设其他费、预备费、建设期利息及铺底流动资金汇总而成。以建设项目施工图预算编制时为界线，若工程建设其他费、预备费、建设期利息及铺底流动资金等费用已经发生，按合理发生金额计列，如果还未发生，按照原概算内容和本阶段的计费原则计算列入。因此正确答案为 A。

5. 【答案】B

【解析】实物量法与定额单价法首尾部分的步骤基本相同，所不同的主要是中间计算工料机费用的步骤或计算直接费的步骤不同。

6. 【答案】D

【解析】套用工料单价时，若分项工程的主要材料品种与单位估价表（或预算定额）中所列材料不一致时，需要按实际使用材料价格换算工料单价后再套用，分项工程施工工艺条件与单位估价表（或定额）不一致而造成人工、机具数量增减时，需要调整用量后再套用，因此正确答案为 D。

7. 【答案】C

【解析】实物量法与定额单价法首尾部分的步骤基本相同，所不同的是中间计算直接费的步骤不同。在工料单价法中，单位工程直接费 = Σ 分项工程量×分项工程工料单价，然后计算主材费并调整直接费；而在实物量法中，先套用相应人工、材料、施工机械台班预算定额消耗量，求出各分项工程人工、材料、施工机械台班消耗数量并汇总成单位工程所需各类人工工日、材料和施工机械台班的消耗量，然后采用当时当地的各类人工工日、材料和施工机械台班的实际单价分别乘以相应的人工工日、材料和施工机械台班总的消耗量，汇总后得出单位工程的人工费、材料费和施工机械使用费。

8. 【答案】C

【解析】单项工程综合预算单价由组成该单项工程的各个单位工程预算造价汇总而成，此题注意未达到固定资产标准的工器具购置预算也应包括在内。

因此，单项工程施工图预算 = Σ单位建筑工程费用+Σ单位安装工程费用+Σ设备及工器具购置费用+未达到固定资产标准的工器具购置预算=1000+500+600+60=2160（万元）。

9.【答案】B

【解析】单位建筑工程预算费用包括人、材、机费用及企业管理费、利润、规费和税金。

10.【答案】A

【解析】在工料单价法下，工料分析的下一步骤是计算主材费并调整直接费。

11.【答案】A

【解析】建设项目总预算是反映施工图设计阶段建设项目投资总额的造价文件，选项A正确。建设项目总预算由组成该建设项目各个单项工程综合预算、工程建设其他费用、预备费、建设期利息及铺底流动资金相加而成，故选项B错误。单项工程综合预算是各单位工程的建筑安装工程费和设备及工器具购置费总和，故选项C错误。单位工程预算包括单位建筑工程预算和单位设备及安装工程预算，故选项D错误。

12.【答案】B

【解析】实物量法计算人工费、材料费和施工机具使用费的下一步骤是计算其他各项费用，包括管理费、利润、规费、税金等。因此正确答案为B。

13.【答案】C

【解析】未达到固定资产标准的工器具购置费一般以设备购置费为计算基数，按照规定的费率计算。

14.【答案】D

【解析】建设项目总预算由组成该建设项目的各个单项工程综合预算，以及经计算的工程建设其他费、预备费、建设期利息和铺底流动资金汇总而成。因此正确答案为D。

（二）多项选择题

暂无真题。

第四章　建设项目发承包阶段合同价款的约定

一、本章概览

参见图 4-1。

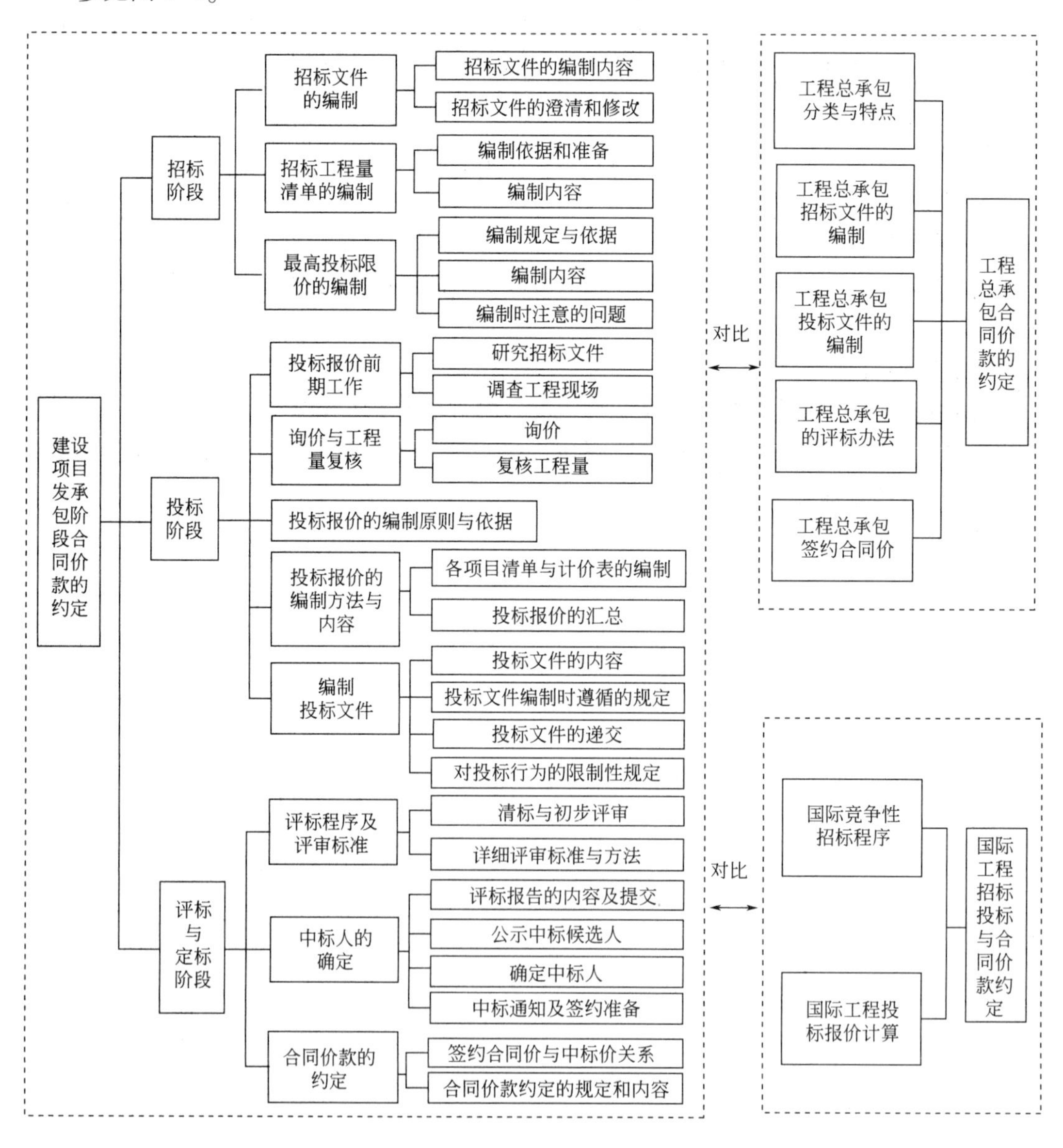

图 4-1　“建设项目发承包阶段合同价款的约定”框架图

二、考情分析

参见表4-1。

表4-1　　2021~2023年第四章各节考点分值分布表

考试年度	2023年					2022年					2021年				
题型	单选题		多选题		分值	单选题		多选题		分值	单选题		多选题		分值
第一节　招标工程量清单与最高投标限价的编制	3道	3分	1道	2分	5分	4道	4分	1道	2分	6分	4道	4分	1道	2分	6分
第二节　投标报价的编制	3道	3分	1道	2分	5分	3道	3分	1道	2分	5分	3道	3分	1道	2分	5分
第三节　中标价及合同价款的约定	2道	2分	1道	2分	4分	2道	2分	1道	2分	4分	2道	2分	1道	2分	4分
第四节　工程总承包及国际工程合同价款的约定	3道	3分	1道	2分	5分	3道	3分	0道	0分	3分	3道	3分	0道	0分	3分
本章小计	11道	11分	4道	8分	19分	12道	12分	3道	6分	18分	12道	12分	3道	6分	18分
本章得分	19分					18分					18分				

第一节　招标工程量清单与最高投标限价的编制

一、名师考点

参见表4-2。

表4-2　　招标工程量清单与最高投标限价的编制考点

教材点		知识点
一	招标文件的组成内容及其编制要求	施工招标文件的编制内容；招标文件的澄清和修改
二	招标工程量清单的编制	常规施工组织设计；分部分项工程项目清单、措施项目清单、其他项目清单的编制要求；工程量清单总说明的内容
三	最高投标限价的编制	最高投标限价的编制规定、计价程序；分部分项工程费、措施项目费、其他项目费等各组成费用的编制要求

二、真题回顾

Ⅰ　招标文件的组成内容及其编制要求

（一）单项选择题

1. 关于最高投标限价的公布时间，下列表述中正确的是（　　）。（2023年）

A. 与招标文件一起发布　　B. 开标时公布

C. 评标时公布　　D. 在公示中标通知人时一并公布

2. 关于招标文件的澄清和修改，下列说法正确的是（　　）。(2021 年)

A. 招标文件的澄清仅应发给提出疑问的投标人

B. 招标文件的澄清中应指明澄清问题的来源

C. 招标文件的澄清影响到投标截止时间不足的，应相应推后

D. 发出的招标文件只可澄清不可修改

3. 关于建设工程施工招标文件，下列说法正确的是（　　）。(2020 年)

A. 工程量清单不是招标文件的组成部分

B. 由招标人编制的招标文件只对投标人具有约束力

C. 招标项目的技术要求可以不在招标文件中描述

D. 招标人可以对已发出的招标文件进行必要的修改

4. 直接发包的项目，如按初步设计总概算投资包干时，其签约合同价应以（　　）为准。(2018 年)

A. 经审批的概算投资总额

B. 经审批的概算投资相对应的建筑安装费用

C. 经审批的概算投资中与承包内容相对应部分的投资

D. 经审批的概算投资中相对应的工程费用

5. 关于施工招标文件的疑问和澄清，下列说法正确的是（　　）。(2018 年)

A. 投标人可以口头方式提出疑问

B. 投标人不得在投标截止前的 15 天内提出疑问

C. 投标人收到澄清后的确认时间应按绝对时间设置

D. 招标文件的书面澄清应发给所有投标人

6. 根据《标准施工招标文件》(2007 年版)，进行资格预审的施工招标文件应包括（　　）。(2017 年)

A. 招标公告　　B. 投标资格条件

C. 投标邀请书　　D. 评标委员会名单

7. 根据《标准施工招标文件》(2007 年版)，关于“分包和偏差问题的处理”的内容应包括于（　　）之中。(2016 年)

A. 招标公告　　B. 投标人须知

C. 评标办法　　D. 合同条款与格式

8. 招标人对已发出的招标文件进行的必要修改，应当在投标截止时间（　　）天前发出。(2015 年)

A. 7　　B. 10

C. 14　　D. 15

9. 在招标投标过程中，载明招标文件获取方式的应是（　　）。(2014 年)

A. 招标公告　　B. 资格预审公告

C. 招标文件　　D. 投标文件

(二) 多项选择题

1. 根据《标准施工招标文件》(2007 年版)，对于未进行资格预审的招标项目，其施工招标文件的组成内容包括(　　)等。(2021 年)

A. 招标公告　　B. 招标邀请书

C. 投标人须知　　D. 评标办法

E. 拟分包项目情况表

2. 根据《标准施工招标文件》(2007 年版)，下列有关施工招标的说法中正确的有(　　)。(2016 年)

A. 当进行资格预审时，招标文件中应包括投标邀请书

B. 资格预审的方法可分为合格制或有限数量制

C. 投标人对招标文件有疑问时，应在规定时间内以电话、电报等方式要求招标人澄清

D. 按照规定应编制最高投标限价的项目，其最高投标限价应在开标时一并公布

E. 初步评审可选择最低投标价法和综合评估法

Ⅱ　招标工程量清单的编制

(一) 单项选择题

1. 关于分部分项工程项目清单的编制，下列说法正确的是(　　)。(2023 年)

A. 同一标段工程的项目编码不得有重码

B. 常规工程的项目特征无须描述

C. 项目特征描述不得直接采用"详见××图号"的方式

D. 工程量应在实体工程量基础上增加施工损耗量

2. 招标工程量清单编制工作包括：①拟订常规施工组织设计；②现场踏勘；③计算工程量；④审查复核；⑤其他项目清单列项，正确的排列顺序是(　　)。(2022 年)

A. ②①③⑤④　　B. ①②③④⑤

C. ②③①⑤④　　D. ①②③⑤④

3. 关于招标工程量清单中的暂列金额，下列说法正确的是(　　)。(2022 年)

A. 由招标人支配，不包括在合同中

B. 应包含规费和税金

C. 一般应按分部分项工程项目费的 5%确定

D. 不同专业预留的暂列金额应分别列项

4. 编制招标工程量清单时，下列措施项目应列入"总价措施项目清单与计价表"的是(　　)。(2021 年)

A. 脚手架　　B. 混凝土模板及支架

C. 施工场地硬化　　D. 施工排水降水

5. 关于建设工程招标工程量清单的编制，下列说法正确的是(　　)。(2020 年)

A. 总承包服务费应计列在暂列金额项下

B. 分部分项工程项目清单中所列工程量应按专业工程量计算规范规定的工程量计算

规则计算

C. 措施项目清单的编制不用考虑施工技术方案

D. 在专业工程量计算规范中没有列项的分部分项工程，不得编制补充项目

6. 关于建设工程工程量清单的编制，下列说法正确的是（　　）。（2020 年）

A. 招标文件必须由专业咨询机构编制，由招标人发布

B. 材料的品牌档次应在设计文件中体现，在工程量清单编制说明中不再说明

C. 专业工程暂估价中包括企业管理费和利润

D. 税金、规费是政府规定的，在清单编制中可不列项

7. 关于招标工程量清单中分部分项工程量清单的编制，下列说法正确的是（　　）。（2019 年）

A. 所列项目应该是施工过程中以其本身构成工程实体的分项工程或可以精确计量的措施分项项目

B. 拟建施工图纸有体现，但专业工程量计算规范附录中没有对应项目的，则必须编制这些分项工程的补充项目

C. 补充项目的工程量计算规则，应符合“计算规则要具有可计算性”且“计算结果要具有唯一性”的原则

D. 采用标准图集的分项工程，其特征描述应直接采用“详见××图集”方式

8. 编制招标工程量清单时，应根据施工图纸的深度、暂估价设定的水平、合同价款约定调整因素以及工程实际情况合理确定的清单项目是（　　）。（2019 年）

A. 措施项目清单　　B. 暂列金额

C. 专业工程暂估价　　D. 计日工

9. 根据《建设工程工程量清单计价规范》GB 50500，关于招标工程量清单中暂列金额的编制，下列说法正确的是（　　）。（2018 年）

A. 应详列其项目名称、计量单位，不列明金额

B. 应列明暂列金额总额，不详列项目名称等

C. 不同专业预留的暂列金额应分别列项

D. 没有特殊要求一般不列暂列金额

10. 为编制招标工程量清单，在拟定常规的施工组织设计时，正确的做法是（　　）。（2017 年）

A. 根据概算指标和类似工程估算整体工程量时，仅对主要项目加以估算

B. 拟定施工总方案时，需要考虑施工步骤

C. 在满足工期要求的前提下，施工进度计划应尽量推后以降低风险

D. 在计算人、材、机资源需要量时，不必考虑节假日、气候的影响

11. 关于招标工程量清单中其他项目清单的编制，下列说法中正确的是（　　）。（2017 年）

A. 投标人情况、发包人对工程管理要求对其内容会有直接影响

B. 暂列金额可以只列总额，但不同专业预留的暂列金额应分别列项

C. 专业工程暂估价应包括利润、规费和税金

D. 计日工的暂定数量可以由投标人填写

12. 关于暂列金额，下列说法中正确的是（　　）。（2016 年）

A. 用于必须要发生，但暂时不能确定价格的项目

B. 由承包人支配，按签证价格结算

C. 不能用于因工程变更而发生的索赔支付

D. 不同专业预留的暂列金额应分别列项

13. 关于工程量清单编制总说明的内容，下列说法正确的是（　　）。（2016 年）

A. 建设规模是指工程投资总额

B. 工程特征是指结构类型及主要施工方案

C. 环境保护要求包括避免材料运输影响周边环境的防护要求

D. 施工现场实际情况是指自然地理条件

14. 拟定施工总方案是编制招标工程量清单的一项准备工作，下列选项中属于拟定施工总方案范畴的是（　　）。（2015 年）

A. 对关键工艺的原则性规定　　B. 拟定施工步骤和施工顺序

C. 估算整体工程量　　D. 编制施工进度计划

15. 关于招标工程量清单中分部分项工程量清单的编制，下列说法中错误的是（　　）。（2015 年）

A. 招标人只负责项目编码、项目名称、计量单位和工程量四项内容的填写

B. 同一招标工程的项目编码不得有重码

C. 清单所列项目应是在单位工程施工过程中以其本身构成该工程实体的分项工程

D. 当清单计价规范附录中有两个计量单位时，应结合实际情况，选择其中一个

16. 下列内容中，属于招标工程量清单编制依据的是（　　）。（2014 年）

A. 分部分项工程量清单　　B. 拟定的招标文件

C. 最高投标限价　　D. 潜在招标人的潜质及能力

17. 招标工程量清单应根据常规施工方案编制，拟定常规施工方案时（　　）。（2014 年）

A. 应对主要项目进行估算，如土方石、混凝土

B. 需对施工总方案中的重大问题及关键工艺作明确具体的规定

C. 不需计算人、材、机资源需要量

D. 不必考虑节假日与气候对工期的影响

18. 编制钢筋工程量清单时，适宜采用暂估量加签证处理的钢筋是（　　）。（2014 年）

A. 支撑双层钢筋用的“铁马”　　B. 伸出构件的锚固钢筋

C. 设计注明的搭接钢筋　　D. 规范规定的搭接钢筋

（二）多项选择题

1. 关于招标人编制招标工程量清单的准备工作，下列说法正确的有（　　）。（2023 年）

A. 应认真研究设计文件，发现问题及时提出

B. 应进行现场踏勘

C. 应拟定考虑施工步骤的施工总方案

D. 应拟定常规的施工组织设计

E. 应调查了解当地政府对施工现场管理的要求

2. 在招标工程量清单的编制内容中，应作出合理说明的内容有（　　）。(2022 年)

A. 基础及结构类型　　　　B. 施工场地的地表情况

C. 施工平面布置　　　　D. 工程分包范围

E. 工程质量要求

3. 下列费用，属于建设工程招标工程量清单中其他项目清单编制内容的有（　　）。(2020 年)

A. 暂列金额　　　　B. 暂估价

C. 计日工　　　　D. 总承包服务费

E. 措施费

4. 为满足施工招标工程量清单编制需要，招标人需拟定施工总方案，其方案内容包括（　　）。(2019 年)

A. 施工方法　　　　B. 施工步骤

C. 施工机械设备的选择　　　　D. 施工顺序

E. 现场平面布置

5. 根据《建设工程工程量清单计价规范》GB 50500，关于分部分项工程量清单的编制，下列说法中正确的有（　　）。(2017 年)

A. 项目编码应按照计算规范附录给定的编码

B. 项目名称应按照计算规范附录给定的名称

C. 项目特征描述应满足确定综合单价的需要

D. 补充项目应有两个或两个以上的计量单位

E. 工程量计算应按一定顺序依次进行

6. 关于招标分部分项工程量清单的项目特征描述，应遵循的编制原则有（　　）。(2016 年)

A. 按专业工程量计算规范附录的规定，结合拟建工程实际描述

B. 其他独有特征，由清单编制人视项目具体情况确定

C. 要满足确定综合单价的需要

D. 应详细描述分部分项工程的施工工艺和方法

E. 对于采用标准图集的项目，可直接描述为“详见××图集”

7. 关于招标工程量清单的编制，下列说法正确的是（　　）。(2015 年)

A. 若采用标准图集能够全部满足项目特征描述的要求，项目特征描述可直接采用“详见××图集”的方式

B. 措施项目清单的编制需考虑工程本身、水文、气象、环境、安全等多种因素

C. 以“项”为计量单位的专业工程暂估价一般应包括管理费、规费、利润、税金等

D. 工程量清单总说明应对工程概况、工程招标及分包范围、工程质量要求等进行描述

E. 工程量清单编制依据包括设计文件、拟定的招标文件、施工现场情况、常规施工方案等

8. 关于工程量清单中的项目特征描述，下列表述正确的是（　　）。(2014年)

A. 应符合工程量计算规范附录的规定

B. 应能满足确定综合单价的需要

C. 不能直接采用“详见××图集”的方式

D. 可以采用文字描述和“详见××图号”的方式

E. 应结合拟建工程的实际

Ⅲ　最高投标限价的编制

(一) 单项选择题

1. 根据《建设工程工程量清单计价规范》GB 50500，招标人在编制最高投标限价时，下列风险因素，应考虑纳入综合单价的是（　　）。(2023年)

A. 人工单价波动风险　　B. 技术复杂项目的管理风险

C. 法律法规变化风险　　D. 税率变化风险

2. 在编制最高投标限价时，对于招标人自行采购材料的，其总承包服务费按招标人提供材料价值的（　　）计算。(2022年)

A. 1%　　B. 1.5%

C. 3%　　D. 5%

3. 关于编制最高投标限价时应注意的问题，下列说法正确的是（　　）。(2022年)

A. 材料价格必须采用工程造价信息平台发布的价格

B. 总价措施项目费应按造价主管部门规定的取费标准取费

C. 施工机械应选择同类机械租赁市场价格最高的机械

D. 竞争性措施项目应在常规的施工组织设计或施工方案基础上编制

4. 关于最高投标限价的公布，下列说法正确的是（　　）。(2021年)

A. 应在发布招标文件时一并发布　　B. 应在开标时公布

C. 应在评标时公布　　D. 不应公布

5. 关于最高投标限价的编制，下列说法正确的是（　　）。(2021年)

A. 不得依据各级建设行政管理部门发布的定额编制

B. 暂估单价的材料费应计入其他项目工程费

C. 采用费率计算的措施项目费应包含规费和税金

D. 综合单价中应考虑一定的材料价格波动风险

6. 关于最高投标限价的编制，下列说法正确的是（　　）。(2020年)

A. 国有企业的建设工程招标可以不编制最高投标限价

B. 在招标文件中可以不公开最高投标限价

C. 最高投标限价与标底的本质是相同的

D. 政府投资的建设工程招标时，应设最高投标限价

7. 依据工程所在地区颁发的计价定额等编制最高投标限价、进行分部分项工程综合

单价组价时，首先应确定的是（　　）。(2019 年)

A. 风险范围与幅度　　B. 工程造价信息确定的人工单价等

C. 定额项目名称及工程量　　D. 管理费率和利润率

8. 关于编制最高投标限价时总承包服务费的可参考标准，下列说法正确的是（　　）。(2019 年)

A. 招标人仅要求对分包的专业工程进行总承包管理和协调时，按分包专业工程估算造价的 0.5%计算

B. 招标人仅要求对分包的专业工程进行总承包管理和协调时，按分包专业工程估算造价的 1%计算

C. 招标人要求对分包的专业工程进行总承包管理和协调，且要求提供配合服务时，按分包专业工程估算造价的 1%~3%计算

D. 招标人要求对分包的专业工程进行总承包管理和协调，且要求提供配合服务时，按分包专业工程估算造价的 3%~5%计算

9. 根据《建设工程工程量清单计价规范》GB 50500，对最高投标限价的相关规定，下列说法正确的是（　　）。(2018 年)

A. 最高投标限价公布后，根据需要可以上浮或下调

B. 招标人可以只公布最高投标限价总价，也可以只公布单价

C. 最高投标限价可以在招标文件中公布，也可以在开标时公布

D. 高于最高投标限价的投标报价应被拒绝

10. 根据《建设工程工程量清单计价规范》GB 50500，关于最高投标限价的编制要求，下列说法中正确的是（　　）。(2017 年)

A. 应依据投标人拟定的施工方案进行编制

B. 应包括招标文件中要求招标人承担风险的费用

C. 应由招标工程量清单编制单位负责编制

D. 应使用行业和地方的计价依据、标准和方法

11. 根据《建设工程工程量清单计价规范》GB 50500，最高投标限价的综合单价组价工作包括：①确定工、料、机单价；②确定所组价子项目名称；③计算组成子项目的合价；④除以工程量清单项目工程量；⑤计算组价子项目工程量，下列工作排序正确的是（　　）。(2017 年)

A. ②⑤①③④　　B. ①②⑤④③

C. ②③①⑤④　　D. ①②③④⑤

12. 关于最高投标限价的相关规定，下列说法中正确的是（　　）。(2016 年)

A. 国有资金投资的工程建设项目，应编制最高投标限价

B. 最高投标限价应在招标文件中公布，仅需公布总价

C. 最高投标限价超过批准概算 3%以内时，招标人不必将其报原概算审批部门审核

D. 当最高投标限价复查结论超过原公布最高投标限价 3%以内时，应责成招标人改正

13. 关于依法必须招标工程的标底和最高投标限价，下列说法中正确的是（　　）。(2016 年)

A. 招标人有权自行决定是否采用设标底招标、无标底招标以及最高投标限价招标

B. 采用设标底招标的，招标人有权决定标底是否在招标文件中公布

C. 采用最高投标限价招标的，招标人应在招标文件中明确最高投标限价，也可以规定最低投标限价

D. 公布最高投标限价时，还应公布各单位工程的分部分项工程费、措施项目费、其他项目费、规费和税金

14. 招标人要求总承包人对专业工程进行统一管理和协调的，总承包人可计取总承包服务费，其取费基数为（　　）。（2016 年）

A. 专业工程估算造价　　B. 投标报价总额

C. 分部分项工程费用　　D. 分部分项工程费与措施项目费之和

15. 关于依法必须招标的工程，下列说法中正确的是（　　）。（2015 年）

A. 国有资金投资的建筑工程招标可不设最高投标限价

B. 招标人可以自行决定是否编制标底，标底必须保密

C. 招标人设有最高投标限价的，应当在开标时公布

D. 招标人也可以根据需要，规定最低投标限价

16. 最高投标限价中暂列金额一般按分部分项工程费的一定比率参考计算，这一比率的范围是（　　）。（2015 年）

A. 3%～5%　　B. 5%～10%

C. 10%～15%　　D. 15%～20%

17. 关于最高投标限价及其编制，下列说法中正确的是（　　）。（2014 年）

A. 招标人不得拒绝高于最高投标限价的投标报价

B. 当重新公布最高投标限价时，原投标截止期不变

C. 经复核认为最高投标限价误差大于±3%时，投标人应责成招标人改正

D. 投标人经复核认为最高投标限价未按规定编制的，应在最高投标限价公布后 5 日内提出投诉

（二）多项选择题

1. 关于工程施工项目最高投标限价编制的注意事项，下列说法正确的有（　　）。（2018 年）

A. 未采用工程造价管理机构发布的工程造价信息时，应予以说明

B. 施工机械设备的选型应本着经济实用、平均有效的原则确定

C. 暂估价中的材料单价应通过市场调查确定

D. 不可竞争措施项目费应按国家有关规定计算

E. 竞争性措施项目费应依据经专家论证确认的施工组织设计或施工方案确定

2. 根据《建设工程工程量清单计价规范》GB 50500，最高投标限价中综合单价应考虑的风险因素包括（　　）。（2015 年）

A. 项目管理的复杂性　　B. 项目的技术难度

C. 人工单价的市场变化　　D. 材料价格的市场风险

E. 税金、规费的政策变化

三、真题解析

Ⅰ 招标文件的组成内容及其编制要求

（一）单项选择题

1. **【答案】** A

【解析】 本题考核最高投标限价的规定。如按照规定应编制最高投标限价的项目，其最高投标限价应在发布招标文件时一并公布。

2. **【答案】** C

【解析】 招标文件的澄清应在规定的投标截止时间 15 天前以书面形式发给所有获取招标文件的投标人，但不指明澄清问题的来源。如果澄清发出的时间距投标截止时间不足 15 天，应相应推迟投标截止时间。

3. **【答案】** D

【解析】 此题考查施工招标文件的编制内容及要求。招标文件的构成中应包括合同条款及格式、工程量清单、图纸、技术标准和要求等，因此选项 A、C 错误；招标文件中提出的各项要求，对整个招标工作乃至发承包双方都具有约束力，因此选项 B 错误；招标人可以对已发出的招标文件进行必要的修改，因此选项 D 正确。

4. **【答案】** C

【解析】 对于招标发包的项目，即以招标投标方式签订的合同，应以中标时确定的金额为签约合同价；对于直接发包的项目，如按初步设计总概算投资包干时，应以经审批的概算投资中与承包内容相对应部分的投资（包括相应的不可预见费）为签约合同价；如按施工图预算包干，则应以审查后的施工图预算或综合预算为签约合同价。因此正确答案为 C。

5. **【答案】** D

【解析】 投标人如有疑问，应在规定的时间前以书面形式要求招标人对招标文件予以澄清，故选项 A 错误。招标文件的澄清将在规定的投标截止时间 15 天前以书面形式发给所有获取招标文件的投标人，但不指明澄清问题的来源，故选项 D 正确。如果澄清发出的时间距投标截止时间不足 15 天，应推迟投标截止时间，故选项 B 错误。招标人要求投标人收到澄清后的确认时间，可以采用一个相对的时间，也可以采用一个绝对的时间，故选项 C 错误。

6. **【答案】** C

【解析】 当进行资格预审时，招标文件中应包括投标邀请书，该邀请书可代替资格预审通知书，以明确投标人已具备了在某具体项目某具体标段的投标资格。

7. **【答案】** B

【解析】 投标人须知总则主要包括项目概况、资金来源和落实情况、招标范围、计划工期和质量要求的描述，对投标人资格要求的规定，对费用承担、保密、语言文字、计量单位等内容的约定，对踏勘现场、投标预备会的要求，以及对分包和偏离问题的处理，故选项 B 正确。

8.【答案】D

【解析】招标人若对已发出的招标文件进行必要的修改，应当在投标截止时间 15 天前发出，招标人可以书面形式修改招标文件，并通知所有已获取招标文件的投标人。

9.【答案】A

【解析】当未进行资格预审时，招标文件中应包括招标公告，其中包括招标文件的获取、投标文件的递交等。

（二）多项选择题

1.【答案】ACD

【解析】施工招标文件包括以下内容：①招标公告（或投标邀请书）。当未进行资格预审时，招标文件中应包括招标公告；当进行资格预审时，招标文件中应包括投标邀请书，该邀请书可代替资格预审通过通知书。②投标人须知（其中要说明评标委员会的组建方法、评标原则和采取的评标办法）。③评标办法。④合同条款及格式。⑤工程量清单。⑥图纸。⑦技术标准和要求。⑧投标文件格式。⑨规定的其他材料。

2.【答案】AB

【解析】选项 B 说法是正确的，但在新版教材中已删除。投标人对招标文件如有疑问，应在规定的时间前以书面形式（包括信函、电报、传真等可以有形地表现所载内容的形式）要求招标人对招标文件予以澄清，故选项 C 错误；按照规定应编制最高投标限价的项目，其最高投标限价也应在发布招标文件时一并公布，故选项 D 错误；采用经评审的最低投标价法或综合评估法时，初步评审的标准和内容是一样的，故选项 E 错误。

Ⅱ　招标工程量清单的编制

（一）单项选择题

1.【答案】A

【解析】本题考核招标工程量清单中分部分项工程项目清单的编制。①关于项目编码，同一招标工程的项目编码不得有重码，即使同一标段工程的项目编码也不得有重码。②在编制工程量清单时，必须对项目特征进行准确和全面的描述，描述原则为：项目特征描述的内容应按附录中的规定，结合拟建工程的实际，满足确定综合单价的需要；若采用标准图集或施工图纸能够全部或部分满足项目特征描述的要求，项目特征描述可直接采用“详见××图集或××图号”的方式，对不能满足项目特征描述要求的部分，仍应用文字描述。选项 B、C 错误。③除另有说明外，所有清单项目的工程量应以实体工程量为准，并以完成后的净值计算；投标人投标报价时，应在单价中考虑施工中的各种损耗和需要增加的工程量，选项 D 错误。

2.【答案】A

【解析】招标工程量清单编制的相关工作步骤为：(1) 首先需进行招标工程量清单编制准备工作，包括：①初步研究；②现场踏勘；③拟订常规施工组织设计。(2) 其次是招标工程量清单中分部分项工程项目清单、措施项目清单、其他项目清单、规费和税金项目清单的正式编制工作，其中分部分项工程项目清单的编制包括项目编码、项目名称、项目特征、计量单位和工程量在内的五项内容。(3) 再次是工程量清单总说明的编制。

(4)最后进行招标工程量清单汇总：在分部分项工程项目清单、措施项目清单、其他项目清单、规费和税金项目清单编制完成以后，经审查复核，与工程量清单封面及总说明汇总并装订，由相关责任人签字和盖章，形成完整的招标工程量清单文件。因此正确的排列顺序为 A。

3. **【答案】** D

【解析】 暂列金额，是指招标人暂定并包括在合同中的一笔款项。用于工程合同签订时尚未确定或者不可预见的所需材料、工程设备、服务的采购，施工中可能发生的工程变更、合同约定调整因素出现时的合同价款调整以及发生的索赔、现场签证确认等费用。此项费用由招标人填写其项目名称、计量单位、暂定金额等，若不能详列，也可只列暂定金额总额。由于暂列金额由招标人支配，实际发生后才得以支付，因此，在确定暂列金额时应根据施工图纸的深度、暂估价设定的水平、合同价款约定调整的因素以及工程实际情况合理确定。一般可按分部分项工程项目费的 10%~15%确定，不包含规费和税金；同时，不同专业预留的暂列金额应分别列项。因此，正确答案为 D。

4. **【答案】** C

【解析】 施工现场操作场地的硬化费用属于文明施工费（见教材中表 1.3.1），因此应列入“总价措施项目清单与计价表”。

5. **【答案】** B

【解析】 此题主要考查建设工程招标工程量清单的编制要求。总承包服务费和暂列金额、暂估价、计日工费用一起构成其他项目费，因此选项 A 错误；分部分项工程项目清单中所列工程量应按专业工程量计算规范规定的工程量计算规则计算，因此选项 B 正确；措施项目清单的设置要考虑拟建工程的施工组织设计、施工技术方案、相关的施工规范与施工验收规范等，因此选项 C 错误；当在拟建工程的施工图纸中有体现，但在专业工程量计算规范附录中没有相对应的项目，并且在附录项目的“项目特征”或“工程内容”中也没有提示时，则必须编制针对这些分项工程的补充项目，因此选项 D 错误。

6. **【答案】** C

【解析】 此题考查建设工程工程量清单的编制内容及要求。招标文件可以由招标人或其委托的咨询机构编制，由招标人发布，因此选项 A 错误；工程量清单编制总说明中包括工程质量、材料、施工等特殊要求，因此选项 B 错误；专业工程暂估价一般应包括除规费、税金以外的管理费、利润等在内的综合暂估价，因此选项 C 正确；规费、税金项目清单应按照规定的内容列项，当出现规范中没有的项目，应根据省级政府或有关部门的规定列项，因此选项 D 错误。

7. **【答案】** C

【解析】 在分部分项工程项目清单中所列出的项目，应是在单位工程的施工过程中以其本身构成该单位工程实体的分项工程，因此选项 A 错误。当在拟建工程的施工图纸中有体现，但在专业工程量计算规范附录中没有相对应的项目，并且在附录项目的“项目特征”或“工程内容”中也没有提示时，则必须编制针对这些分项工程的补充项目，所以选项 B 错误。若采用标准图集或施工图纸能够全部或部分满足项目特征描述的要求，项目特征描述可直接采用“详见××图集”或“详见××图号”的方式；对不能满足项目特征描述要求的部分，仍应用文字描述，故选项 D 错误。

8. 【答案】B

【解析】在确定暂列金额时，应根据施工图纸的深度、暂估价设定的水平、合同价款约定调整的因素以及工程实际情况合理确定。

9. 【答案】C

【解析】暂列金额由招标人填写其项目名称、计量单位、暂定金额等，若不能详列，也可只列暂定金额总额，因此选项 A 和 B 错误。一般可按分部分项工程项目清单的 10%~15%确定暂列金额，不同专业预留的暂列金额应分别列项。

10. 【答案】A

【解析】估算整体工程量时根据概算指标或类似工程进行，且仅对主要项目加以估算即可，如土石方、混凝土等，故选项 A 正确。施工总方案只需对重大问题和关键工艺作原则性的规定，不需考虑施工步骤，故选项 B 错误。施工进度计划要满足合同对工期的要求，在不增加资源的前提下尽量提前，故选项 C 错误。在计算人、材、机资源需要量时，人工工日数量根据估算的工程量、选用的计价依据、拟定的施工总方案、施工方法及要求的工期来确定，并考虑节假日、气候等影响，故选项 D 错误。

11. 【答案】B

【解析】A 选项，工程建设标准的高低、工程的复杂程度、工程的工期长短、工程的组成内容、发包人对工程管理要求等都直接影响到其具体内容。C 选项，以“项”为计量单位给出的专业工程暂估价一般应是综合暂估价，包括除规费、税金以外的管理费、利润等。D 选项，计日工的暂定数量由招标人填写。正确答案为 B。

12. 【答案】D

【解析】用于必须要发生，但暂时不能确定价格的项目为暂估价，故选项 A 错误；暂列金额由发包人支配，实际发生后才得以支付，如有余额归发包人，故选项 B 错误；暂列金额用于工程合同签订时尚未确定或者不可预见的所需材料、工程设备、服务的采购，施工中可能发生的工程变更、合同约定调整因素出现时的合同价款调整以及发生的索赔、现场签证确认等的费用，故选项 C 错误；正确答案为 D。

13. 【答案】C

【解析】工程量清单编制总说明的组成内容：①工程概况；②工程招标及分包范围；③工程量清单编制依据；④工程质量、材料、施工等的特殊要求组成；⑤其他需要说明的事项。工程概况中要对建设规模、工程特征、计划工期、施工现场实际情况、自然地理条件、环境保护要求等进行描述，其中建设规模是指建筑面积；工程特征应说明基础及结构类型、建筑层数、高度、门窗类型及各部位装饰、装修做法；计划工期是根据工程实际需要而安排的施工天数；施工现场实际情况是指施工场地的地表状况；自然地理条件是指建筑场地所处地理位置的气候及交通运输条件；环境保护要求是针对施工噪声及材料运输可能对周围环境造成的影响和污染所提出的防护要求。因此选项 ABD 错误。

14. 【答案】A

【解析】施工总方案只需对重大问题和关键工艺进行原则性的规定，不需考虑施工步骤。

15. 【答案】A

【解析】分部分项工程项目清单编制时，招标人负责包括项目编码、项目名称、项目特征、计量单位和工程量在内的五项内容，故选项 A 错误。在分部分项工程项目清单中所列出的项目，应是在单位工程的施工过程中以其本身构成该单位工程实体的分项工程。当附录中有两个或两个以上计量单位时，应结合拟建工程项目的实际，选择其中一个确定。

16. 【答案】B

【解析】招标工程量清单编制的依据包括：①《建设工程工程量清单计价规范》GB 50500 以及各专业工程量计算规范等。②国家或省级、行业建设主管部门颁发的计价依据、标准和办法。③建设工程设计文件及相关资料。④与建设工程有关的标准、规范、技术资料。⑤拟定的招标文件。⑥施工现场情况、地勘水文资料、工程特点及常规施工方案。⑦其他相关资料。

17. 【答案】A

【解析】估算整体工程量时，根据概算指标或类似工程进行，且仅对主要项目加以估算即可，如土石方、混凝土等，故选项 A 正确。施工总方案只需对重大问题和关键工艺作原则性的规定，不需考虑施工步骤，故选项 B 错误。拟定常规施工方案时，需要计算人、材、机资源需要量，人工工日数量根据估算的工程量、选用的计价依据、拟定的施工总方案、施工方法及要求的工期来确定，并考虑节假日、气候等的影响，故选项 CD 错误。

18. 【答案】A

【解析】现浇构件中固定位置的支撑钢筋、双层钢筋用的“铁马”在编制工程量清单时，如果设计未明确，其工程数量可为暂估量，结算时按现场签证数量计算。

（二）多项选择题

1. 【答案】ABDE

【解析】本题考核招标人编制招标工程量清单的准备工作。清单编制的准备工作包括初步研究、现场踏勘和拟定常规施工组织设计，具体地，（1）初步研究，主要包括：①熟悉专业工程量计算规范、当地计价规定等；熟悉设计文件，便于清单项目列项的完整、工程量的准确计算及清单项目的准确描述，对设计文件中出现的问题应及时提出。②熟悉招标文件、招标图纸，确定工程量清单编制的范围及需要设定的暂估价；收集相关市场价格信息，为暂估价的确定提供依据。③对现行清单计价规范缺项的新材料、新技术、新工艺，收集足够的基础资料，为补充项目的制定提供依据。故选项 A 正确。（2）现场踏勘，包括地形地貌、气象水文、地质情况等自然地理条件和施工现场相关的道路交通、给水排水、供电、通信线路以及当地政府有关部门对施工现场管理的要求等施工条件，故选项 B、E 正确。（3）拟订常规施工组织设计，包括估算整体工程量，拟定施工总方案（只需对重大问题和关键工艺作原则性的规定，不需考虑施工步骤），编制施工进度计划，计算人、材、机资源需要量，施工平面布置等工作，故选项 C 错误，选项 D 正确。

2. 【答案】ABDE

【解析】工程量清单编制总说明包括以下内容：（1）工程概况。工程概况中要对建设规模（建筑面积）、工程特征（基础及结构类型、建筑层数、高度、门窗类型及各部位装饰、装修做法）、计划工期、施工现场实际情况（施工场地的地表状况）、自然地理条件

(建筑场地所处地理位置的气候及交通运输条件)、环境保护要求（针对施工噪声及材料运输可能对周围环境造成的影响和污染所提出的防护要求）等做出描述，故选项 AB 正确。(2) 工程招标及分包范围。(3) 工程量清单编制依据。(4) 工程质量、材料、施工等的特殊要求。故选项 DE 正确。

3.【答案】ABCD

【解析】此题主要考查其他项目清单的编制内容。其他项目清单包括暂列金额、暂估价(包括材料暂估单价、工程设备暂估单价、专业工程暂估价)、计日工和总承包服务费。

4.【答案】ACE

【解析】施工总方案只需对重大问题和关键工艺作原则性的规定，不需考虑施工步骤，主要包括：施工方法、施工机械设备的选择、科学的施工组织、合理的施工进度、现场的平面布置及各种技术措施。因此正确答案为 ACE。

5.【答案】CE

【解析】关于选项 A，分部分项工程量清单的项目编码，应根据拟建工程的工程量清单项目名称设置。关于选项 B，分部分项工程量清单的项目名称应按专业工程量计算规范附录的项目名称结合拟建工程的实际确定。关于选项 D，当附录中有两个或两个以上计量单位时，应结合拟建工程项目的实际选择其中一个确定。项目特征描述的内容应按附录中的规定，结合拟建工程的实际，满足确定综合单价的需要，故选项 C 正确。工程量的计算必须依据一定的计算原则及方法：计算口径一致、按工程量计算规则计算、按图纸计算、按一定顺序计算，故选项 E 正确。

6.【答案】ACE

【解析】为达到规范、简洁、准确、全面描述项目特征的要求，在描述工程量清单项目特征时，应按以下原则进行：①项目特征描述的内容应按附录中的规定，结合拟建工程的实际，满足确定综合单价的需要；②若采用标准图集或施工图纸能够全部或部分满足项目特征描述的要求，项目特征描述可直接采用“详见××图集”或“详见××图号”的方式。对不能满足项目特征描述要求的部分，仍应用文字描述。因此正确答案为 ACE。

7.【答案】ABDE

【解析】专业工程暂估价一般应是综合暂估价，包括除规费、税金以外的管理费、利润等，因此选项 C 错误。采用标准图集或施工图纸能够全部或部分满足项目特征描述的要求，项目特征描述可直接采用“详见××图集”或“详见××图号”的方式。对不能满足项目特征描述要求的部分，仍应用文字描述。措施项目清单的编制需考虑多种因素，除工程本身的因素外，还涉及水文、气象、环境、安全等因素。工程量清单总说明应对工程概况、工程招标及分包范围、工程量清单编制依据、工程质量、材料、施工等特殊要求等进行描述。工程量清单编制依据包括国家或省级、行业建设主管部门颁发的计价依据、标准和办法、设计文件、拟定的招标文件、施工现场情况、地勘水文资料、常规施工方案等。因此选项 ABDE 说法正确。

8.【答案】ABDE

【解析】为达到规范、简洁、准确、全面描述项目特征的要求，在描述工程量清单项目特征时应按以下原则进行：①项目特征描述的内容应按附录中的规定，结合拟建工程的实际，满足确定综合单价的需要；②若采用标准图集或施工图纸能够全部或部分满足项目特征描述的要求，项目特征描述可直接采用“详见××图集”或“详见××图号”的方式。对不能满足项目特征描述要求的部分，仍应用文字描述。因此正确答案为ABDE。

Ⅲ 最高投标限价的编制

（一）单项选择题

1. **【答案】** B

【解析】 本题考核最高投标限价中包含的风险。最高投标限价综合单价中应包括招标文件中要求投标人所承担的风险内容及其范围（幅度）产生的风险费用，具体地，①对于技术复杂项目的管理风险，工程设备、材料价格等投标人承担的市场风险，可考虑一定的风险费用，并纳入综合单价中；②人工单价等风险费用，税金、规费等法律、法规、规章和政策变化的风险不应纳入综合单价。

2. **【答案】** A

【解析】 总承包服务费应按照省级或行业建设主管部门的规定计算，在计算时可参考以下标准：①招标人仅要求对分包的专业工程进行总承包管理和协调时，按分包的专业工程估算造价的1.5%计算。②招标人要求对分包的专业工程进行总承包管理和协调，并同时要求提供配合服务时，根据招标文件中列出的配合服务内容和提出的要求，按分包的专业工程估算造价的3%~5%计算。③招标人自行供应材料的，按招标人供应材料价值的1%计算。

3. **【答案】** D

【解析】 编制最高投标限价时应注意：

（1）采用的材料价格应是通过工程造价信息平台发布的材料价格，工程造价信息未发布材料单价的，其材料价格应通过市场调查确定。另外，未采用发布的工程造价信息时，需在招标文件或答疑补充文件中对最高投标限价采用的与造价信息不一致的市场价格予以说明，采用的市场价格应通过调查、分析确定，并有可靠的信息来源，因此选项A错误。

（2）施工机械设备的选型直接关系到综合单价水平，应根据工程项目特点和施工条件，本着经济实用、先进高效的原则确定，因此选项C错误。

（3）不可竞争的措施项目和规费、税金等费用的计算均属于强制性的条款，编制最高投标限价时应按国家有关规定计算，因此选项B错误。

（4）不同工程项目、不同投标人会有不同的施工组织方法，所发生的措施费也会有所不同，因此，对于竞争性的措施费用的确定，招标人应首先编制常规的施工组织设计或施工方案，然后经科学论证后再合理确定措施项目与费用，因此选项D正确。

4. **【答案】** A

【解析】 最高投标限价应当依据工程量清单、工程计价有关规定和市场价格信息等编制，并不得上浮或下调。招标人应当在招标文件中公布最高投标限价的总价，以及各单位工程的分部分项工程费、措施项目费、其他项目费、规费和税金。

5. **【答案】** D

【解析】 为使最高投标限价与投标报价所包含的内容一致，综合单价中应包括招标文件中要求投标人所承担的风险内容及其范围（幅度）产生的风险费用。对于技术难度较大和管理复杂的项目，可考虑一定的风险费用，并纳入综合单价中。

6.【答案】D

【解析】此题主要考查最高投标限价的编制原则与依据。国有资金投资的工程建设项目应实行工程量清单招标，招标人应编制最高投标限价，招标人应当在招标文件中公布最高投标限价的总价，以及各单位工程的分部分项工程费、措施项目费、其他项目费、规费和税金，因此正确答案为D。

7.【答案】C

【解析】分部分项工程综合单价的组价过程：首先，依据提供的工程量清单和施工图纸，确定清单计量单位所组价的子项目名称，并计算出相应的工程量；其次，依据工程造价政策规定或信息价确定其对应组价子项的人工、材料、施工机具台班单价；再则，在考虑风险因素确定管理费率和利润率的基础上，按规定程序计算出所组价子项的合价；最后，将若干项所组价的子项合价相加并考虑未计价材料费除以工程量清单项目工程量，便得到工程量清单项目综合单价，对于未计价材料费（包括暂估单价的材料费），应计入综合单价。选项C在新版教材中已改为“清单计量单位所组价的子项目名称及工程量”。

8.【答案】D

【解析】总承包服务费应按照省级或行业建设主管部门的规定计算，在计算时可参考以下标准：①招标人仅要求对分包的专业工程进行总承包管理和协调时，按分包的专业工程估算造价的1.5%计算。②招标人要求对分包的专业工程进行总承包管理和协调，并同时要求提供配合服务时，按分包的专业工程估算造价的3%~5%计算。③招标人自行供应材料的，按招标人供应材料价值的1%计算。

9.【答案】D

【解析】最高投标限价应当依据工程量清单、工程计价有关规定和市场价格信息等编制，并不得进行上浮或下调，故选项A错误。招标人应当在招标文件中公布最高投标限价的总价，以及各单位工程的分部分项工程费、措施项目费、其他项目费、规费和税金，因此选项B和C错误。投标人的投标报价若超过公布的最高投标限价，则其投标应被否决，因此正确答案为D。

10.【答案】D

【解析】A选项，最高投标限价应当依据工程量清单、工程计价有关规定和市场价格信息等编制。B选项，最高投标限价应包括招标文件中要求投标人所承担的风险内容及其范围（幅度）产生的风险费用。C选项，最高投标限价应由具有编制能力的招标人或受其委托、具有相应资质的工程造价咨询人编制。选项D中所提行业和地方的计价依据、标准和方法为最高投标限价的编制依据。

11.【答案】A

【解析】分部分项工程综合单价的组价过程：首先，依据提供的工程量清单和施工图纸，确定清单计量单位所组价的子项目名称，并计算出相应的工程量；其次，依据工程造价政策规定或信息价确定其对应组价子项的人工、材料、施工机具台班单价；再则，在考虑风险因素确定管理费率和利润率的基础上，按规定程序计算出所组价子项的合价；

最后，将若干项所组价的子项合价相加并考虑未计价材料费除以工程量清单项目工程量，便得到工程量清单项目综合单价，对于未计价材料费（包括暂估单价的材料费），应计入综合单价。因此正确答案为A。

12. 【答案】A

【解析】国有资金投资的工程建设项目应实行工程量清单招标，招标人应编制最高投标限价，故选项A正确；最高投标限价应在招标文件中公布，在公布最高投标限价时，除公布最高投标限价的总价外，还应公布各单位工程的分部分项工程费、措施项目费、其他项目费、规费和税金，故选项B错误；最高投标限价超过批准的概算时，招标人应将其报原概算审批部门审核，故选项C错误；当最高投标限价复查结论与原公布的最高投标限价误差大于±3%时，应责成招标人改正，故D错误。

13. 【答案】D

【解析】国有资金投资的建筑工程招标，应当设有最高投标限价；非国有资金投资的建筑工程招标，可以设有最高投标限价或者招标标底。《中华人民共和国招标投标法实施条例》（简称《招标投标法实施条例》）规定，招标人可以自行决定是否编制标底，一个招标项目只能有一个标底，标底必须保密。招标人设有最高投标限价的，应当在招标文件中明确最高投标限价（或者最高投标限价的计算方法），招标人不得规定最低投标限价。因此选项ABC错误。

14. 【答案】A

【解析】招标人要求总承包人对专业工程进行统一管理和协调的，总承包人可计取总承包服务费，其中：①招标人仅要求对分包的专业工程进行总承包管理和协调时，按分包的专业工程估算造价的1.5%计算。②招标人要求对分包的专业工程进行总承包管理和协调，并同时要求提供配合服务时，按分包的专业工程估算造价的3%~5%计算。

15. 【答案】B

【解析】国有资金投资的建筑工程招标，应当设有最高投标限价，选项A错误。招标人可以自行决定是否编制标底，一个招标项目只能有一个标底，标底必须保密，选项B正确。招标人应当在招标文件中公布最高投标限价的总价，以及各单位工程的分部分项工程费、措施项目费、其他项目费、规费和税金，因此选项C错误。招标人不得规定最低投标限价，因此选项D错误。

16. 【答案】C

【解析】暂列金额由招标人根据工程特点、工期长短，按有关计价规定进行估算，一般可以按分部分项工程费的10%~15%作为参考。

17. 【答案】D

【解析】国有资金投资的工程建设项目应实行工程量清单招标，招标人应编制最高投标限价，并应当拒绝高于最高投标限价的投标报价，因此选项A错误。当重新公布最高投标限价时，若重新公布之日起至原投标截止期不足15天的应延长投标截止期，因此选项B错误。当最高投标限价复查结论与原公布的最高投标限价误差大于±3%时，工程造价管理机构应责成招标人改正，因此选项C错误。投标人经复核认为招标人公布的最高投标限价未按照规定进行编制的，应在最高投标限价公布后5天内向招标投标监督机构和工程造价管理机构投诉，因此选项 D 正确。

（二）多项选择题

1. **【答案】** ADE

【解析】 施工机械设备的选型直接关系到综合单价水平，应根据工程项目特点和施工条件，本着经济实用、先进高效的原则确定，因此选项 B 错误。暂估价中的材料单价应按照工程造价管理机构发布的工程造价信息中的材料单价计算，工程造价信息未发布的材料单价，其单价参考市场价格估算，故选项 C 错误。未采用发布的工程造价信息时，需在招标文件或答疑补充文件中对最高投标限价采用的与造价信息不一致的市场价格予以说明，采用的市场价格则应通过调查、分析确定，有可靠的信息来源。不可竞争的措施项目和规费、税金等费用的计算均属于强制性的条款，编制最高投标限价时，应按国家有关规定计算。不同工程项目、不同投标人会有不同的施工组织方法，所发生的措施费也会有所不同，因此，对于竞争性的措施费用的确定，招标人应首先编制常规的施工组织设计或施工方案，然后经科学论证后再合理确定措施项目与费用。因此选项 ADE 的说法是正确的。

2. **【答案】** ABD

【解析】 为使最高投标限价与投标报价所包含的内容一致，综合单价中应包括招标文件中要求投标人所承担的风险内容及其范围（幅度）产生的风险费用。①对于技术难度较大和管理复杂的项目，可考虑一定的风险费用，并纳入综合单价中。②对于工程设备、材料价格的市场风险，应依据招标文件的规定、工程所在地或行业工程造价管理机构的有关规定，以及市场价格趋势考虑一定率值的风险费用，纳入综合单价中。③税金、规费等法律、法规、规章和政策变化的风险和人工单价等风险费用不应纳入综合单价。因此正确答案为 ABD。

第二节　投标报价的编制

一、名师考点

参见表 4-3。

表 4-3　投标报价的编制考点

教材点		知识点
一	投标报价前期工作	投标报价编制流程；研究招标文件和调查工程现场的内容
二	询价与工程量复核	生产要素询价的内容；复核工程量的注意事项
三	投标报价的编制原则与依据	投标报价编制原则和依据
四	投标报价的编制方法和内容	确定综合单价时的注意事项和风险分担方案； 综合单价确定的步骤和方法； 总价措施项目投标报价原则、其他项目费的编制等
五	编制投标文件	投标文件的内容；投标文件编制时应遵循的规定；投标文件递交的相关规定；对投标行为的限制性规定

二、真题回顾

Ⅰ 投标报价前期工作

（一）单项选择题

1. 投标人编制投标报价前需仔细研究招标文件，因下列选项而可能直接影响报价的完整性的是（　　）。(2021 年)

A. 忽视对监理方式的了解

B. 忽视对工程变更合同条款的分析

C. 忽视合同条款中有无工期奖罚的规定

D. 忽视技术标准的要求

2. 关于建设工程投标报价的编制，下列说法正确的是（　　）。(2020 年)

A. 可不考虑拟定合同中的工程变更条款

B. 应仔细研究招标文件中给定的工程技术标准

C. 可不考虑施工现场用地情况

D. 不必关注工程所在地气象资料

3. 投标人在进行建设工程投标报价时，下列事项中应重点关注的是（　　）。(2020 年)

A. 施工现场市政设施条件　　B. 商务经理的业务能力

C. 招标人的组织架构　　D. 暂列金额的准确性

4. 施工投标报价工作包括：①工程现场调查；②组建投标报价班子；③确定基础标价；④制订项目管理规划；⑤复核清单工程量。下列工作排序正确的是（　　）。(2018 年)

A. ①④②③⑤　　B. ②③④①⑤

C. ①②③④⑤　　D. ②①⑤④③

5. 施工项目投标报价的工作包括：①收集投标信息；②选择报价策略；③组建投标班子；④确定基础标价；⑤确定投标报价；⑥研究招标文件。以上工作正确的先后顺序是（　　）。(2016 年)

A. ⑥①③②④⑤　　B. ③⑥①④②⑤

C. ③①⑥②④⑤　　D. ⑥③①④②⑤

6. 投标人在投标前期研究招标文件时，对合同形式进行分析的主要内容为（　　）。(2016 年)

A. 承包商任务　　B. 计价方式

C. 付款办法　　D. 合同价款调整

7. 施工投标报价的主要工作有：①复核工程量；②研究招标文件；③确定基础标价；④编制投标文件。其正确的工作流程是（　　）。(2014 年)

A. ①②③④　　B. ②④①③

C. ①②④③　　D. ②①③④

（二）多项选择题

暂无真题。

Ⅱ　询价与工程量复核

（一）单项选择题

1. 关于投标人在投标报价前对招标工程量清单中工程量的复核，下列说法正确的是（　　）。(2023 年)

A. 工程量的复核结果影响投标策略

B. 复核工程量的目的是修改工程量清单

C. 发现工程量有错误应立即向招标人提出修改意见

D. 应重点复核计日工数量

2. 投标人复核招标工程量清单时发现了遗漏，是否向招标人提出修改意见取决于（　　）。(2019 年)

A. 招标文件规定是否允许提出增补

B. 遗漏工程量的大小

C. 投标人的投标策略

D. 遗漏项目是否在工程量计算规范附录中有列项

3. 相较于在劳务市场招募零散劳动力，承包人选用成建制的劳务公司具有（　　）的特点。(2018 年)

A. 价格低，管理强度低　　B. 价格高，管理强度低

C. 价格低，管理强度高　　D. 价格高，管理强度高

4. 关于工程施工投标报价过程中工程量的复核，下列说法正确的是（　　）。(2018 年)

A. 复核的准确程度不会影响施工方法的选用

B. 复核的目的在于修改工程量清单中的工程量

C. 复核有助于防止由于物资少购带来的停工待料

D. 复核中发现的遗漏和错误须向招标人提出

5. 投标人为使报价具有竞争力，下列有关生产要素询价的做法中，正确的是（　　）。(2014 年)

A. 在通过资格预审前进行询价　　B. 尽量向咨询公司进行询价

C. 不论何时何地尽量使用自有机械　　D. 劳务市场招募零散工有利于管理

（二）多项选择题

1. 投标人对招标工程量清单中工程量复核的目的在于（　　）。(2021 年)

A. 据此选择投标策略　　B. 据此修改招标工程量清单

C. 据此采取合适的施工方法　　D. 据此确定采购物资的数量

E. 据此确定基础标价

2. 投标报价的分包询价，投标人应注意的问题有（　　）。(2019 年)

A. 分包标函是否完整　　B. 分包工程单价所包含的内容

C. 分包人是否拥有专用施工机具　　D. 分包人可信赖程度

E. 分包人的质量保证措施

3. 关于施工投标报价中对工程量的复核，下列说法中正确的有（　　）。(2017 年)

A. 投标人应逐项计算工程量，复核工程量清单

B. 投标人应修改错误的工程量，并通知招标人

C. 投标人可以不向招标人提出复核工程量中发现的遗漏

D. 投标人可以通过复核防止由于订货超量带来的浪费

E. 投标人应根据复核工程量的结果选择适用的施工设备

4. 复核工程量是投标人编制投标报价前的一项重要工作。通过复核工程量，便于投标人（　　）。(2015 年)

A. 决定报价尺度
B. 采取合适的施工方法
C. 选用合适的施工机具
D. 决定投入劳动力数量
E. 选用合适的承包方式

Ⅲ　投标报价的编制原则与依据

（一）单项选择题

1. 关于投标报价与最高投标限价编制的相同之处，下列说法正确的是（　　）。(2022 年)

A. 采用相同的工料机消耗量
B. 采用相同的规费和利润标准
C. 考虑相同的风险因素
D. 基于相同的施工方案

2. 投标人在投标报价时，应优先被采用为综合单价编制依据的是（　　）。(2016 年)

A. 企业定额
B. 地区定额
C. 行业定额
D. 国家定额

（二）多项选择题

暂无真题。

Ⅳ　投标报价的编制方法和内容

（一）单项选择题

1. 下列关于招标工程量清单中的事项，投标人在工程投标报价时应重点关注的是（　　）。(2023 年)

A. 暂列金额的合理性
B. 材料暂估价与市场价的差异
C. 计日工暂估数量的合理性
D. 总承包服务费的服务内容

2. 某项目拟采用工程量清单招标签订单价合同，关于该工程投标综合单价的编制，下列说法正确的是（　　）。(2022 年)

A. 应以招标工程量清单特征描述为准，即使其与图纸不符

B. 不应计入已列出暂估价的材料价格

C. 一般不考虑工程设备的价格风险

D. 应考虑±10%以内的材料价格、施工机具使用费风险

3. 根据现行工程量清单计价规范，投标人应按招标文件提供金额编制报价的项目是（　　）。(2022 年)

A. 安全文明施工费
B. 暂列金额

C. 计日工 D. 规费

4. 下列清单项目中，投标人不得自主报价的是（ ）。(2021 年)

A. 总价措施项目 B. 总承包服务费

C. 专业工程暂估价 D. 计日工

5. 某分项工程招标工程量清单数量为 $1000m^3$，该分项工程的主要材料是××材料，××材料在招标人提供的其他项目清单中的暂估价为 100 元/m^3。已知投标人的企业定额中，每 $100m^3$ 分项工程的××材料消耗量为 $102m^2$。投标人调查的××材料市场价为 110 元/m^2，则投标人用企业定额编制的该分项工程的工程量清单综合单价分析表中，计列的××材料暂估合价为（ ）。(2021 年)

A. 100 元 B. 102 元

C. 10.2 万元 D. 11.22 万元

6. 在投标报价确定分部分项工程综合单价时，应根据所选的计算基础计算工程内容的工程数量，该数量应为（ ）。(2019 年)

A. 实物工程量 B. 施工工程量

C. 企业定额工程量 D. 复核的清单工程量

7. 投标报价时，投标人需严格按照招标人所列的项目明细进行自主报价的是（ ）。(2019 年)

A. 总价措施项目 B. 专业工程暂估价

C. 计日工 D. 规费

8. 招标工程量清单中某分部分项工程量清单子目与单一企业定额子目的工作内容与计算规则一致，则确定该清单项目综合单价不可或缺的工作是（ ）。(2018 年)

A. 计算工程内容的工程数量 B. 计算工程内容的清单单位含量

C. 计算措施项目的费用 D. 计算管理费、利润和风险费用

9. 根据《建设工程工程量清单计价规范》GB 50500，在招标文件中未另有要求的情况下，投标报价的综合单价一般要考虑的风险因素是（ ）。(2017 年)

A. 政策法规的变化 B. 人工单价的市场变化

C. 政府定价材料的价格变化 D. 管理费、利润的风险

10. 施工招标工程量清单中，应由投标人自主报价的其他项目是（ ）。(2017 年)

A. 专业工程暂估价 B. 暂列金额

C. 工程设备暂估价 D. 计日工单价

11. 根据《建设工程工程量清单计价规范》GB 50500，关于施工发承包投标报价的编制，下列做法正确的是（ ）。(2017 年)

A. 设计图纸与招标工程量清单项目特征描述不同的，以设计图纸特征为准

B. 暂列金额应按照招标工程量清单中列出的金额填写，不得变动

C. 材料、工程设备暂估价应按暂估单价乘以所需数量后计入其他项目费

D. 总承包服务费应按照投标人提出的协调、配合和服务项目自主报价

12. 根据《建设工程工程量清单计价规范》GB 50500，允许投标人根据具体情况对招标工程量清单进行修正或增加的内容是（ ）。(2016 年)

A. 分部分项工程量清单　　B. 措施项目清单

C. 暂列金额　　D. 计日工

13. 关于投标报价时综合单价的确定，下列做法中正确的是（　　）。(2015 年)

A. 以项目特征描述为依据，确定综合单价

B. 招标工程量清单特征描述与设计图纸不符时，应以设计图纸为准

C. 应考虑招标文件规定范围（幅度）外的风险费用

D. 消耗量指标的计算应以地区或行业计价依据和计价标准为依据

14. 关于投标报价，下列说法中正确的是（　　）。(2015 年)

A. 总价措施项目由投标人自主报价

B. 暂列金额依据招标工程量清单总说明，结合项目管理规划自主填报

C. 暂估价依据询价情况填报

D. 投标人对投标报价的任何优惠均应反映在相应的清单项目的综合单价中

15. 关于工程量清单方式招标中，工程合同价格风险及风险分担，下列说法中正确的是（　　）。(2014 年)

A. 当出现的风险内容及幅度在招标文件规定的范围内时，综合单价不变

B. 市场价格波动导致施工机具使用费发生变化时，承包人只承担 5%以内的价格风险

C. 人工费变化发生的风险全部由发包人承担

D. 承包人管理费的风险一般由发承包双方共同承担

16. 对于其他项目中的计日工，投标人正确的报价方式是（　　）。(2014 年)

A. 按政策规定标准估算报价　　B. 按招标文件提供的金额报价

C. 自主报价　　D. 待签证时报价

（二）多项选择题

1. 投标人在确定综合单价时，需要注意的事项有（　　）。(2020 年)

A. 清单项目特征描述　　B. 清单项目的编码顺序

C. 材料暂估价的处理　　D. 材料、设备市场价格的变化风险

E. 税金、规费的变化风险

2. 根据《建设工程工程量清单计价规范》GB 50500，关于投标文件措施项目计价表的编制，下列说法正确的有（　　）。(2018 年)

A. 单价措施项目计价表应采用综合单价方式计价

B. 总价措施项目计价表应包含规费和建筑业增值税

C. 不能精确计量的措施项目应编制总价措施项目计价表

D. 总价措施项目的内容确定与招标人拟定的措施清单无关

E. 总价措施项目的内容确定与投标人投标时拟定的施工组织设计无关

V　编制投标文件

（一）单项选择题

1. 某招标项目估算价为 2000 万元，根据《招标投标法》的规定，该项目最高投标保证金为（　　）。(2023 年)

A. 20 万元　　B. 30 万元

C. 40 万元　　D. 50 万元

2. 关于施工总承包建设工程投标文件的内容，下列说法正确的是（　　）。(2020 年)

A. 不包括施工组织设计

B. 应提供投标人的法定代表人身份证明或附有法定代表人身份证明的授权委托书

C. 应包括深化设计图纸

D. 不包括拟分包项目情况表

3. 关于联合体投标需遵循的规定，下列说法中正确的是（　　）。(2017 年)

A. 联合体各方签订共同投标协议后，可再以自己名义单独投标

B. 资格预审后联合体增减、更换成员的，其投标有效性待定

C. 由同一专业的单位组成的联合体，按其中较高资质确定联合体资质等级

D. 联合体投标的，可以联合体牵头人的名义提交投标保证金

4. 下列情形中，不属于投标人串通投标的是（　　）。(2014 年)

A. 投标人 A 与 B 的项目经理为同一人

B. 投标人 C 与 D 的投标文件相互混装

C. 投标人 E 和 F 在同一时刻提前递交投标文件

D. 投标人 G 与 H 作为暗标的技术标由同一人编制

(二) 多项选择题

1. 关于投标有效期的确定，下列说法正确的有（　　）。(2023 年)

A. 从招标文件开始发出之日起算

B. 应考虑资格预审的时间

C. 应考虑评标需要的时间

D. 应考虑确定中标人需要的时间

E. 应考虑签订合同需要的时间

2. 下列投标人的行为，属于投标人相互串通投标的有（　　）。(2022 年)

A. 不同投标人之间约定中标人

B. 不同投标人的投标文件相互混装

C. 投标人之间约定部分投标人放弃投标

D. 不同投标人委托同一单位办理投标事宜

E. 不同投标人的投标文件异常一致

3. 投标人在递交投标文件后，其投标保证金按规定不予退还的情形有（　　）。(2018 年)

A. 投标人在投标有效期内撤销投标文件的

B. 投标人拒绝延长投标有效期的

C. 投标人在投标截止日前修改投标文件的

D. 中标后无故拒签合同协议书的

E. 中标后未按招标文件规定提交履约担保的

4. 根据我国现行施工招标投标管理规定，投标有效期的确定一般应考虑的因素有

（　　）。（2017 年）

A. 投标报价需要的时间

B. 组织评标需要的时间

C. 确定中标人需要的时间

D. 签订合同需要的时间

E. 提交履约保证金需要的时间

5. 投标文件应当对招标文件作出实质性响应的内容有（　　）。（2016 年）

A. 报价　　B. 工期

C. 投标有效期　　D. 质量要求

E. 招标范围

6. 关于联合体投标，下列说法正确的有（　　）。（2014 年）

A. 联合体各方应当指定牵头人

B. 各方签订共同投标协议后，不得再以自己的名义在同一项目单独投标

C. 联合体投标应当向招标人提交由所有联合体成员法定代表人签署的授权书

D. 同一专业的单位组成联合体，资质等级就低不就高

E. 提交投标保证金必须由牵头人实施

三、真题解析

Ⅰ　投标报价前期工作

（一）单项选择题

1. **【答案】** D

【解析】 工程技术标准是按工程类型来描述工程技术和工艺内容特点，如对设备、材料、施工和安装方法等所规定的技术要求，以及对工程质量进行检验、试验和验收所规定的方法和要求。它们与工程量清单中各子项工作密不可分，报价人员应在准确理解招标人要求的基础上对有关工程内容进行报价。任何忽视技术标准的报价都是不完整、不可靠的，有时可能导致工程承包重大失误和亏损。

2. **【答案】** B

【解析】 此题主要考查投标报价的前期工作。投标人取得招标文件后，为保证工程量清单报价的合理性，应对投标人须知、合同条件（包括工程变更条款等）、技术规范、图纸和工程量清单等重点内容进行分析，深刻而正确地理解招标文件的要求和招标人的意图，并进行工程现场的调查，包括自然条件调查（气象资料、水文资料、地震、洪水及其他自然灾害情况、地质情况等）、施工条件调查（包含施工现场用地情况等）、其他条件调查等。因此选项 ACD 错误，选项 B 正确。

3. **【答案】** A

【解析】 此题主要考查投标报价前期工作中对工程现场的调查。在进行建设工程投标报价时，投标人对一般区域调查重点应包括自然条件调查、施工条件调查、其他条件调查等，施工现场市政设施条件属于施工条件范畴，故选项 A 正确。

4. 【答案】D

【解析】整个投标过程需遵循一定的程序进行，见教材图 4. 2. 1。

5. 【答案】B

【解析】整个投标过程需遵循一定的程序进行，见教材图 4. 2. 1。

6. 【答案】B

【解析】合同形式主要分析承包方式（如分项承包、施工承包、设计与施工总承包和管理承包等）与计价方式（如单价方式、总价方式、成本加酬金方式等）。故选项 B 正确。选项 ACD 均属于合同条款分析的内容。

7. 【答案】D

【解析】整个投标过程需遵循一定的程序进行，见教材图 4. 2. 1。

（二）多项选择题

暂无真题。

Ⅱ　询价与工程量复核

（一）单项选择题

1. 【答案】A

【解析】本题考核投标报价流程中对工程量的复核。①复核工程量的准确程度，一方面影响相应的投标策略，决定报价裕度；另一方面，工程量的大小会影响施工方法、施工机具设备、劳动力数量等的投入和选用，还能准确地确定订货及采购物资的数量，选项 A 正确。②复核工程量的目的不是修改工程量清单，即使有误，投标人也不能修改招标工程量清单中的工程量。③针对招标工程量清单中工程量的遗漏或错误，是否向招标人提出修改意见取决于投标策略。④进行工程量复核时，重点复核主要清单工程量，选项 D 错误。

2. 【答案】C

【解析】针对招标工程量清单中工程量的遗漏或错误，是否向招标人提出修改意见取决于投标策略。

3. 【答案】B

【解析】成建制的劳务公司，相当于劳务分包，一般费用较高，但素质较可靠，工效较高，承包商的管理工作较轻，因此正确答案为 B。

4. 【答案】C

【解析】根据工程量的大小采取合适的施工方法，故选项 A 错误。复核工程量的目的不是修改工程量清单，即使有误，投标人也不能修改招标工程量清单中的工程量，选项 B 错误。通过工程量计算复核还能准确地确定订货及采购物资的数量，防止由于超量或少购等带来的浪费、积压或停工待料，选项 C 正确。针对招标工程量清单中工程量的遗漏或错误，是否向招标人提出修改意见取决于投标策略，因此选项 D 错误。

5. 【答案】B

【解析】投标人在通过资格预审后组建投标报价班子进行询价，故选项 A 错误。在外地施工需用的施工机具，有时在当地租赁或采购可能更为有利，故选项 C 错误。劳务市场招募零散劳动力，这种方式虽然劳务价格低廉，但有时素质达不到要求或工效较低，且承包商的管理工作较繁重，故选项 D 错误。虽然通过咨询公司所得到的询价资料比较可靠，但选项 B 说得过于绝对，不过此题只能选择该选项。

（二）多项选择题

1.【答案】ACD

【解析】复核工程量的准确程度，将影响承包人的经营行为：一是根据复核后的工程量与招标文件提供的工程量之间的差距，考虑相应的投标策略，决定报价尺度；二是根据工程量的大小采取合适的施工方法，选择适用、经济的施工机具设备，投入使用相应的劳动力数量等。通过工程量计算复核还能准确地确定订货及采购物资的数量，防止由于超量或少购等带来的浪费、积压或停工待料。

2.【答案】ABDE

【解析】对分包人询价应注意以下几点：分包标函是否完整；分包工程单价所包含的内容；分包人的工程质量、信誉及可信赖程度；质量保证措施；分包报价。因此正确答案为 ABDE。

3.【答案】CDE

【解析】投标人不必逐项计算工程量，只需计算主要清单工程量，复核工程量清单，因此选项 A 错误。复核工程量的目的不是修改工程量清单，即使有误，投标人也不能修改工程量清单中的工程量，因此 B 选项错误。选项 CDE 说法都正确，具体见前面各题分析。

4.【答案】ABCD

【解析】复核工程量的准确程度，将影响承包商的经营行为：一是根据复核后的工程量与招标文件提供的工程量之间的差距，考虑相应的投标策略，决定报价尺度；二是根据工程量的大小采取合适的施工方法，选择适用、经济的施工机具设备，投入使用相应的劳动力数量等。因此正确答案为 ABCD。

Ⅲ 投标报价的编制原则与依据

（一）单项选择题

1.【答案】C

【解析】投标报价的编制依据包含企业定额，因此选项 A 错误。投标报价时利润的报价原则是自主报价，无须根据招标人要求填写，因此选项 B 错误。为使最高投标限价与投标报价所包含的内容一致，综合单价中应包括招标文件中要求投标人所承担的风险内容及其范围（幅度）产生的风险费用，因此选项 C 正确。最高投标限价采用常规施工组织设计和方案，投标报价时采用投标拟定的施工组织设计和方案，因此选项 D 错误。

2.【答案】A

【解析】综合单价计算基础应根据本企业的实际消耗量水平，并结合拟定的施工方案确定完成清单项目需要消耗的各种人工、材料、机械台班的数量，计算时应采用企业定额，或参照与本企业实际水平相近的国家、地区、行业计价依据和计价标准，并通过调整来确定清单项目的人、材、机单位用量，因此正确答案为A。

（二）多项选择题

暂无真题。

Ⅳ　投标报价的编制方法和内容

（一）单项选择题

1. **【答案】** D

【解析】 本题考核投标报价中其他项目费的编制。选项A、B、D中内容均为招标人要考虑的因素，选项D中总承包服务费的服务内容会影响投标人总承包服务费率的大小。投标人按照招标人提出的协调、配合与服务要求和施工现场管理需要，自主确定总承包服务费率，进而计算出总承包服务费金额。

2. **【答案】** A

【解析】 在招标投标过程中，当出现招标工程量清单特征描述与设计图纸不符时，投标人应以招标工程量清单的项目特征描述为准，确定投标报价的综合单价。因此选项A正确。材料、工程设备应按其暂估的单价计入清单项目的综合单价中。招标文件中要求投标人承担的风险费用，投标人应考虑计入综合单价。根据工程特点和工期要求，一般采取的方式是承包人承担5%以内的材料、工程设备价格风险，10%以内的施工机具使用费风险。

3. **【答案】** B

【解析】 投标报价时，对于暂列金额和专业工程暂估价，投标人应按招标文件提供金额编制；计日工属于自主报价的项目，安全文明施工费和规费属于按规定标准计算的项目。因此正确答案为B。

4. **【答案】** C

【解析】 投标报价时暂估价不得变动和更改。暂估价中的材料、工程设备暂估价必须按照招标人提供的暂估单价计入清单项目的综合单价；专业工程暂估价必须按照招标人提供的其他项目清单中列出的金额填写。

5. **【答案】** C

【解析】 投标报价时，材料暂估合价应按照企业定额中的消耗量与招标人提供的材料暂估单价相乘计算得到。因此该材料暂估合价$=102\times100\times10=102000$（元）$=10.2$（万元）。

6. **【答案】** C

【解析】 计算工程内容的工程数量时，每一项工程内容都应根据所选定额的工程量计算规则计算其工程数量。

7. **【答案】** C

【解析】 计日工应按照招标人提供的其他项目清单列出的项目和估算的数量，自主确定各项综合单价并计算费用。

8. **【答案】** D

【解析】 当企业定额的工程量计算规则与清单的工程量计算规则相一致时，可直接以工程量清单中的工程量作为工程内容的工程数量，即不必计算工程内容的工程数量和清单单位含量，故选项 A、B 的工作可以省略。在计算分部分项工程综合单价时，选项 D 中所提计算管理费、利润和风险费用是不可或缺的。因此正确答案为 D。

9. **【答案】** D

【解析】 招标文件中要求投标人承担的风险费用，投标人应考虑计入综合单价。对于承包人根据自身技术水平、管理、经营状况能够自主控制的风险，如承包人的管理费、利润的风险，承包人应结合市场情况，根据企业自身的实际，合理确定、自主报价，该部分风险由承包人全部承担。

10. **【答案】** D

【解析】 其他项目费中，暂列金额和暂估价应按招标文件提供金额计列，计日工单价和总承包服务费率由投标人自主报价。

11. **【答案】** B

【解析】 A 选项，设计图纸与招标工程量清单项目特征描述不同的，以招标工程量清单项目特征为准。暂估价中的材料、工程设备暂估价必须按照招标人提供的暂估单价计入分部分项工程清单项目的综合单价，而不计入其他项目费，故 C 选项错误。D 选项，总承包服务费应根据招标人在招标文件中列出的分包专业工程内容和供应材料、设备情况，按照招标人提出的协调、配合与服务要求和施工现场管理需要自主确定。

12. **【答案】** B

【解析】 总价措施项目的内容应依据招标人提供的措施项目清单和投标人投标时拟定的施工组织设计或施工方案确定，因此允许投标人根据具体情况对招标工程量清单进行修正或增加的内容是总价措施项目清单，正确答案为 B。

13. **【答案】** A

【解析】 在招标投标过程中，当出现招标工程量清单特征描述与设计图纸不符时，投标人应以招标工程量清单的项目特征描述为准，确定投标报价的综合单价，故选项 B 错误。综合单价应考虑招标文件规定范围（幅度）内的风险费用，故选项 C 错误。计算消耗量时，应采用企业定额，或参照与本企业实际水平相近的国家、地区、行业计价依据和计价标准，因此选项 D 错误。

14. **【答案】** D

【解析】 总价措施项目费由投标人自主确定，但其中安全文明施工费必须按照国家或省级、行业建设主管部门的规定计价，不得作为竞争性费用，故选项 A 错误。暂列金额应按照招标人提供的其他项目清单中列出的金额填写，不得变动；暂估价也不得变动和更改，因此选项 B、C 错误。投标人对投标报价的任何优惠（或降价、让利）均应反映在相应清单项目的综合单价中，因此正确答案为 D。

15. **【答案】** A

【解析】 在施工过程中，当出现的风险内容及其范围（幅度）在招标文件规定的范围（幅度）内时，综合单价不得变动，合同价款不作调整，因此选项 A 正确。根据工程特点和工期要求，一般采取的方式是承包人承担 5%以内的材料、工程设备价格风险，10%以内的施工机具使用费风险，故选项 B 错误。

16. **【答案】** C

【解析】 对于其他项目中的计日工，投标人正确的报价方式是自主报价。

（二）多项选择题

1.**【答案】** ACD

【解析】 此题主要考查投标报价的编制方法和内容。投标人确定综合单价时的注意事项包括以项目特征描述为依据、材料和工程设备暂估价的处理以及考虑合理的风险（其中包括材料、设备市场价格的变化风险），但法律、法规、规章或有关政策出台导致工程税金、规费、人工费发生的变化属于发包人的风险。

2.**【答案】** AC

【解析】 选项 A、C 的说法很显然是正确的。总价措施项目费不含规费和税金，因此选项 B 错误。总价措施项目的内容应依据招标人提供的措施项目清单和投标人投标时拟定的施工组织设计或施工方案确定，因此选项 D、E 错误。

Ⅴ　编制投标文件

（一）单项选择题

1.**【答案】** C

【解析】 本题考核投标保证金的计算。投标保证金的数额不得超过项目估算价的 2%，具体标准可遵照各行业规定。该项目最高投标保证金 = 2000×2% = 40（万元）。

2.**【答案】** B

【解析】 此题主要考查施工投标文件的编制内容。投标文件应当包括法定代表人身份证明或附有法定代表人身份证明的授权委托书、已标价工程量清单、施工组织设计、项目管理机构、拟分包项目情况表、资格审查资料等，因此选项 A、D 错误，选项 B 正确；图纸包含在招标文件中，因此选项 C 错误。

3.**【答案】** D

【解析】 A 选项，联合体各方签订共同投标协议后，不得再以自己名义单独投标。B 选项，资格预审后联合体增减、更换成员的，其投标无效。C 选项，由同一专业的单位组成的联合体，按其中较低资质确定联合体资质等级。联合体投标的，应当以联合体各方或者联合体牵头人的名义提交投标保证金，因此选项 D 正确。

4.**【答案】** C

【解析】 有下列情形之一的，视为投标人相互串通投标：①不同投标人的投标文件由同一单位或者个人编制；②不同投标人委托同一单位或者个人办理投标事宜；③不同投标人的投标文件载明的项目管理成员为同一人；④不同投标人的投标文件异常一致或者投标报价呈规律性差异；⑤不同投标人的投标文件相互混装；⑥不同投标人的投标保证金从同一单位或者个人的账户转出。而选项 C 中投标人 E 和 F 在同一时刻提前递交投标文件，属于合理的巧合，因此不属于投标人串通投标的情形。

（二）多项选择题

1.**【答案】** CDE

【解析】 本题考核投标有效期的相关规定。投标有效期从投标截止时间起计算，一般项目投标有效期为 60~90 天，主要用于组织评标委员会评标、招标人定标、发出中标通知书以及签订合同等工作，一般考虑组织评标委员会完成评标需要的时间、确定中标人需要的时间以及签订合同需要的时间。

2.【答案】AC

【解析】有下列情形之一的，属于投标人相互串通投标：

（1）投标人之间协商投标报价等投标文件的实质性内容；

（2）投标人之间约定中标人；

（3）投标人之间约定部分投标人放弃投标或者中标；

（4）属于同一集团、协会、商会等组织成员的投标人按照该组织要求协同投标；

（5）投标人之间为谋取中标或者排斥特定投标人而采取的其他联合行动。

选项 B、D、E 中的情形视为投标人相互串通投标。

3.【答案】ADE

【解析】出现下列情况的，投标保证金将不予返还：①投标人在规定的投标有效期内撤销或修改其投标文件；②中标人在收到中标通知书后，无正当理由拒签合同协议书或未按招标文件规定提交履约担保。因此正确答案为 ADE，其他情形均不属于投标保证金不予退还的情形。

4.【答案】BCD

【解析】投标有效期从投标截止时间起计算，主要用于组织评标委员会评标、招标人定标、发出中标通知书、签订合同等工作，因此正确答案为 BCD。

5.【答案】BCDE

【解析】投标文件应当对招标文件有关工期、投标有效期、质量要求、技术标准和要求、招标范围等实质性内容作出响应，因此正确答案为 BCDE。

6.【答案】ABCD

【解析】联合体投标的，应当以联合体各方或者联合体牵头人的名义提交投标保证金，因此选项 E 错误。选项 ABCD 说法均正确。

第三节 中标价及合同价款的约定

一、名师考点

参见表 4-4。

表 4-4 中标价及合同价款的约定考点

教材点		知识点
一	评标程序及评审标准	清标的内容；初步评审标准及初步评审过程投标文件的澄清和说明、报价有算术错误的修正、经初步评审后否决投标的相关规定；详细评审标准与方法
二	中标人的确定	公示中标候选人、“评定分离”方法、履约担保等相关要求
三	合同价款的约定	合同签订的时间及投标保证金返还等规定；合同价款类型的选择

二、真题回顾

Ⅰ　评标程序及评审标准

（一）单项选择题

1. 下列关于评标委员会成员的说法中，正确的是（　　）。（2023 年）

A. 成员的名单应在开标后、评标前确定

B. 成员的名单应随中标候选人一并公示

C. 成员对中标人有决定权

D. 成员中技术、经济等方面专家不得少于三分之二

2. 某项目采用综合评估法评标，其中投标报价部分总分值为 35 分，评标基准价为投标报价的算术平均值，偏差率 =（投标报价 - 评标基准价）/ 评标基准价 ×100%。当投标报价 > 评标基准价时，投标报价得分 = 35 - 偏差率 ×100×2；当投标报价 ≤ 评标基准价时，投标报价得分 = 35 + 偏差率 ×100×1。本项目有甲、乙、丙、丁四个通过初评的投标人，投标报价分别为 7000 万元、7300 万元、7200 万元、6900 万元。该项目投标报价得分最高的投标人是（　　）。（2023 年）

A. 甲　　B. 乙

C. 丙　　D. 丁

3. 某建筑工程招标采用经评审的最低投标价法评标，招标文件对同时投多个标段的评标修正率为 3%。甲、乙同时投Ⅰ、Ⅱ标段，其报价如下表所示。若投标人甲已中标Ⅰ标段，不考虑其他量化因素，则甲、乙Ⅱ标段的评标价格应分别为（　　）万元。（2022 年）

甲、乙投标人报价

投标人价格	Ⅰ标段	Ⅱ标段
甲报价（万元）	7000	6500
乙报价（万元）	7200	6000

A. 6290，6000　　B. 6290，5820

C. 6305，6000　　D. 6305，5820

4. 某市政工程招标采用经评审的最低投标价法评标，招标文件规定对同时投多个标段的评标修正率为 4%，现甲、乙同时投Ⅰ、Ⅱ标段，甲的报价分别为 8000 万元、7000 万元，乙的报价分别为 8500 万元、6800 万元。已知投标人甲已经中标Ⅰ标段，在不考虑其他量化因素的情况下，投标人甲、乙Ⅱ标段的评标价分别为（　　）。（2021 年）

A. 6720 万元，6528 万元　　B. 6720 万元，6800 万元

C. 7280 万元，6800 万元　　D. 7280 万元，7072 万元

5. 建设工程评标过程中遇下列情形，评标委员会可直接否决投标文件的是（　　）。（2020 年）

A. 投标文件中的大、小写金额不一致

B. 未按施工组织设计方案进行报价

C. 投标联合体没有提交共同投标协议

D. 投标报价中采用了不平衡报价

6. 对于综合评估法中的评标基准价的确定，下列说法正确的是（　　）。（2020 年）

A. 按所有有效投标人的最低投标价确定

B. 按所有有效投标人的平均投标价确定

C. 按所有有效投标人的平均投标价乘以事先约定的浮动系数确定

D. 按项目特点、行业管理规定自行确定

7. 根据《建设工程造价咨询规范》GB/T 51095，下列投标文件的评审内容，属于清标工作的是（　　）。（2019 年）

A. 营业执照的有效性

B. 营业执照、资质证书、安全生产许可证的一致性

C. 投标函上签字与盖章的合法性

D. 投标文件是否实质性响应招标文件

8. 某世界银行贷款项目采用经评审的最低投标价法评标，招标文件规定同时对多个标段的评标修正率为 4%。现投标人甲同时投Ⅰ、Ⅱ标段，其报价分别为 7000 万元、6000 万元。在投标人甲已中标Ⅰ标段的情况下，其Ⅱ标段的评标价应为（　　）万元。（2019 年）

A. 5720　　B. 5760

C. 6240　　D. 6280

9. 根据《评标委员会和评标方法暂行规定》等，评标委员会评标发现的投标报价算术错误，应由（　　）进行修正。（2018 年）

A. 评标委员会　　B. 招标监督机构

C. 招标人　　D. 投标人

10. 某招标工程采用综合评估法评标，报价越低的报价得分越高。评标因素、权重及各投标人得分情况见下表，则推荐的第一中标候选人应为（　　）。（2018 年）

评标因素、权重及各投标人得分情况

评标因素	权重（%）	投标人得分（分）		
		甲	乙	丙
施工组织设计	30	90	100	80
项目管理机构	20	80	90	100
投标报价	50	100	90	80

A. 甲　　B. 乙

C. 丙　　D. 甲或乙

11. 下列施工评标及相关工作事项中，属于清标工作内容的是（　　）。(2017年)

A. 投标文件的澄清　　B. 施工组织设计评审

C. 形式评审　　D. 不平衡报价分析

12. 关于评标过程中，对投标报价算术错误的修正，下列做法中正确的是（　　）。(2017年)

A. 评标委员会应对报价中的算术性错误进行修正

B. 修正的价格，经评标委员会书面确认后具有约束力

C. 投标人应接受修正价格，否则将没收其投标保证金

D. 投标文件中的大写与小写金额不一致的，以小写金额为准

13. 关于建设工程施工评标，下列说法中正确的是（　　）。(2016年)

A. 评标委员会按照公平、公正、公开的原则评标

B. 评标委员会可以接受投标人主动提出的澄清

C. 评标委员会可以要求投标人澄清投标文件疑问，直至满足评标委员会的要求

D. 评标委员会有权直接确定中标人

14. 下列评标时所遇情形中，评标委员会应当否决其投标的是（　　）。(2016年)

A. 投标文件中大写金额与小写金额不一致

B. 投标文件总价金额与依据单价计算出的结果不一致

C. 投标文件未经投标单位盖章和单位负责人签字

D. 对不同文字文本投标文件的解释有异议的

15. 某招标项目采用经评审的最低投标价法评标，招标文件规定对同时投多个标段的评标修正率为5%，投标人甲同时投标1号、2号标段，报价分别为5000万元、4000万元。若甲在1号标段中标，则其在2号标段的评标价为（　　）万元。(2016年)

A. 3750　　B. 3800

C. 4200　　D. 4250

16. 招标工程未进行资格预审，评审委员会按规定对投标人安全生产许可证的有效性进行的评审属于（　　）。(2014年)

A. 形式评审　　B. 资格评审

C. 响应性评审　　D. 商务评审

17. 投标文件应实质上响应招标文件的所有条款，无显著差异和保留。下列情形中，属于无显著差异和保留的是（　　）。(2014年)

A. 对招标人的权利造成实质性限制而未影响投标人的义务

B. 对投标人的权利造成实质性限制而未影响招标人的义务

C. 纠正差异对该投标人有利而对其他投标人不利

D. 纠正差异对该投标人不利而对其他投标人有利

18. 采用经评审的最低投标价法评标时，下列说法正确的是（　　）。(2014年)

A. 经评审的最低投标价法通常采用百分制

B. 具有通用技术的招标项目不宜采用经评审的最低投标价法

C. 当出现经评审的投标价相等且报价也相等时，中标人由招标监管机构确定

D. 采用经评审的最低投标价法工作结束时，应拟定“价格比较一览表”提交招标人

19. 我国某世界银行贷款项目采用经评审的最低投标价法评标，招标文件规定借款国内投标人有7.5%的评标优惠，若投标工期提前，则按每月25万美元进行报价修正，现国内甲投标人报价5000万美元，承诺将投标要求工期提前2个月，则甲投标人评标价为（　　）万美元。（2014年）

A. 5000　　B. 4625

C. 4600　　D. 4575

（二）多项选择题

1. 下列评标中遇到的情形，评标委员会可直接否决其投标的有（　　）。（2023年）

A. 投标文件中的大、小写金额不一致

B. 投标文件未经投标单位盖章

C. 投标文件中存在不平衡报价

D. 投标报价高于最高投标限价

E. 投标人不接受评标委员会的算术修正价格

2. 下列对投标文件进行评审的工作中，属于初步评审工作的有（　　）。（2022年）

A. 进行不平衡报价分析　　B. 审查类似项目业绩

C. 分析报价构成的合理性　　D. 修正有算术错误的报价

E. 评审工期提前效益，修正报价

3. 在评标过程中，评标委员会可以要求投标人对投标文件作出必要澄清、说明和补充的情形包括（　　）。（2015年）

A. 投标文件未经单位负责人签字　　B. 对同类问题表述不一致

C. 投标文件中有含义不明确的内容　　D. 有明显的计算错误

E. 投标人主动提出的澄清说明

Ⅱ　中标人的确定

（一）单项选择题

1. 关于履约担保的说法正确的是（　　）。（2022年）

A. 中标人提供履约担保的，招标人应同时向中标人提供工程款支付担保

B. 履约保证金最高不超过中标价的5%

C. 履约保证金的有效期自提交之日起到合同约定中标人主要义务履行完毕为止

D. 发包人应在缺陷责任期满后28天内将履约保证金退还给承包人

2. 依法必须招标的项目，中标公示应包含的内容是（　　）。（2018年）

A. 评标委员会全体成员名单

B. 所有投标人名单及排名情况

C. 投标人的各评分要素的得分情况

D. 中标候选人投标报名或开标时提供的业绩信誉情况（有业绩信誉条件的）

3. 关于依法必须招标工程中标候选人的公示，下列说法中正确的是（　　）。（2015年）

A. 评标结果只能在交易场所公示　　B. 公示对象是全部中标候选人

C. 公示对象是所有投标人　　D. 公示的内容包括各评分要素的得分

4. 关于施工招标工程的履约担保，下列说法中正确的是（　　）。（2015 年）

A. 中标人应在签订合同后向招标人提交履约担保

B. 履约保证金不得超过中标合同金额的 5%

C. 招标人仅对现金形式的履约担保，向中标人提供工程款支付担保

D. 发包人应在工程接收证书颁发后 28 天内将履约保证金退还给承包人

（二）多项选择题

1. 依法必须招标的项目，对于中标候选人的公示内容有（　　）。（2021 年）

A. 全部投标人名单及排名

B. 中标候选人响应招标文件要求的资格能力条件

C. 中标候选人各评分要素得分

D. 中标候选人的投标报价

E. 中标候选人承诺的项目负责人姓名

2. 根据《招标投标法实施条例》，关于依法必须招标项目中标候选人的公示，下列说法中正确的有（　　）。（2016 年）

A. 应公示中标候选人

B. 公示对象是全部中标候选人

C. 公示期不得少于 3 日

D. 公示在开标后的第二天发布

E. 对有业绩信誉条件的项目，其业绩信誉情况应一并进行公示

3. 关于履约担保，下列说法中正确的有（　　）。（2014 年）

A. 履约担保可以用现金、支票、汇票、银行保函等形式，但不能单独用履约担保书

B. 履约保证金不得超过中标合同金额的 10%

C. 中标人不按期提交履约担保的，视为废标

D. 招标人要求中标人提供履约担保的，招标人应同时向中标人提供工程款支付担保

E. 履约保证金的有效期需保持至工程接收证书颁发之时

Ⅲ　合同价款的约定

（一）单项选择题

1. 招标发包的建设工程，其签约合同价为（　　）。（2021 年）

A. 中标价　　B. 最高投标限价

C. 中标后商务谈判价　　D. 经评审的合理价

2. 关于依法必须招标工程合同签订和合同价款的约定，下列说法中正确的是（　　）。（2015 年）

A. 招标人和中标人应在投标有效期内并在中标通知书发出 28 天内订立书面合同

B. 发承包双方应根据中标通知书确定的价格签订合同

C. 签约合同价为工程量清单中各种价格的总和扣减暂列金额

D. 招标人应当在中标通知书发出后，合同签订前向未中标人退还投标保证金

(二) 多项选择题

1. 关于招标人与中标人合同的签订，下列说法正确的有（　　）。(2020年)

A. 双方按照招标文件和投标文件订立书面合同

B. 双方在投标有效期内并在自中标通知书发出之日起30日内签订施工合同

C. 招标人要求中标人按中标价下浮3%后签订施工合同

D. 中标人无正当理由拒绝签订合同的，招标人可不退还其投标保证金

E. 招标人在与中标人签订合同后5日内，向所有投标人退还投标保证金

2. 下列条件下的建设工程，其施工承包合同适合采用成本加酬金方式确定合同价款的有（　　）。(2019年)

A. 建设规模小

B. 施工技术特别复杂

C. 工期较短

D. 紧急危险项目

E. 施工图有待于进一步深化

3. 依法必须招标的工程，对投标保证金的退还，下列处置方式正确的有（　　）。(2017年)

A. 中标人无正当理由拒签合同的，投标保证金不予退还

B. 招标人无正当理由拒签合同的，应向中标人退还投标保证金

C. 招标人与中标人签订合同的，应在合同签订后向中标人退还投标保证金

D. 招标人与中标人签订合同的，应向未中标人退还投标保证金及利息

E. 未中标人的投标保证金，应在中标通知书发出同时退还

三、真题解析

Ⅰ　评标程序及评审标准

(一) 单项选择题

1. 【答案】D

【解析】本题考核评标委员会成员的规定。①评标委员会成员名单一般应于开标前确定，而且该名单在中标结果确定前应当保密，选项A、B错误。②除招标文件中特别规定了授权评标委员会直接确定中标人外，成员对中标人没有决定权，选项C错误。③评标委员会成员中技术、经济等方面专家不得少于三分之二。

2. 【答案】A

【解析】评标基准价=(7000+7300+7200+6900)/4=7100（万元）；

投标人甲的投标报价得分=35+[(7100-7000)/7100]×100×1=36.408；

投标人乙的投标报价得分=35-[(7300-7100)/7100]×100×2=29.366；

投标人丙的投标报价得分=35-[(7200-7100)/7100]×100×2=34.972；

投标人丁的投标报价得分=35+[(7100-6900)/7100]×100×1=35.028；

最后，该项目投标报价得分最高的为投标人甲。

3. 【答案】C

【解析】投标人甲在Ⅱ标段可享受3%的评标优惠，投标人乙在Ⅱ标段不享受评标

优惠。

投标人甲Ⅱ标段评标价 = 6500×(1-3%) = 6305（万元）；

投标人乙Ⅱ标段评标价 = 6000（万元）。

4.【答案】B

【解析】投标人甲在Ⅱ标段可享受4%的评标优惠。

投标人甲Ⅱ标段评标价 = 7000×(1-4%) = 6720（万元）；

投标人乙Ⅱ标段评标价 = 6800（万元）。

5.【答案】C

【解析】此题主要考查初步评审的相关规定。投标文件中的大写金额与小写金额不一致的，应以大写金额为准进行报价算术错误的修正，而不是直接否决；经初步评审后，评标委员会可直接否决投标文件的具体情形包括投标文件未经投标单位盖章和单位负责人签字、投标联合体没有提交共同投标协议、投标人不符合国家或者招标文件规定的资格条件等，因此正确选项为C。

6.【答案】D

【解析】此题主要考查综合评估法的评标标准和方法。评标基准价的计算方法应在投标人须知前附表中予以明确；招标人可依据招标项目的特点、行业管理规定给出评标基准价的计算方法，确定时也可适当考虑投标人的投标报价，因此正确选项为D。

7.【答案】D

【解析】干扰项主要来自于初步评审标准中形式评审和资格评审标准内容。清标工作主要包含下列内容：①对招标文件的实质性响应；②错漏项分析；③分部分项工程量清单项目综合单价的合理性分析；④措施项目清单的完整性和合理性分析，以及其中不可竞争性费用正确分析；⑤其他项目清单的完整性和合理性分析；⑥不平衡报价分析；⑦暂列金额、暂估价正确性复核；⑧总价与合价的算术性复核及修正建议；⑨其他应分析和澄清的问题。因此正确答案为D。

8.【答案】B

【解析】Ⅱ标段的评标价 = 6000×(1-4%) = 5760（万元）。

9.【答案】A

【解析】投标报价有算术错误的，评标委员会按相应原则对投标报价进行修正，修正的价格经投标人书面确认后具有约束力。

10.【答案】A

【解析】先计算综合得分，甲综合得分 = 90×30% + 80×20% + 100×50% = 93（分），同理可计算得出乙综合得分为93分，丙综合得分为84分。甲乙得分相同，则报价低的优先。经比较，甲的报价分数高说明报价低，因此第一中标候选人为甲。

11.【答案】D

【解析】清标工作主要包含下列内容：①对招标文件的实质性响应；②错漏项分析；③分部分项工程项目清单综合单价的合理性分析；④措施项目清单的完整性和合理性分析，以及其中不可竞争性费用的正确性分析；⑤其他项目清单完整性和合理性分析；⑥不平衡报价分析；⑦暂列金额、暂估价正确性复核；⑧总价与合价的算术性复核及修正建议；⑨其他应分析和澄清的问题。

12. 【答案】A

【解析】投标报价有算术错误的，评标委员会按相应原则对投标报价进行修正，修正的价格经投标人书面确认后具有约束力；投标人不接受修正价格的，其投标被否决，因此选项 A 正确。B 选项，修正的价格，经投标人书面确认后具有约束力。C 选项，投标人应接受修正价格，否则投标被否决，但并不没收其投标保证金。D 选项，投标文件中的大写与小写金额不一致的，以大写金额为准。

13. 【答案】C

【解析】评标活动应遵循公平、公正、科学、择优的原则，非公开原则，故选项 A 错误；评标委员会不接受投标人主动提出的澄清、说明或补正，故选项 B 错误；招标人可以授权评标委员会直接确定中标人，只有授权后才有权确定中标人，故选项 D 错误；评标委员会对投标人提交的澄清、说明或补正有疑问的，可以要求投标人进一步澄清、说明或补正，直至满足评标委员会的要求，故选项 C 正确。

14. 【答案】C

【解析】投标文件未经投标单位盖章和单位负责人签字，属于初步评审中形式审查不合格，因此评标委员会应当否决其投标，因此选项 C 正确。投标报价有算术错误的，评标委员会按以下原则对投标报价进行修正：①投标文件中的大写金额与小写金额不一致的，以大写金额为准；②总价金额与依据单价计算出的结果不一致的，以单价金额为准修正总价，但单价金额小数点有明显错误的除外；③如对不同文字文本投标文件的解释发生异议的，以中文文本为准。算术错误修正后的价格经投标人书面确认后具有约束力；投标人不接受修正价格的，其投标被否决。

15. 【答案】B

【解析】投标人甲在 1 号标段中标后，其在 2 号标段的评标可享受 5%的评标优惠，故投标人甲 2 号标段的评标价＝4000×(1−5%)＝3800（万元）。

16. 【答案】B

【解析】资格评审标准中，如果是未进行资格预审的，应具备有效的营业执照，具备有效的安全生产许可证，并且资质等级、财务状况、类似项目业绩、信誉、项目经理、其他要求、联合体投标人等，均符合规定。

17. 【答案】B

【解析】所谓显著的差异或保留包括以下情况：对工程的范围、质量及使用性能产生实质性影响；偏离了招标文件的要求，而对合同中规定的招标人的权利或者投标人的义务造成实质性的限制；纠正这种差异或者保留将会对提交了实质性响应要求的投标书的其他投标人的竞争地位产生不公正影响。选项 B 不属于上述情形，因此正确答案为 B。

18. 【答案】D

【解析】评标委员会按照经评审的投标价由低到高的顺序推荐中标候选人，或根据招标人授权直接确定中标人；经评审的投标价相等时，投标报价低的优先；投标报价也相等的，优先条件由招标人事先在招标文件中确定，因此选项 A、C 错误。经评审的最低投标价法一般适用于具有通用技术、性能标准或者招标人对其技术、性能没有特殊要求的招标项目，故选项 B 错误。根据经评审的最低投标价法完成详细评审后，评标委员会应当拟定一份“价格比较一览表”，连同书面评标报告提交招标人。“价格比较一览表”应当载明投标人的投标报价、对商务偏差的价格调整和说明以及已评审的最终投标价。

19. **【答案】** D

【解析】 评标价 $=5000\times(1-7.5\%)-2\times25=4575$（万美元）。

（二）多项选择题

1. **【答案】** BDE

【解析】 本题主要考核初步评审的相关内容。(1) 投标文件中的大、小写金额不一致时，属于报价的算术性错误，评标委员会可按相应原则对报价进行修正；修正的价格经投标人书面确认后具有约束力，投标人不接受修正价格的，其投标被否决。因此选项 A 错误，选项 E 正确。(2) 不平衡报价分析属于清标的内容，而清标是招标人或工程造价咨询人在开标后且评标前进行的，选项 C 错误。(3) 经初步评审后评标委员会可直接否决投标的情况包括：①投标文件未经投标单位盖章和单位负责人签字；②投标联合体没有提交共同投标协议；③投标人不符合国家或者招标文件规定的资格条件；④同一投标人提交两个以上不同的投标文件或者投标报价，但招标文件允许提交备选投标的除外；⑤投标报价低于成本或者高于招标文件设定的最高投标限价；⑥投标文件没有对招标文件的实质性要求和条件作出响应；⑦投标人有串通投标、弄虚作假、行贿等违法行为，故选项 B、D 正确。

2. **【答案】** BCD

【解析】 根据《评标委员会和评标方法暂行规定》和《标准施工招标文件》(2007 年版) 的规定，初步评审的标准包括：①形式评审标准。②资格评审标准。③响应性评审标准。④施工组织设计和项目管理机构评审标准。审查类似项目业绩属于初步评审中资格评审标准，故选项 B 正确。分析报价构成的合理性属于初步评审中响应性评审标准，故选项 C 正确。在初步评审工作中，还可能涉及投标文件的澄清和说明、投标报价有算术错误的修正问题，故选项 D 正确。选项 A 涉及的工作属于清标中的内容。选项 E 中涉及的内容属于详细评审的工作。

3. **【答案】** BCD

【解析】 澄清、说明或补充包括投标文件中含义不明确、对同类问题表述不一致或者有明显文字和计算错误的内容。因此正确答案为 BCD。

Ⅱ　中标人的确定

（一）单项选择题

1. **【答案】** A

【解析】 在签订合同前，招标文件要求中标人提交履约保证金的，中标人应当提交；招标人要求中标人提供履约保证金或其他形式履约担保的，招标人应当同时向中标人提供工程款支付担保，故选项 A 正确。履约担保有现金、支票、汇票、履约担保书和银行保函等形式，可以选择其中一种作为招标项目的履约保证金，履约保证金金额最高不得超过中标合同金额的 10%，故选项 B 错误。履约保证金的有效期自合同生效之日起至合同约定的中标人主要义务履行完毕止，故选项 C 错误。中标后的承包人应保证其履约保证金在发包人颁发工程接收证书前一直有效；发包人应在工程接收证书颁发后 28 天内将履约保证金退还给承包人，故选项 D 错误。

2. **【答案】** D

【解析】 评标委员会全体成员名单应在评标报告中包含，不包含在中标公示中，故选项 A 错误。招标人需对中标候选人全部名单及排名进行公示，而不是只公示排名第一的中标候选人，故选项 B 错误。对有业绩信誉条件的项目，在投标报名或开标时提供的作为资格条件或业绩信誉情况，应一并进行公示，但不含投标人的各评分要素的得分情况，故选项 C 错误、选项 D 正确。

3. **【答案】** B

【解析】 招标人在确定中标人之前，应当将中标候选人在交易场所和指定媒体上公示，因此选项 A 错误。中标候选人的公示内容包括：招标人需对中标候选人全部名单及排名进行公示，而不是只公示排名第一的中标候选人；同时，对有业绩信誉条件的项目，在投标报名或开标时提供的作为资格条件或业绩信誉情况，应一并进行公示，但不含投标人的各评分要素的得分情况。

4. **【答案】** D

【解析】 在签订合同前，招标文件要求中标人提交履约保证金的，中标人应当提交，故选项 A 错误。履约保证金最高不得超过中标合同金额的 10%，故选项 B 错误。招标人要求中标人提供履约保证金或其他形式履约担保的，招标人应当同时向中标人提供工程款支付担保，故选项 C 错误。中标后的承包人应保证其履约保证金在发包人颁发工程接收证书前一直有效，发包人应在工程接收证书颁发后 28 天内将履约保证金退还给承包人，因此正确答案为 D。

（二）多项选择题

1. **【答案】** BDE

【解析】 依法必须招标项目的中标候选人公示应当载明以下内容：中标候选人排序、名称、投标报价、质量、工期（交货期），以及评标情况；中标候选人按照招标文件要求的项目负责人姓名及其相关证书名称和编号；中标候选人响应招标文件要求的资格能力条件；提出异议的渠道和方式；招标文件规定公示的其他内容。

2. **【答案】** ABCE

【解析】 按照《招标投标法实施条例》的规定：①招标人应当自收到评标报告之日起 3 日内公示中标候选人，公示期不得少于 3 日；②公示的对象是全部中标候选人；③对有业绩信誉条件的项目，在投标报名或开标时提供的作为资格条件或业绩信誉情况，应一并进行公示。因此正确答案为 ABCE。选项 D 在教材中已经删除。

3. **【答案】** BDE

【解析】 履约担保有现金、支票、汇票、履约担保书和银行保函等形式，可以选择其中一种作为招标项目的履约保证金，故选项 A 错误。中标人不能按要求提交履约保证金的，视为放弃中标，而不是废标或否决投标，故选项 C 错误。履约保证金最高不得超过中标合同金额的 10%。招标人要求中标人提供履约保证金或其他形式履约担保的，招标人应当同时向中标人提供工程款支付担保。中标后的承包人应保证其履约保证金在发包人颁发工程接收证书前一直有效。发包人应在工程接收证书颁发后28天内将履约保证金退还给承包人。因此选项BDE正确。

Ⅲ 合同价款的约定

（一）单项选择题

1.【答案】A

【解析】签约合同价是指在合同双方签订合同时，在协议书中列明的合同价格，对于以单价合同形式招标的项目，工程量清单中各种价格的总计即为合同价。合同价就是中标价，因为中标价是指评标时经过算术修正的，并在中标通知书中载明招标人接受的投标价格。

2.【答案】B

【解析】招标人和中标人应当在投标有效期内并在自中标通知书发出之日起30日内，按照招标文件和中标人的投标文件订立书面合同，故选项A错误。签约合同价是指合同双方签订合同时在协议书中列明的合同价格，对于以单价合同形式招标的项目，工程量清单中各种价格的总计即为合同价，故选项C错误。合同价就是中标价，因为中标价是指评标时经过算术修正的，并在中标通知书中载明招标人接受的投标价格，因此选项B正确。招标人最迟应当在与中标人签订合同后5日内，向中标人和未中标的投标人退还投标保证金及银行同期存款利息，故选项D错误。

（二）多项选择题

1.【答案】ABD

【解析】此题主要考查合同签订的时间及规定。招标人和中标人应当在投标有效期内并在自中标通知书发出之日起30日内，按照招标文件和中标人的投标文件订立书面合同；中标人无正当理由拒签合同的，招标人取消其中标资格，其投标保证金不予退还，若给招标人造成的损失超过投标保证金数额的，中标人还应当对超过部分予以赔偿。综上，选项ABD正确。合同约定不得违背招标投标文件中关于工期、造价、质量等方面的实质性内容，因此选项C错误。招标人最迟应当在与中标人签订合同后5日内，向中标人和未中标的投标人退还投标保证金及银行同期存款利息，选项E错误。

2.【答案】BD

【解析】实行工程量清单计价的建筑工程，鼓励发承包双方采用单价方式确定合同价款；建设规模较小、技术难度较低、工期较短的建设工程，发承包双方可以采用总价方式确定合同价款；紧急抢险、救灾以及施工技术特别复杂的建设工程，发承包双方可以采用成本加酬金方式确定合同价款。

3.【答案】ABD

【解析】招标人和中标人应当在投标有效期内并在自中标通知书发出之日起30日内，按照招标文件和中标人的投标文件订立书面合同。中标人无正当理由拒签合同的，招标人取消其中标资格，其投标保证金不予退还；给招标人造成的损失超过投标保证金数额的，中标人还应当对超过部分予以赔偿。发出中标通知书后，招标人无正当理由拒签合同的，招标人向中标人退还投标保证金；给中标人造成损失的，还应当赔偿损失。招标人最迟应当在与中标人签订合同后5日内，向中标人和未中标的投标人退还投标保证金及银行同期存款利息。

第四节 工程总承包及国际工程合同价款的约定

一、名师考点

参见表4-5。

表4-5 工程总承包及国际工程合同价款的约定考点

教材点		知识点
一	工程总承包合同价款的约定	工程总承包的类型和工程总承包模式的选择；工程总承包招标、投标、评标、签订合同过程中与施工招标投标流程中不同的规定
二	国际工程招标投标及合同价款的约定	国际竞争性招标程序与我国公开招标程序中的不同要求；承揽国际工程时投标报价计算的特殊性

二、真题回顾

Ⅰ 工程总承包合同价款的约定

（一）单项选择题

1. 下列工程总承包类型中，总承包方能承担项目可行性研究工作的是（ ）。（2023年）

A. EPC总承包　　B. 交钥匙总承包
C. 设计施工总承包　　D. 设计采购总承包

2. 工程EPC总承包模式下，下列风险中应由承包人承担的是（ ）。（2023年）

A. 因国家政策变化引起的合同价格变化
B. 勘察设计深度不足造成的工程费用变化
C. 材料价格波动幅度超出合同约定幅度的部分
D. 不可抗力造成的工程费用变化

3. EPC总承包模式下，工程总承包人应承担的工作范围是（ ）。（2022年）

A. 可行性研究、设计、采购、施工、试运转、项目维护
B. 设计、采购、施工、试运转、项目维护
C. 采购、设计、施工、试运行
D. 设计、采购、试运转

4. 与其他工程总承包方式相比，交钥匙总承包的优越性体现在（ ）。（2021年）

A. 承包商承担的风险比较小　　B. 业主可以深度介入项目管理中

C. 能满足业主的某些特殊要求　　D. 更能提高工程设计质量

5. EPC 总承包模式下，工程总承包人应承担的工作是（　　）。(2020 年)

A. 设计、采购、施工、试运行　　B. 项目决策、设计、施工

C. 项目决策、采购、施工　　D. 可行性研究、采购、施工

6. 根据现行《标准设计施工总承包招标文件》(2012 年版)，关于“合同价格”和“签约合同价”，下列说法正确的是（　　）。(2020 年)

A. 合同价格是指签约合同价

B. 签约合同价中包括了专业工程暂估价

C. 合同价格不包括按合同约定进行的变更价款

D. 签约合同价一般高于中标价

7. 下列工程总承包类型中，总承包商需要履行试运行工作职责的是（　　）。(2019 年)

A. 设计采购施工总承包　　B. 设计—施工总承包

C. 采购—施工总承包　　D. 设计—采购总承包

8. 工程总承包企业承担工程项目的设计、采购、施工、试运行服务等工作，对承包工程的质量、安全、工期、造价全面负责的工程总承包类型是（　　）。(2017 年)

A. 交钥匙总承包　　B. EPC 总承包

C. 设计—施工总承包　　D. 工程项目管理总承包

9. 总承包企业不仅承包工程项目的建设实施任务，而且提供建设项目的前期工作和运营准备工作的综合服务，该类总承包合同的类型是（　　）。(2015 年)

A. 设计采购施工总承包　　B. 交钥匙总承包

C. 设计—施工总承包　　D. 工程项目管理总承包

10. 根据《标准设计施工总承包招标文件》(2012 年版)，除投标人须知前附表另有规定外，工程总承包招标的投标有效期为（　　）天。(2015 年)

A. 60　　B. 90

C. 120　　D. 180

11. 在工程总承包投标报价成本分析过程中，被归为公司本部费用的是（　　）。(2015 年)

A. 勘察设计费用　　B. 施工费用

C. 分包合同费用　　D. 调试、开车服务费用

12. 管理者不直接与承包人签订合同，但委托监督承包人履行合同的工程总承包方式是（　　）。(2014 年)

A. EPC 总承包　　B. 交钥匙总承包

C. 设计—采购总承包　　D. 工程项目管理总承包

(二) 多项选择题

与其他工程总承包方式相比较，交钥匙总承包的优越性有（　　）。(2018 年)

A. 有利于满足业主的特殊要求　　B. 有利于降低承包商承担的风险

C. 有利于调动总承包的积极性　　D. 有利于简化业主与承包商之间的关系

E. 有利于加大业主的介入程度

Ⅱ 国际工程招标投标及合同价款的约定

（一）单项选择题

1. 关于国际工程投标报价中的暂定金额，下列说法正确的是（ ）。（2023 年）

A. 由投标人根据项目特点自主报价

B. 应分项计入各工程量清单项目单价中

C. 可供工程实施中不可预料事件使用

D. 包含工程保险费用

2. 关于世界银行贷款项目国际竞争性招标工程的评标，下列步骤及顺序正确的是（ ）。（2022 年）

A. 资格预审、评标、资格定审　　B. 评标、定标、资格后审

C. 审标、资格定审、评标　　D. 审标、评标、资格定审

3. 某企业进行国际工程投标报价时，将分包费列入直接费中，该分包工程的管理费应计入（ ）。（2022 年）

A. 直接费　　B. 间接费

C. 暂定金额　　D. 分包费

4. 关于国际竞争性招标投标项目的开标，下列做法正确的是（ ）。（2021 年）

A. 不允许投标人或其代表出席开标会议

B. 不应拒绝开启未附投标保证金的标书

C. 应全部读出标书的详细内容

D. 开标时不允许记录和录音

5. 下列费用中，包含在国际工程投标报价其他费用中的是（ ）。（2020 年）

A. 保函手续费　　B. 保险费

C. 代理人佣金　　D. 暂定金额

6. 国际工程投标报价中，对于当地采购的材料，其单价应为（ ）。（2019 年）

A. 市场价格+运杂费

B. 市场价格+运杂费+运输保管损耗费

C. 市场价格+运杂费+采购保管费

D. 市场价格+运杂费+采购保管费+运输保管损耗费

7. 国际工程分包费与直接费、间接费平行并列时，总包商对分包商的管理费应列入（ ）。（2019 年）

A. 间接费　　B. 分包费

C. 盈余　　D. 上级单位管理费

8. 国内派出参与国际工程的工人工资构成中应包括（ ）。（2018 年）

A. 国内标准工资，不包括国内附加工资和补贴

B. 国内、国际差旅费，不包括派出工人的企业收取的管理费

C. 按当地市场预测的工资预涨费

D. 按当地工人保险费标准计算的保险费

9. 国际竞争性招标投标过程中，只对标书的报价和其他因素进行评比不对投标人资格进行评审的工作是（　　）。(2017 年)

A. 清标　　　　B. 审标

C. 评标　　　　D. 定标

10. 国际工程投标报价中，若将分包费列入直接费，则对分包商的管理费通常应列入（　　）中。(2016 年)

A. 直接费　　　　B. 分包费

C. 间接费　　　　D. 暂定金额

11. 关于世界银行贷款项目采用国际竞争性招标，下列说法中正确的是（　　）。(2015 年)

A. 借款人向世界银行送交总采购通告的时间，最晚不应迟于公开发售招标文件前 90 天

B. 一个项目的具体采购合同是否需要资格预审，由借款人自主决定

C. 未进行资格预审的，评标后应对标价最低并拟授予合同的投标人进行资格定审

D. 招标文件公开发售前，无须得到世界银行的意见

12. 按照世界银行有关规定进行的国际竞争性招标，在中标人确定后还应进行合同谈判。下列选项中属于合同谈判内容的是（　　）。(2015 年)

A. 合同价格的优惠

B. 合同双方的权利和义务

C. 合同标的物数量增减引起的价格变化

D. 投标人承担技术规格书中没有规定的额外任务

13. 关于世界银行贷款项目的投标资格审查，下列说法中正确的是（　　）。(2014 年)

A. 凡采购大而复杂的工程宜采用资格预审

B. 资格定审有利于缩小投标人的范围

C. 资格预审的标准应严于资格定审

D. 资格定审的标准应严于资格预审

（二）多项选择题

在计算国际工程投标报价时，下列费用中应计入国内派出人工工日单价的是（　　）。(2023 年)

A. 国际差旅费　　　　B. 国外津贴

C. 人身意外保险费　　　　D. 劳务单位管理费

E. 社会福利费

三、真题解析

Ⅰ　工程总承包合同价款的约定

（一）单项选择题

1.【答案】B

【解析】本题考核工程总承包的类型与特点。交钥匙总承包不仅承担工程项目的建设实施任务，而且提供建设项目前期工作（可行性研究、项目决策等）和运营准备工作（如试运行等）的综合服务。

2.【答案】B

【解析】本题主要考核工程总承包模式下合同风险的分担。发包人承担的风险主要包括：①改变“发包人要求”所造成的工程变更；②主要工程材料、设备、人工价格与招标时基期价相比，波动幅度超过合同约定幅度的部分；③因国家法律法规政策变化引起的合同价格的变化；④不可预见的地质条件造成的工程费用和工期的变化；⑤因发包人原因产生的工程费用和工期的变化；⑥不可抗力造成的工程费用和工期的变化等。EPC总承包模式下，虽然不同项目发包时点可能不同，但承包人均承担一定的勘察设计工作，因此勘察设计深度不足造成的工程费用变化属于承包人承担的风险。

3.【答案】C

【解析】EPC总承包即工程总承包人按照合同约定，承担工程项目的设计、采购、施工、试运行服务等工作，并对承包工程的质量、安全、工期、造价全面负责。

4.【答案】C

【解析】与其他工程总承包方式相比，交钥匙总承包的优越性主要包括：①能满足某些业主的特殊要求；②承包商承担的风险比较大，但获利的机会比较多，有利于调动总承包的积极性；③业主介入的程度比较浅，有利于发挥承包商的主观能动性；④业主与承包商之间的关系简单。

5.【答案】A

【解析】EPC总承包即工程总承包人按照合同约定，承担工程项目的设计、采购、施工、试运行服务等工作，并对承包工程的质量、安全、工期、造价全面负责，因此正确选项为A。

6.【答案】B

【解析】此题主要考查工程总承包的签约合同价。“合同价格”和“签约合同价”是两个不同的概念，其中“签约合同价”是指中标通知书明确的并在签订合同时于合同协议书中写明的，包括暂列金额、暂估价的合同总金额；“合同价格”是指承包人按合同约定完成了包括缺陷责任期内的全部承包工作后，发包人应付给承包人的金额，包括在履行合同过程中按合同约定进行的变更和调整。综上，只有选项B正确。

7.【答案】A

【解析】总承包商需要履行试运行工作职责的工程总承包类型有设计采购施工总承包（EPC）和交钥匙总承包。

8.【答案】B

【解析】EPC总承包即工程总承包企业按照合同约定，承担工程项目的设计、采购、施工、试运行服务等工作，并对承包工程的质量、安全、工期、造价全面负责。

9.【答案】B

【解析】交钥匙总承包不仅承包工程项目的建设实施任务，而且提供建设项目的前期工作和运营准备工作的综合服务。

10. 【答案】C

【解析】一般项目投标有效期为60~90天，工程总承包的项目除投标人须知前附表另有规定外，投标有效期均为120天。

11. 【答案】A

【解析】公司本部费用是与项目直接相关的管理费用和勘察设计费用。

12. 【答案】D

【解析】工程项目管理总承包即全过程工程咨询服务。咨询企业（或联合体企业）不直接与该工程项目的施工承包人或勘察、设计、供货、施工等企业签订合同，但可以按合同约定，协助业主与上述企业签订合同，并受业主委托监督合同的履行。

（二）多项选择题

【答案】ACD

【解析】与其他工程总承包方式相比，交钥匙总承包的优越性有四个方面：①能满足某些业主的特殊要求。②承包商承担的风险比较大，但获利的机会比较多，有利于调动总承包的积极性。③业主介入的程度比较浅，有利于发挥承包商的主观能动性。④业主与承包商之间的关系简单。因此正确答案为ACD。

Ⅱ　国际工程招标投标及合同价款的约定

（一）单项选择题

1. 【答案】C

【解析】本题考核国际工程投标报价计算。国际工程投标报价由直接费用、间接费用、其他费用、利润和风险费组成，其他费用由分包费、暂定金额、开办费组成。暂定金额是指发包人在招标文件中暂定并在工程量清单中以备用金标明的金额，是供任何部分施工，或提供货物、材料、设备及服务，或供不可预料事件使用的一项金额。投标人的投标报价中只能把暂定金额列入工程总报价，不能以间接费的方式分摊计入各项目单价中，因此选项A、B错误，选项C正确。选项D中的工程保险费用属于间接费用。

2. 【答案】D

【解析】评标是国际竞争性招标程序中的一项工作，主要有审标、评标、资格定审三个步骤，其中审标是先将各投标人提交的标书就一些技术性、程序性的问题加以澄清并初步筛选；评标按招标文件所明确规定的标准和评标方法，评定各标书的评标价；如果未经资格预审，则应对评标价最低的投标人进行资格定审。

3. 【答案】B

【解析】在国际工程投标报价中，对分包费的处理有两种方法：①将分包费列入直接费中，即考虑间接费时包含了对分包的管理费；②将分包费与直接费、间接费平行并列，在估算分包费时，适当加入对分包商的管理费即可。

4. 【答案】B

【解析】招标人应在规定时间当众开标。应允许投标人或其代表出席开标会议，对每份标书都应当众读出其投标人、报价和交货及工期；如果要求或允许提出替代方案，也应读出替代方案的报价及工期。标书是否附有投标保证金或保函也应当众读出。不能因为标书未附投标保证金或保函而拒绝开启。

5. 【答案】D

【解析】此题主要考查国际工程投标报价组成。国际工程投标报价由直接费用、间接费用、其他费用组成，其中其他费用包括分包费、暂定金额、上级单位管理费、利润及风险费用等，因此正确答案为D。

6. 【答案】D

【解析】当地采购的材料，其材料、设备单价=市场价格+运杂费+采购保管费+运输保管损耗费。

7. 【答案】B

【解析】国际工程投标报价中，对分包费的处理有两种方法：①将分包费列入直接费中，即考虑间接费时包含了对分包的管理费；②将分包费与直接费、间接费平行并列，在估算分包费时，适当加入对分包商的管理费即可，因此正确答案为B。

8. 【答案】D

【解析】出国期间的总费用包括出国准备到回国修整结束后的全部费用。主要包括：①国外岗位工资；②派出工人的企业收取的管理费；③服装费、卧具及住房费；④国内、国际差旅费；⑤国外津贴费和伙食费；⑥奖金及加班费；⑦劳保福利费；⑧工资预涨费，每年上涨率一般可按5%~10%估计；⑨保险费，按当地工人保险费标准计算。

9. 【答案】C

【解析】评标只是对标书的报价和其他因素，以及标书是否符合招标程序要求和技术要求进行评比，而不是对投标人是否具备实施合同的经验、财务能力和技术能力的资格进行评审。对投标人的资格审查应在资格预审或定审中进行。评标考虑的因素中，不应把属于资格审查的内容包括进去。

10. 【答案】C

【解析】国际工程投标报价中，对分包费的处理有两种方法：①将分包费列入直接费中，即考虑间接费时包含了对分包的管理费；②将分包费与直接费、间接费平行并列，在估算分包费时，适当加入对分包商的管理费即可，因此正确答案为C。

11. 【答案】C

【解析】借款人向世界银行送交总采购通告的时间最迟不应迟于招标文件已经准备好、将向投标人公开发售之前60天，故选项A错误。凡采购大而复杂的工程，以及在例外情况下，采购专为用户设计的复杂设备或特殊服务，在正式投标前宜先进行资格预审，故选项B错误。世界银行虽然并不“批准”招标文件，但需其表示“无意见”后招标文件才可以公开发售，故选项D错误。如果在投标前未进行过资格预审，则应在评标后对标价最低，并拟授予合同的标书的投标人进行资格定审，因此正确答案为C。

12. 【答案】C

【解析】合同价格是不容谈判的，也不得在谈判中要求投标人承担额外的任务，因此选项A、D错误。合同谈判并不是重新谈判投标价格和合同双方的权利义务，故选项B错误。但有些技术性或商务性的问题是可以而且应该在谈判中确定的。如原招标文件中规定采购的设备、货物或工程的数量可能有所增减，因此正确答案为C。

13. **【答案】** A

【解析】 凡采购大而复杂的工程，以及在例外情况下，采购专为用户设计的复杂设备或特殊服务，在正式投标前宜先进行资格预审，以便缩小投标人的范围，故选项 A 正确，选项 B 错误。资格定审的标准与资格预审的标准相同，故选项 CD 错误。

（二）多项选择题

【答案】 ABCD

【解析】 本题考核国际工程投标报价时人工费的计算。在国际工程中，人工工日单价就是指国内派出工人和工程所在国招募的工人每个工作日的平均工资单价。其中国内派出工人工日单价主要包括：①国外岗位工作；②派出工人的企业收取的管理费；③服装费、卧具及住房费；④国内、国际差旅费；⑤国外津贴、补贴费和伙食费；⑥奖金及加班工资；⑦劳保福利费；⑧工资预涨费；⑨保险费，按当地工人保险费标准计算。

第五章　建设项目施工阶段合同价款的调整和结算

一、本章概览

参见图 5-1。

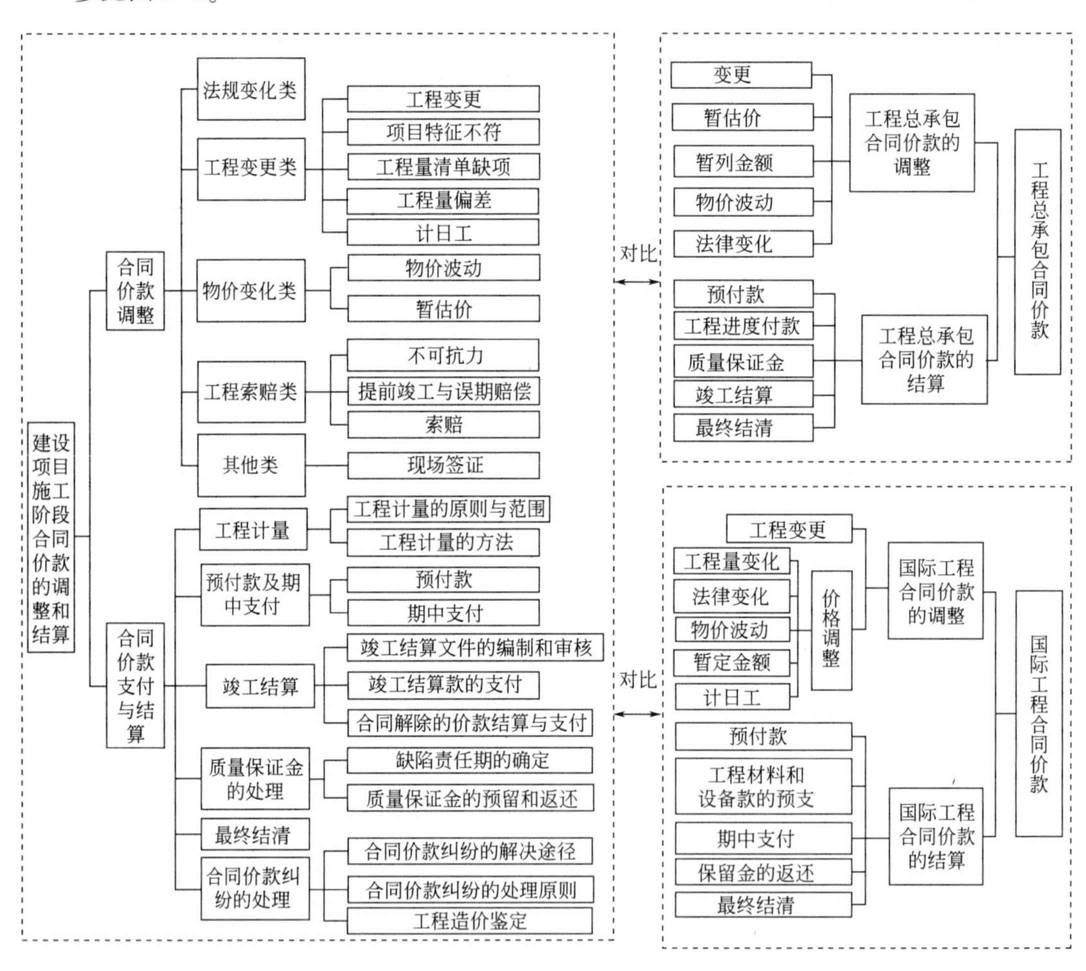

图 5-1 “建设项目施工阶段合同价款的调整和结算”框架图

二、考情分析

参见表 5-1。

表 5-1　　2021～2023 年第五章各节考点分值分布表

考试年度	2023 年					2022 年					2021 年				
题型	单选题		多选题		分值	单选题		多选题		分值	单选题		多选题		分值
第一节　合同价款调整	7 道	7 分	2 道	4 分	11 分	6 道	6 分	2 道	4 分	10 分	6 道	6 分	2 道	4 分	10 分
第二节　工程合同价款支付与结算	6 道	6 分	2 道	4 分	10 分	6 道	6 分	2 道	4 分	10 分	6 道	6 分	2 道	4 分	10 分
第三节　工程总承包和国际工程合同价款结算	1 道	1 分	1 道	2 分	3 分	2 道	2 分	1 道	2 分	4 分	2 道	2 分	1 道	2 分	4 分
本章小计	14 道	14 分	5 道	10 分	24 分	14 道	14 分	5 道	10 分	24 分	14 道	14 分	5 道	10 分	24 分
本章得分	24 分					24 分					24 分				

第一节　合同价款调整

一、名师考点

参见表 5-2。

表 5-2　　合同价款调整考点

教材点		知识点
一	法规变化类合同价款调整事项	基准日的确定；合同价款的调整；工期延误期间的特殊处理
二	工程变更类合同价款调整事项	工程变更的范围，工程变更的价款调整方法；工程量偏差引起合同价款调整的计算方法；计日工费用的产生、确认和支付
三	物价变化类合同价款调整事项	采用价格指数调整价格差额的适用范围和计算方法；采用造价信息调整价格差额的计算原则和方法；暂估价的调整方法
四	工程索赔类合同价款调整事项	不可抗力损失的承担；提前竣工（赶工补偿）与误期赔偿；《标准施工招标文件》（2007 年版）中承包人的索赔事件及可补偿内容；各种费用索赔的计算；工期索赔的原则
五	其他类合同价款调整事项	现场签证的提出和价款计算

二、真题回顾

Ⅰ　法规变化类合同价款调整事项

（一）单项选择题

1. 因承包人原因导致工程延误的，关于延误期间国家法律、行政法规发生变化带来的工程造价变化与合同价款处理，下列说法正确的是（　　）。（2023 年）

A. 不论工程造价增减，合同价款不予调整

B. 不论工程造价增减，合同价款应予调整

C. 造成工程造价减少的，合同价款予以调减

D. 造成工程造价增加的，合同价款予以调增

2. 根据现行国家标准《建设工程工程量清单计价规范》GB 50500，对于不实行招标的建设工程，以建设工程施工合同签订前的第（　　）天作为基准日。(2020 年)

A. 28　　　　B. 30

C. 35　　　　D. 42

3. 关于法规变化类合同价款的调整，下列说法正确的是（　　）。(2018 年)

A. 不实行招标的工程，一般以施工合同签订前的第 42 天为基准日

B. 基准日之前国家颁布的法规对合同价款有影响的，应予调整

C. 基准日之后国家政策对材料价格的影响，如已包含在物价波动调价公式中，不再予以考虑

D. 承包人原因导致的工期延误期间，国家政策变化引起工程造价变化的，合同价款不予调整

4. 为合理划分发承包双方的合同风险，对于招标工程，在施工合同中约定的基准日期一般为（　　）。(2017 年)

A. 招标文件中规定的提交投标文件截止时间前的第 28 天

B. 招标文件中规定的提交投标文件截止时间前的第 42 天

C. 施工合同签订前的第 28 天

D. 施工合同签订前的第 42 天

5. 工程延误期间，因国家法律、行政法规发生变化引起工程造价变化的，则（　　）。(2016 年)

A. 承包人导致的工程延误，合同价款均应予调整

B. 发包人导致的工程延误，合同价款均应予调整

C. 不可抗力导致的工程延误，合同价款均应予调整

D. 无论何种情况，合同价款均应予调整

6. 为了合理划分发承包双方的合同风险，施工合同中应当约定一个基准日。对于实行招标的建设工程，一般以（　　）前的第 28 天作为基准日。(2014 年)

A. 投标截止时间　　　　B. 招标截止日

C. 中标通知书发出　　　　D. 合同签订

（二）多项选择题

暂无真题。

Ⅱ　工程变更类合同价款调整事项

（一）单项选择题

1. 下列施工合同约定调整合同价款的事项中，属于工程变更类型的是（　　）。(2023 年)

A. 法律法规变化　　B. 追加额外工作

C. 物价波动　　D. 误期赔偿

2. 某工程招标工程量清单中现浇混凝土板的工程量为 1600m²，施工中由于设计变更调增为 2100m²，该项目最高投标限价综合单价为 400 元/m²，投标报价为 480 元/m²。合同约定实际工程量与招标工程量偏差超过+15%时，按照现行工程量清单计价规范调整综合单价，该清单项目的结算金额应为（　　）万元。(2023 年)

A. 96. 60　　B. 98. 72

C. 100. 28　　D. 100. 80

3. 根据现行工程量清单计价规范，工程变更引起措施项目发生变化或施工费的调整，下列说法正确的是（　　）。(2022 年)

A. 总价措施项目费，按照实际发生变化的措施项目调整，应考虑承包人报价浮动因素

B. 总价措施项目费，按照实际发生变化的措施项目调整，不考虑承包人报价浮动因素

C. 按照承包人实际发生的金额进行调整

D. 单价措施项目费，按照实际发生变化的措施项目调整，应考虑承包人报价浮动因素

4. 某工程招标工程量清单数量为 1000m，由于工程变更更改实际完成工程量为 800m，报价浮动率为 4%，最高投标限价为 500 元/m²，投标报价为 450 元/m²，市场价为 560 元/m²，则结算单价为（　　）元/m²。(2022 年)

A. 408　　B. 450

C. 495　　D. 500

5. 下列因工程变更引起的价款调整，需考虑承包人报价浮动率的是（　　）。(2021 年)

A. 已标价工程量清单中有适用于变更工程项目的桩基增量工程

B. 已标价工程量清单中有适用于变更工程项目的脚手架增量工程

C. 已标价工程量清单中没有类似于变更工程项目的桩基增量工程

D. 已标价工程量清单中有类似于变更工程项目的脚手架增量工程

6. 某实行招标的工程，施工图预算为 8000 万元，最高投标限价为 7800 万元。若承包人签约合同价为 7500 万元，则该承包人的报价浮动率为（　　）。(2021 年)

A. 3. 85%　　B. 4. 00%

C. 6. 25%　　D. 6. 67%

7. 因工程变更引起措施项目发生变化时，关于合同价款的调整，下列说法正确的是（　　）。(2020 年)

A. 安全文明施工费不予调整

B. 按总价计算的措施项目费的调整，不考虑承包人报价浮动因素

C. 按单价计算的措施项目费的调整，以实际发生变化的措施项目数量为准

D. 招标清单中漏项的措施项目费的调整，以承包人自行拟定的实施方案为准

8. 下列发承包双方在约定调整合同价款的事项中，属于工程变更类的是（　　）。(2019 年)

A. 工程量清单缺项　　B. 不可抗力

C. 物价波动　　D. 提前竣工

9. 某招标工程项目执行《建设工程工程量清单计价规范》GB 50500，招标工程量清单中某分项工程的工程量为 $1500m^3$，施工中由于设计变更调增为 $1900m^3$，该分项工程最高投标限价综合单价为 40 元/m^3，投标报价为 47 元/m^3，则该分项工程的结算价为（　　）元。(2019 年)

A. 87400　　B. 88900

C. 89125　　D. 89300

10. 关于计日工费用的确认和支付，下列说法正确的是（　　）。(2018 年)

A. 承包人应按照确认的计日工现场签证报告提出计日工项目的数量

B. 发包人应根据已标价工程量清单中的工程数量和计日工单价确定应付价款

C. 已标价工程量清单中没有计日工单价的，由发包人确定价格

D. 已标价工程量清单中没有计日工单价的，由承包人确定价格

11. 根据《建设工程工程量清单计价规范》GB 50500，中标人投标报价浮动率的计算公式是（　　）。(2017 年)

A. (1-中标价/最高投标限价)×100%

B. (1-中标价/施工图预算)×100%

C. (1-不含安全文明施工费的中标价/不含安全文明施工费的最高投标限价)×100%

D. (1-不含安全文明施工费的中标价/不含安全文明施工费的施工图预算)×100%

12. 某分项工程招标工程量清单数量为 $4000m^2$，施工中由于设计变更调减为 $3000m^2$，该项目最高投标限价综合单价为 600 元/m^2，投标报价为 450 元/m^2。合同约定实际工程量与招标工程量偏差超过±15%时，综合单价以最高投标限价为基础调整。若承包人报价浮动率为 10%，该分项工程费结算价为（　　）万元。(2017 年)

A. 137.70　　B. 155.25

C. 186.30　　D. 207.00

13. 根据《建设工程工程量清单计价规范》GB 50500，当实际增加的工程量超过清单工程量 15%以上，且造成按总价方式计价的措施项目发生变化的，应将（　　）。(2016 年)

A. 综合单价调高，措施项目调增　　B. 综合单价调高，措施项目调减

C. 综合单价调低，措施项目调增　　D. 综合单价调低，措施项目调减

14. 根据《建设工程工程量清单计价规范》GB 50500，下列关于计日工的说法中正确的是（　　）。(2016 年)

A. 招标工程量清单计日工数量为暂定，计日工费不计入投标总价

B. 发包人通知承包人以计日工方式实施的零星工作，承包人可以视情况决定是否执行

C. 计日工表的费用项目包括人工费、材料费、施工机械使用费、企业管理费和利润

D. 计日工金额不列入期中支付，在竣工结算时一并支付

15. 对某招标工程进行报价分析，承包人中标价为 1500 万元，最高投标限价为 1600 万元，设计院编制的施工图预算为 1550 万元，承包人认为的合理报价为 1540 万元，则承包人的报价浮动率是（　　）。(2015 年)

A. 0.65%　　　　B. 6.25%

C. 93.75%　　　　D. 96.25%

16. 关于招标工程量清单缺项、漏项的处理，下列说法中正确的是（　　）。(2014 年)

A. 工程量清单缺项、漏项及计算错误带来的风险由发承包双方共同承担

B. 分部分项工程量清单漏项造成新增工程量的，应按变更事件的有关方法调整合同价款

C. 分部分项工程量清单缺项引起措施项目发生变化的，应按与分部分项工程相同的方法进行调整

D. 招标工程量清单中措施项目缺项，招标人在投标时未予以填报的，合同实施期间不予增加

17. 施工合同履行期间，关于计日工费用的处理，下列说法中正确的是（　　）。(2014 年)

A. 已标价工程量清单中，无某项计日工单价时，应按工程变更有关规定商定计日工单价

B. 承包人通知发包人以计日工方式实施的零量工作，双方应按计日工方式予以结算

C. 现场签证的计日工数量与招标工程量清单中所列不同时，应按工程变更有关规定进行价款调整

D. 施工各期间发生的计日工费用应在竣工结算时一并支付

（二）多项选择题

1. 关于建设工程施工过程中合同价款的调整，下列说法正确的有（　　）。(2023 年)

A. 工程变更引起分部分项工程项目发生变化的，优先适用已标价工程量清单中的单价

B. 工程变更项目参考类似项目单价的前提包括：采用的材料、施工工艺和方法基本相似，不增加关键线路上工程的施工时间

C. 工程变更引起措施项目发生变化的，除安全文明施工费外，其他不做调整

D. 招标工程量清单缺漏项造成新增清单项目的，适用工程变更事件的规定

E. 招标工程量清单项目特征描述与设计图纸不符的，适用工程变更事件的规定

2. 采用计日工计价的变更工作，承包人应在该项变更实施过程中，按合同约定提交的资料有（　　）。(2022 年)

A. 发生变更的理由陈述

B. 变更工作的名称、内容和数量

C. 投入该工作所有人员的姓名、专业、级别和耗用工时

D. 投入该工作的材料名称、类别和数量

E. 投入该工作的设备型号、台数、耗用台时

3. 根据《建设工程施工合同（示范文本）》GF-2017-0201，下列变化应纳入工程

变更范围的有（　　）。(2020 年)

A. 改变墙体厚度

B. 工程设备价格上涨

C. 转由他人实施土石方工程

D. 提高地基沉降控制标准

E. 增加排水沟长度

4. 根据《建设工程施工合同（示范文本）》GF-2017-0201，下列事项应纳入工程变更范围的有（　　）。(2018 年)

A. 改变工程的标高

B. 改变工程的实施顺序

C. 提高合同中的工作质量标准

D. 将合同中的某项工作转由他人实施

E. 工程设备价格的变化

5. 根据《建设工程工程量清单计价规范》GB 50500，关于计日工费的确认和支付，下列说法中正确的有（　　）。(2017 年)

A. 承包人应按照确认的计日工现场签证报告核实该类项目的工程数量和单价

B. 已标价工程量清单中有该类计日工单价的，按该单价计算

C. 已标价工程量清单中没有该类计日工单价的，按承包人报价计算

D. 计日工价款应列入同期进度款支付

E. 发包人通知承包人以计日工方式实施的零星工作，承包人应予执行

6. 根据《建设工程工程量清单计价规范》GB 50500，关于单价合同措施项目费的调整，下列说法中正确的有（　　）。(2016 年)

A. 设计变更引起措施项目发生变化的，可以调整措施项目费

B. 招标工程量清单分部分项工程漏项引起措施项目发生变化的，可以调整措施项目费

C. 招标工程量清单措施项目缺项的，不应调整措施项目费

D. 承包人提出调整措施项目费的，应事先将实施方案报发包人批准

E. 措施项目费的调整方法与分部分项工程费的调整方法相同

7. 根据《建设工程工程量清单计价规范》GB 50500，关于工程变更价款的调整方法，下列说法中正确的有（　　）。(2015 年)

A. 工程变更导致已标价工程量清单项目的工程量变化小于 15%，仍采用原价格

B. 已标价的工程量清单中，没有相同或类似的工程变更项目，由发包人提出变更工程项目的总价和单价

C. 安全文明施工费按照实际发生变化的措施项目并依据国家或省级、行业建设主管部门的规定进行调整

D. 采用单价方式计算的措施费，按照分部分项工程费的调整方法确定变更单价

E. 按系数计算的措施项目费均应按照实际发生变化的措施项目调整，系数不得浮动

Ⅲ　物价变化类合同价款调整事项

（一）单项选择题

1. 某施工项目投标截止日期为 2022 年 8 月 1 日，施工合同约定工程价款结算时采用价格指数法调整，人工、钢材、混凝土等权重系数及价格指数如下表所示，则 2022 年 9

月份的综合调价指数为（　　）。(2023年)

A. 1.044　　B. 1.046

C. 1.068　　D. 1.088

权重系数及价格指数

项目	人工	钢材	混凝土	定值部分
权重系数	0.25	0.15	0.30	0.30
2022年7月指数	1.00	1.10	0.90	—
2022年8月指数	1.02	1.10	1.00	—
2022年9月指数	1.05	1.21	1.08	—

2. 对于依法必须招标的暂估价专业工程的招标投标，下列说法正确的是（　　）。(2023年)

A. 应由发包人作为招标人，承包人应参加投标

B. 应由承包人作为招标人，承包人不应参加投标

C. 承包人不参加投标的，应由承包人作为招标人

D. 承包人作为招标人的，招标工作费用应另行支付

3. 施工合同约定由发包人承担材料价格波动+5%以外的风险，已知某材料投标报价为520元/m^3、基准期发布的价格为510元/m^3，施工期该材料的造价信息发布价为560元/m^3，若采用造价信息调整价差，则该材料的实际结算价为（　　）元/m^3。(2022年)

A. 524.0　　B. 534.0

C. 534.5　　D. 544.5

4. 关于采用价格指数法调整价格差额，下列说法正确的是（　　）。(2021年)

A. 按现行价格计价的变更费用应计入调价基数

B. 缺少价格指数时可按对应可调因子的信息价格替代

C. 定值和变值权重一经约定就不得调整

D. 基本价格指数是指最高投标限价编制时的指数

5. 某项目施工合同约定，承包人承担的钢筋价格风险幅度为±5%，超出部分采用造价信息法调差，已知钢筋的承包人投标价格、基准期造价信息发布价格分别为5700元/t、6100元/t，2021年7月的造价信息发布价格为5600元/t，则该月钢筋结算价格为（　　）元/t。(2021年)

A. 5233　　B. 5505

C. 5600　　D. 5700

6. 某市政工程施工合同中约定：①基准日为2020年2月20日；②竣工日期为2020年7月30日；③工程价款结算时人工单价、钢材、商品混凝土及施工机具使用费采用价格指数法调差，各项权重系数及价格指数见下表，工程开工后，由于发包人原因导致原计划7月施工的工程延误至8月实施，2020年8月承包人当月完成清单子目价款3000万元，当月按已标价工程量清单价格确认的变更金额为100万元，则本工程2020年8月的价格调整金额为（　　）万元。(2020年)

各项权重系数及价格指数

权重系数	人工	钢材	商品混凝土	施工机具使用费	定值部分
	0.15	0.10	0.30	0.10	0.35
2020 年 2 月指数	100.0 元/工日	85.0	113.4	110.0	—
2020 年 7 月指数	105.0 元/工日	89.0	118.6	113.0	—
2020 年 8 月指数	104.0 元/工日	88.0	116.7	112.0	—

A. 60.18　　B. 67.46

C. 76.27　　D. 88.94

7. 某项目施工合同约定，由承包人承担±10%范围内的碎石价格风险，超出部分采用造价信息法调差。已知承包人投标价格、基准期的价格分别为 100 元/m^3、96 元/m^3，2020 年 7 月的造价信息发布价为 130 元/m^3，则该月碎石的实际结算价格为（　　）元/m^3。（2020 年）

A. 117.0　　B. 120.0

C. 124.4　　D. 130.0

8. 某市政工程投标截止日期为 2019 年 4 月 20 日，确定中标人后，工程于 2019 年 6 月 1 日开工。施工合同约定，工程价款结算时，人工、钢材、水泥、砂石料及施工机具使用费采用价格指数法调差，各项权重系数及价格指数见下表。2019 年 8 月，承包人当月完成清单子目价款 2000 万元，当月按已标价工程量清单价格确认的变更金额为 200 万元，则本工程 2019 年 8 月的价格调整金额为（　　）万元。（2019 年）

工程各项权重系数及价格指数

权重系数	人工	钢材	水泥	砂石料	施工机具使用费	定值部分
	0.15	0.10	0.20	0.10	0.10	0.35
2019 年 3 月指数	100 元/工日	84	104.5	115.6	110	—
2019 年 4 月指数	100 元/工日	86	105.6	120	110	—
2019 年 8 月指数	105 元/工日	90	107.8	135	110	—

A. 57.80　　B. 63.58

C. 75.40　　D. 83.03

9. 发包人在招标工程量清单中给定某工程设备暂估价，下列关于该工程设备价款调整的说法正确的是（　　）。（2018 年）

A. 依法可不招标的项目，应由发包人组织采购，以采购价格取代暂估价

B. 依法可不招标的项目，应由承包人按合同约定采购，以发包人确认后的价格取代暂估价

C. 依法必须招标的项目，应由发包人招标选择供应商，以中标价格取代暂估价

D. 依法必须招标的项目，应由承包人招标选择供应商，以中标价格取代暂估价

10. 某项目施工合同约定，承包人承担的水泥价格风险幅度为±5%，超出部分采用造价信息法调差，已知投标人投标价格、基准期发布价格为 440 元/t、450 元/t，2018

年 3 月的造价信息发布价为 430 元/t，则该月水泥的实际结算价格为（　　）元/t。（2018 年）

A. 418　　B. 427. 5

C. 430　　D. 440

11. 某施工合同约定采用价格指数及价格调整公式调整价格差额，调价因素及有关数据见下表。某月完成进度款为 1500 万元，则该月应当支付给承包人的价格调整金额为（　　）万元。（2017 年）

调价因素及有关数据

权重系数	人工	钢材	水泥	砂石料	施工机具使用费	定值
	0. 1	0. 1	0. 15	0. 15	0. 2	0. 3
基准日价格或指数	80 元/工日	100	110	120	115	—
现行价格或指数	90 元/工日	102	120	110	120	—

A. 30. 3　　B. 36. 45

C. 112. 5　　D. 130. 5

12. 施工合同中约定，承包人承担的钢筋价格风险幅度为±5%，超出部分依据《建设工程工程量清单计价规范》GB 50500 造价信息法调差。已知承包人投标价格、基准期发布价格分别为 2400 元/t、2200 元/t，2015 年 12 月、2016 年 7 月的造价信息发布价为 2000 元/t、2600 元/t。则该两月钢筋的实际结算价格应分别为（　　）元/t。（2016 年）

A. 2280，2520　　B. 2310，2690

C. 2310，2480　　D. 2280，2480

13. 某建筑工程钢筋综合用量 1000t。施工合同中约定，结算时对钢筋综合价格涨幅±5%以上部分依据造价处发布的基准价调整价格差额。承包人投标报价 2400 元/t，投标期、施工期间造价管理机构发布的钢筋综合基准价格为 2500 元/t、2800 元/t，则需调增钢筋材料费用为（　　）万元。（2015 年）

A. 17. 5　　B. 28. 0

C. 30. 0　　D. 40. 0

14. 关于施工合同履行过程中暂估价的确定，下列说法中正确的是（　　）。（2015 年）

A. 不属于依法必须招标的材料，以承包人自行采购的价格取代暂估价

B. 属于依法必须招标的暂估价设备，由发承包双方以招标方式选择供应商，以中标价取代暂估价

C. 不属于依法必须招标的暂估价专业工程，不应按工程变更确定价款而应另行签订补充协议确定工程价款

D. 属于依法必须招标的暂估价专业工程，承包人不得参加投标

15. 某工程施工合同约定采用价格指数法调整合同价款，各项费用权重及价格见下表。已知该工程 9 月份完成的合同价款为 3000 万元，则 9 月份合同价款调整金额为（　　）万元。（2014 年）

各项费用权重及价格

权重系数	人工	钢材	定值
	0.25	0.15	0.6
基准日价格	100元/工日	4000元/t	—
9月份价格	110元/工日	4200元/t	—

A. 22.5　　B. 61.46

C. 75　　D. 97.5

（二）多项选择题

1. 关于承包人原因导致的工期延误期间合同价款的调整，下列说法正确的有（　　）。（2020年）

A. 国家政策变化引起工程造价增加的，应调增合同价款

B. 国家政策变化引起工程造价降低的，应调减合同价款

C. 使用价格调整公式调价时，以计划进度日期指数为现行价格指数

D. 使用价格调整公式调价时，以实际进度日期指数为现行价格指数

E. 使用价格调整公式调价时，以计划进度日期与实际进度日期两个指数中较低者作为调价指数

2. 关于依法必须招标的给定暂估价的专业工程招标，下列说法正确的有（　　）。（2019年）

A. 承包人不参加投标的，应由承包人作为招标人

B. 承包人组织招标工作的，有关费用应另行计算

C. 承包人参加投标的，应由发包人负责招标

D. 发包人组织招标工作的，有关费用应从签约合同价中扣回

E. 承包人参加投标的，同等条件下应优先中标

3. 关于施工期间合同暂估价的调整，下列做法中正确的有（　　）。（2014年）

A. 不属于依法必须招标的材料，应直接按承包人自主采购的价格调整暂估价

B. 属于依法必须招标的工程设备，以中标价取代暂估价

C. 属于依法必须招标的专业工程，承包人不参加投标的，应由承包人作为招标人。组织招标的费用一般由发包人另行支付

D. 属于依法必须招标的专业工程，承包人参加投标的，应由发包人作为招标人。同等条件下优先选择承包人中标

E. 不属于依法必须招标的专业工程，应按工程变更事件的合同价款调整方法确定专业工程价款

Ⅳ　工程索赔类合同价款调整事项

（一）单项选择题

1. 某建筑工程施工过程中发生如下事件：①遇到不利物质条件，用工20个工日；②异常恶劣天气停工1日，窝工30个工日。人工工日单价200元/工日，窝工补贴100元/工日，管理费用、利润分别按人工费的20%、10%计算，不考虑其他费用。根据《标准

施工招标文件》（2007 年版）的通用合同条款，承包人可向发包人索赔的金额为（　　）元。（2023 年）

A. 4800　　B. 5200

C. 8400　　D. 9100

2. 关于工期“共同延误”的责任处理，下列说法正确的是（　　）。（2023 年）

A. 由造成拖期的初始延误者对工程拖期负主要责任

B. 在初始延误发生作用期间，其他并发的延误者承担部分拖期责任

C. 初始延误者是发包人的，可给予承包人工期和经济补偿

D. 初始延误是客观原因造成的，可给予承包人工期和经济补偿

3. 某项目采用《标准施工招标文件》（2007 年版）通用合同条款，施工过程中发生下列事件，基础开挖时出现勘察设计未注明溶洞，停工 3 天，窝工 30 工日，处理不利地质条件消耗 20 工日。由于异常恶劣天气，导致停工 2 天，窝工 20 工日，该工程合同约定窝工 160 元/工日、人工工日单价 200 元/工日，不考虑其他因素，承包人应向业主索赔的工期、费用分别为（　　）。（2022 年）

A. 5 天，8800 元　　B. 3 天，8800 元

C. 2 天，8000 元　　D. 5 天，12000 元

4. 根据《标准施工招标文件》（2007 年版），下列索赔事件中，只可补偿工期费用，不可补偿利润的是（　　）。（2022 年）

A. 工程暂停后因发包人原因无法按时施工

B. 施工中发现文物、古迹

C. 因发包人提供的错误资料导致测量放线结果错误

D. 承包人提前竣工

5. 某工程合同总价 1000 万元，受索赔事件影响，该工程同一关键线路上的 A、B 两个分项工程分别延误 2 天、3 天。其中 A、B 两个分项工程合同价分别为 300 万元、200 万元，则承包人应向发包人提出的工期索赔为（　　）天。（2022 年）

A. 5　　B. 3

C. 2.5　　D. 2

6. 因不可抗力造成的下列损失，应由发包人承担的是（　　）。（2021 年）

A. 施工人员伤亡补偿金　　B. 施工机械损坏损失

C. 承包人停工损失　　D. 修复已完工程增加的费用

7. 某施工合同约定，当发生索赔事件时，人工工资、窝工补贴分别按 300 元/工日、100 元/工日计，以人工费为基数的综合费率为 40%。在施工过程中发生了如下事件：①因异常恶劣天气导致工程停工 3 天，人员窝工 60 个工日；②因该异常恶劣天气导致工程修复用工 20 个工日，发生材料费 5000 元；③复工后又因发包人原因导致停工 2 天，人员窝工 40 个工日。承包人可向发包人索赔的费用为（　　）元。（2021 年）

A. 17400　　B. 19000

C. 19400　　D. 23400

8. 根据《标准施工招标文件》（2007 年版）通用合同条款，下列引起承包人索赔的

事件中，可以同时获得工期和费用补偿的是（　　）。(2020 年)

A. 发包人原因造成承包人人员工伤事故　　B. 施工中遇到不利物质条件

C. 承包人提前竣工　　D. 基准日后法律的变化

9. 关于工程索赔的相关论述，下列说法正确的是（　　）。(2019 年)

A. 工程索赔是指承包人向发包人提出工期和（或）费用补偿要求的行为

B. 由于发包人原因导致分包人遭受经济损失，分包人可直接向发包人提出索赔

C. 承包人提出的工期补偿索赔经发包人批准后，可免除承包人非自身原因拖期违约责任

D. 由于不可抗力事件造成合同非正常终止，承包人不能向发包人提出索赔

10. 根据《标准施工招标文件》(2007 年版) 通用合同条款，下列引起承包人索赔的事件中，可以同时获得工期、费用和利润补偿的是（　　）。(2019 年)

A. 施工中发现文物、古迹　　B. 发包人延迟提供建筑材料

C. 承包人提前竣工　　D. 因不可抗力造成工期延误

11. 某施工现场主导施工机械一台，由承包人租得。施工合同约定，当发生索赔事件时，该机械台班单价、租赁费分别按 900 元/台班、400 元/台班计；人工工资、窝工补贴分别按 100 元/工日、50 元/工日计；以人工费与机械费之和为基数的综合费率为 30%。在施工过程中，发生如下事件：①出现异常恶劣天气导致工程停工 2 天，人员窝工 20 工日；②因恶劣天气导致工程修复用工 10 工日，主导机械 1 台班。为此承包人可向发包人索赔的费用为（　　）元。(2019 年)

A. 1820　　B. 2470

C. 2820　　D. 3470

12. 因不可抗力造成的下列损失，应由承包人承担的是（　　）。(2018 年)

A. 工程所需清理、修复费用

B. 运至施工场地待安装设备的损失

C. 承包人的施工机械设备损坏及停工损失

D. 停工期间，发包人要求承包人留在工地的保卫人员费用

13. 根据《标准施工招标文件》(2007 年版) 通用合同条款，下列引起承包人索赔的事件中，只能获得费用补偿的是（　　）。(2018 年)

A. 发包人提前向承包人提供材料、工程设备

B. 因发包人提供的材料、工程设备造成工程不合格

C. 发包人在工程竣工前提前占用工程

D. 异常恶劣的气候条件，导致工期延误

14. 某施工合同中的工程内容由主体工程与附属工程两部分组成，两部分工程的合同额分别为 800 万元和 200 万元。合同中对误期赔偿费的约定是：每延误一个日历天应赔偿 2 万元，且总赔偿费不超过合同总价款的 5%，该工程主体工程按期通过竣工验收，附属工程延误 30 日历天后通过竣工验收，则该工程的误期赔偿费为（　　）万元。(2018 年)

A. 10　　B. 12

C. 50　　D. 60

15. 某工程进度计划网络图上的工作 X（在关键线路上）与工作 Y（在非关键线路上）同时受到异常恶劣气候条件的影响，导致 X 工作延误 10 天，Y 工作延误 15 天，该气候条件未对其他工作造成影响，若 Y 工作的自由时差为 20 天，则承包人可以向发包人索赔的工期是（　　）天。(2018 年)

A. 10　　B. 15

C. 25　　D. 35

16. 根据《标准施工招标文件》(2007 年版) 通用合同条款，下列引起承包人索赔的事件中，只能获得工期补偿的是（　　）。(2017 年)

A. 发包人提前向承包人提交材料和工程设备

B. 工程暂停后因发包人原因导致无法按时复工

C. 因发包人原因导致工程试运行失败

D. 异常恶劣的气候条件导致工期延误

17. 某施工合同约定人工工资为 200 元/工日，窝工补贴按人工工资的 25%计算。在施工过程中发生了如下事件：①出现异常恶劣天气导致工程停工 2 天，人员窝工 20 个工日；②因恶劣天气导致场外道路中断，抢修道路用工 20 个工日；③几天后场外停电，停工 1 天，人员窝工 10 个工日。承包人可向发包人索赔的人工费为（　　）元。(2017 年)

A. 1500　　B. 2500

C. 4500　　D. 5500

18. 关于施工合同履行过程中共同延误的处理原则，下列说法中正确的是（　　）。(2017 年)

A. 在初始延误发生作用期间，其他并发延误者按比例承担责任

B. 若初始延误者是发包人，则在其延误期内，承包人可得到经济补偿

C. 若初始延误者是客观原因，则在其延误期内，承包人不能得到经济补偿

D. 若初始延误者是承包人，则在其延误期内，承包人只能得到工期补偿

19. 根据《标准施工招标文件》(2007 年版) 通用合同条款，承包人最有可能同时获得工期、费用和利润补偿的索赔事件是（　　）。(2016 年)

A. 基准日后法律的变化

B. 发包人更换其提供的不合格材料

C. 发包人提前向承包人提供工程设备

D. 发包人在工程竣工前占用工程

20. 当施工机械停工导致费用索赔成立时，台班停滞费用正确的计算方法是（　　）。(2016 年)

A. 按照机械设备台班费计算

B. 按照台班费中的设备使用费计算

C. 自有设备按照台班折旧费计算

D. 租赁设备按照台班租金加上每台班分摊的施工机械进出场费计算

21. 某工程施工过程中发生如下事件：①因异常恶劣气候条件导致工程停工 2 天，人

员窝工 20 个工日；②遇到不利地质条件导致工程停工 1 天，人员窝工 10 个工日，处理不利地质条件用工 15 个工日。若人工工资为 200 元/工日，窝工补贴为 100 元/工日，不考虑其他因素。根据《标准施工招标文件》（2007 年版）通用合同条款，施工企业可向业主索赔的工期和费用分别是（　　）。（2016 年）

A. 3 天，6000 元　　B. 1 天，3000 元

C. 3 天，4000 元　　D. 1 天，4000 元

22. 采用网络图分析法处理可原谅延期，下列说法中正确的是（　　）。（2016 年）

A. 只有在关键线路上的工作延误，才能索赔工期

B. 非关键线路上的工作延误，不应索赔工期

C. 如延误的工作为关键工作，则延误的时间为工期索赔值

D. 该方法不适用于多种干扰事件共同作用所引起的工期索赔

23. 根据《标准施工招标文件》（2007 年版）通用合同条款，承包人通常只能获得费用补偿，但不能得到利润补偿和工期顺延的事件是（　　）。（2015 年）

A. 施工中遇到不利物质条件

B. 因发包人的原因导致工程试运行失败

C. 发包人更换其提供的不合格材料

D. 基准日后法律的变化

24. 某房屋基坑开挖后，发现局部有软弱下卧层。甲方代表指示乙方配合进行地质复查，共用工 10 个工日。地质复查和处理费用为 4 万元，同时工期延长 3 天，人员窝工 15 工日。若用工按 100 元/工日、窝工按 50 元/工日计算，则乙方可就该事件索赔的费用是（　　）元。（2015 年）

A. 41250　　B. 41750

C. 42500　　D. 45250

25. 下列在施工合同履行期间由不可抗力造成的损失中，应由承包人承担的是（　　）。（2014 年）

A. 因工程损害导致的第三方人员伤亡

B. 因工程损害导致的承包人人员伤亡

C. 工程设备的损害

D. 应监理人要求承包人照管工程的费用

26. 某工程合同价格为 5000 万元，计划工期是 200 天，施工期间因非承包人原因导致工期延误 10 天，若同期该公司承揽的所有工程合同总价为 2.5 亿元，计划总部管理费为 1250 万元，则承包人可以索赔的总部管理费为（　　）万元。（2014 年）

A. 7.5　　B. 10

C. 12.5　　D. 15

27. 工程在施工合同履行期间发生共同延误事件，正确的处理方式是（　　）。（2014 年）

A. 按照延误时间的长短，由责任方共同分担延误带来的损失

B. 发包人是初始延误者，承包人可得到工期和费用补偿，但得不到利润补偿

C. 承包人是初始延误者，承包人只能得到工期补偿，但得不到费用补偿

D. 客观原因造成的初始延误，承包人可得到工期补偿，但很难得到费用补偿

(二) 多项选择题

1. 根据《标准施工招标文件》(2007 年版) 通用合同条款，承包人有权利同时提出工期、费用、利润索赔的事件有（　　）。(2023 年)

A. 发包人延迟提供图纸

B. 施工中发现文物、古迹

C. 施工中遇到不利物质条件

D. 发包人提供的工程设备造成工程不合格

E. 发包人提供的错误资料导致测量放线错误

2. 根据我国《标准施工招标文件》(2007 年版)，下列索赔事件中，发包人可以同时向承包人补偿工期、费用和利润索赔的有（　　）。(2022 年)

A. 延迟提供施工场地

B. 施工中遇到不利物质条件

C. 发包人提前向承包人提供材料、工程设备

D. 监理人对已覆盖的隐蔽工程要求重新检查且检查结果合格

E. 因发包人原因导致承包人工程返工

3. 因发包人原因导致工期延误，承包人可向发包人索赔的费用项目有（　　）。(2021 年)

A. 材料超期储存费用

B. 承包人管理不善造成的材料损失费用

C. 总部管理费

D. 履约保函延期手续费

E. 材料涨价价差

4. 费用索赔计算的常用方法有（　　）。(2021 年)

A. 比例计算法

B. 实际费用法

C. 总费用法

D. 修正的总费用法

E. 网络图分析法

5. 下列费用中，承包人可以索赔的有（　　）。(2019 年)

A. 法定增长的人工费

B. 承包人原因导致工效降低而增加的机械使用费

C. 承包人垫资施工的垫资利息

D. 发包人拖延支付工程款的利息

E. 发包人错误扣款的利息

6. 因发包人原因导致工程延期时，下列索赔事件能够成立的有（　　）。(2018 年)

A. 材料超期储存费用索赔

B. 材料保管不善造成的损坏费用索赔

C. 现场管理费索赔

D. 保险费索赔

E. 保函手续费索赔

7. 下列资料中，可以作为施工发承包双方提出和处理索赔直接依据的有（　　）。(2017 年)

A. 未在会同中约定的工程所在地地方性法规
B. 工程施工合同文件
C. 合同中约定的非强制性标准
D. 现场签证
E. 合同中未明确规定的地方定额
8. 支持承包人工程索赔成立的基本条件有（　　）。(2016 年)
A. 合同履行过程中承包人没有违约行为
B. 索赔事件已造成承包人直接经济损失或工期延误
C. 索赔事件是由非承包人的原因引起
D. 承包人已按合同规定提交了索赔意向通知、索赔报告及相关证明材料
E. 发包人已按合同规定给予了承包人答复
9. 根据《标准施工招标文件》(2007 年版)，承包人有可能同时获得工期和费用补偿的事件有（　　）。(2015 年)
A. 发包方延期提供施工图纸
B. 因不可抗力造成的工期延误
C. 甲供设备未按时进场导致停工
D. 监理对覆盖的隐藏工程重新检查且结果合格
E. 施工中发现文物、古迹
10. 根据《标准施工招标文件》(2007 年版)，承包人只能获得"工期+费用"补偿的事件有（　　）。(2014 年)
A. 基准日后法律的变化
B. 施工中发现文物、古迹
C. 发包人提供的材料、工程设备造成工程质量不合格
D. 施工中遇到不利的物质条件
E. 发包人更换其提供的不合格材料、工程设备

V　其他类合同价款调整事项

(一) 单项选择题

1. 施工合同履行期间出现现场签证事件时，现场签证要求应由（　　）提出。(2020 年)
A. 发包人　　B. 监理人
C. 设计人　　D. 承包人
2. 关于施工过程中的现场签证，下列说法中正确的是（　　）。(2017 年)
A. 发包人应按照现场签证内容计算价款，在竣工结算时一并支付
B. 没有计日工单价的现场签证，按承包商提出的价格计算并支付
C. 因发包人口头指令实施的现场签证事项，其发生的费用应由发包人承担
D. 经发包人授权的工程造价咨询人，可与承包人做现场签证

(二) 多项选择题

暂无真题。

三、真题解析

Ⅰ　法规变化类合同价款调整事项

（一）单项选择题

1. 【答案】C

【解析】本题考核法规变化类合同价款调整事项。由于承包人原因导致的工期延误，按不利于承包人的原则调整合同价款。在工程延误期间，国家的法律、行政法规和相关政策发生变化引起工程造价变化的，造成合同价款增加的，合同价款不予调整；造成合同价款减少的，合同价款予以调整。

2. 【答案】A

【解析】此题主要考查基准日的确定。对于实行招标的建设工程，一般以施工招标文件中规定的提交投标文件的截止时间前的第 28 天作为基准日；对于不实行招标的建设工程，一般以建设工程施工合同签订前的第 28 天作为基准日，因此正确选项为 A。

3. 【答案】C

【解析】一般以施工招标文件中规定的提交投标文件的截止时间前的第 28 天作为基准日，故选项 A 错误；基准日之前国家颁布的法规对合同价款有影响的，不予调整，基准日之后国家颁布的法规对合同价款有影响的，应予调整，故选项 B 错误；如果由于承包人的原因导致的工期延误，按不利于承包人的原则调整合同价款，故选项 D 错误。因此正确答案为 C。

4. 【答案】A

【解析】对于实行招标的建设工程，一般以施工招标文件中规定的提交投标文件的截止时间前的第 28 天作为基准日。

5. 【答案】B

【解析】严格讲没有正确答案，相比较而言，选项 B 更符合题意。若由于发包人原因导致了工程延误，则在延误期间内法律、行政法规变化的风险依然由发包人承担，即造成合同价款增加的合同价款应予调整。

6. 【答案】A

【解析】对于实行招标的建设工程，一般以施工招标文件中规定的提交投标文件的截止时间前的第 28 天作为基准日。

（二）多项选择题

暂无真题。

Ⅱ　工程变更类合同价款调整事项

（一）单项选择题

1. 【答案】B

【解析】本题考核工程变更的范围。工程变更的范围包括：①增加或减少合同中任何工作，或追加额外的工作；②取消合同中任何工作，但转由他人实施的工作除外；③改变合同中任何工作的质量标准或其他特性；④改变工程的基线、标高、位置和尺寸；

⑤改变工程的时间安排或实施顺序等。

2. 【答案】C

【解析】此题主要考核工程量偏差带来的价款调整问题。最高投标限价相应综合单价记作 $P_2=400$ 元/m²，原投标报价记作 $P_0=480$ 元/m²，结算单价记作 P_1。

因为 2100÷1600=1.3125>1.15，所以单价可能调低或不变，P_1 取 min {1.15 P_2，P_0}。

$P_2\times(1+15\%)=400\times(1+15\%)=460$（元）$<P_0=480$（元），所以 $P_1=460$（元/m²）。

结算价 = 1.15×1600×480+(2100−1.15×1600)×460=1002800（元）=100.28（万元）。

3. 【答案】C

【解析】工程变更引起措施项目发生变化的，承包人提出调整措施项目费的，应事先将拟实施的方案提交发包人确认，并详细说明与原方案措施项目相比的变化情况。拟实施的方案经发承包双方确认后执行，并应按照下列规定调整措施项目费：①安全文明施工费，按照实际发生变化的措施项目调整，不得浮动。②采用单价计算的措施项目费，按照实际发生变化的措施项目，遵照分部分项工程费的调整方法确定单价。③按总价（或系数）计算的措施项目费，除安全文明施工费外，按照实际发生变化的措施项目调整，但应考虑承包人报价浮动因素。因此，选项 C 为正确答案。

4. 【答案】B

【解析】此题主要考核工程量偏差带来的价款调整问题。此题中市场价为干扰项。最高投标限价相应综合单价记作 $P_2=500$ 元/m²，原投标报价记作 $P_0=450$ 元/m²，结算单价记作 P_1。

因为 800÷1000=80%，工程量减少超过 15%，所以结算单价可能调高或不变。

$P_2\times(1-L)\times(1-15\%)=500\times(1-4\%)\times(1-15\%)=408$（元）。

因为 408<450，即 $P_2\times(1-L)\times(1-15\%)<P_0$，所以 P_1 不进行调整，按原来的投标报价 450 元/m² 进行调整。

5. 【答案】C

【解析】当已标价工程量清单中有适用于或类似于变更工程项目的单价时，均不需要考虑承包人报价浮动率。

6. 【答案】A

【解析】报价浮动率=1−7500/7800=3.85%。

7. 【答案】C

【解析】此题主要考查因工程变更引起措施项目的合同价款调整问题。工程变更引起措施项目发生变化的，承包人提出调整措施项目费的，应事先将拟实施的方案提交发包人确认，因此选项 D 错误。拟实施的方案经发承包双方确认后按照下列规定调整措施项目费：①安全文明施工费，按照实际发生变化的措施项目调整，不得浮动；②采用单价计算的措施项目费，按照实际发生变化的措施项目以分部分项工程费的调整方法确定单价；③按总价（或系数）计算的措施项目费，除安全文明施工费外，按照实际发生变化的措施项目调整，但应考虑承包人报价浮动因素，因此正确答案为 C。

8.【答案】A

【解析】工程变更类主要包括工程变更、项目特征不符、工程量清单缺项、工程量偏差、计日工等事件。因此正确答案为A。

9.【答案】C

【解析】1900÷1500=1.27>1.15，所以单价可能调低或不变。

$P_2\times(1+15\%)=40\times(1+15\%)=46$(元)$<P_0=47$（元），所以$P_1=46$（元）。

结算价=1.15×1500×47+(1900−1.15×1500)×46=89125（元）。

10.【答案】A

【解析】承包人应按照确认的计日工现场签证报告核实该类项目的工程数量，并根据核实的工程数量和承包人已标价工程量清单中的计日工单价计算，提出应付价款；已标价工程量清单中没有该类计日工单价的，由发承包双方按工程变更的有关规定商定计日工单价计算。因此正确答案为A。

11.【答案】A

【解析】①实行招标的工程：承包人报价浮动率$L=$（1−中标价/最高投标限价）×100%；

②不实行招标的工程：承包人报价浮动率$L=$（1−报价值/施工图预算）。

12.【答案】A

【解析】3000÷4000=75%，工程量减少超过15%，所以单价可能调高或不变。

$P_2\times(1-L)\times(1-15\%)=600\times(1-10\%)\times(1-15\%)=459$（元）。

因为450<459，即$P_0<P_2\times(1-L)\times(1-15\%)$，所以$P_1$按照$P_2\times(1-L)\times(1-15\%)$调整。因此结算价=459×3000=137.70（万元）。

13.【答案】C

【解析】综合单价的调整原则为：当工程量增加15%以上时，其增加部分的工程量的综合单价应予调低；当工程量减少15%以上时，减少后剩余部分的工程量的综合单价应予调高。总价措施项目的调整原则为：工程量增加的，措施项目费调增；工程量减少的，措施项目费调减，故选项C正确。

14.【答案】C

【解析】投标时，单价由投标人自主报价，按暂定数量计算合价计入投标总价中，故选项A错误；发包人通知承包人以计日工方式实施的零星工作，承包人应予执行，故选项B错误；每个支付期末，承包人应与进度款同期向发包人提交本期间所有计日工记录的签证汇总表，以说明本期间自己认为有权得到的计日工金额，调整合同价款，列入进度款支付，故选项D错误；因此正确答案为选项C。

15.【答案】B

【解析】承包人报价浮动率$L=(1-1500/1600)\times100\%=6.25\%$。

16.【答案】B

【解析】选项A中，工程量清单缺项、漏项及计算错误带来的风险应由发包方承担；选项C中，分部分项工程量清单缺项引起单价措施项目发生变化的，应按与分部分项工程相同的方法进行调整。

17.【答案】A

【解析】发包人通知承包人以计日工方式实施的零星工作，承包人应予执行；已标价工程量清单中没有该类计日工单价的，由发承包双方按工程变更的有关规定商定计日工单价计算；每个支付期末，承包人应与进度款同期向发包人提交本期间所有计日工记录的签证汇总表，以说明本期间自己认为有权得到的计日工金额，调整合同价款，列入进度款支付。

（二）多项选择题

1. 【答案】BDE

【解析】本题考核工程变更类价款调整方法。(1) 工程变更引起分部分项工程项目发生变化的，调整方法按照已标价工程量清单中有适用、无适用有类似、无适用无类似有信息价、无适用无类似无信息价四种情况分别考虑，选项 A 错误。(2) 工程变更参考类似项目单价的前提是其采用的材料、施工工艺和方法基本相似，不增加关键线路上工程的施工时间，选项 B 正确。(3) 工程变更引起措施项目发生变化的，承包人提出调整措施项目费的，应事先将拟实施的方案提交发包人确认，并按以下原则进行：①安全文明施工费，按照实际发生变化的措施项目调整，不得浮动；②采用单价计算的措施项目费，按照实际发生变化的措施项目以前述分部分项工程费的调整方法确定单价；③按总价（或系数）计算的措施项目费，除安全文明施工费外，按照实际发生变化的措施项目调整，但应考虑承包人报价浮动因素。选项 C 错误。(4) 项目特征不符、工程量清单缺项、工程量偏差均属于工程变更类事件，因此选项 D、E 正确。

2. 【答案】BCDE

【解析】发包人通知承包人以计日工方式实施的零星工作，承包人应予执行。采用计日工计价的任何一项变更工作，承包人应在该项变更的实施过程中，按合同约定提交以下报表和有关凭证送发包人复核：

(1) 工作名称、内容和数量；

(2) 投入该工作所有人员的姓名、专业、级别和耗用工时；

(3) 投入该工作的材料名称、类别和数量；

(4) 投入该工作的设备型号、台数和耗用台时；

(5) 发包人要求提交的其他资料和凭证。

3. 【答案】ADE

【解析】此题主要考查工程变更的范围。工程设备价格上涨属于物价波动事件，不属于变更，故选项 B 错误；取消合同中任何工作都属于变更，但转由他人实施的工作不属于变更，故选项 C 错误。

4. 【答案】ABC

【解析】根据《建设工程施工合同（示范文本）》GF-2017-0201，工程变更范围包括：①增加或减少合同中任何工作，或追加额外的工作；②取消合同中任何工作，但转由他人实施的工作除外；③改变合同中任何工作的质量标准或其他特性；④改变工程的基线、标高、位置和尺寸；⑤改变工程的时间安排或实施顺序。

5. 【答案】BDE

【解析】承包人应按照确认的计日工现场签证报告核实该类项目的工程数量，并根据核实的工程数量和承包人已标价工程量清单中的计日工单价计算，提出应付价款；已标价工程量清单中没有该类计日工单价的，由发承包双方按工程变更的有关规定商定计日工单价计算。每个支付期末，承包人应与进度款同期向发包人提交本期间所有计日工记录的签证汇总表，以说明本期间自己认为有权得到的计日工金额，调整合同价款，列入进度款支付。发包人通知承包人以计日工方式实施的零星工作，承包人应予执行。

6. **【答案】** ABD

【解析】 由于招标工程量清单中分部分项工程出现缺项漏项，引起措施项目发生变化的，应当按照工程变更事件中关于措施项目费的调整方法，故选项 C 错误。注意选项 E，如果题干中是单价措施项目费的调整，则选 E。

7. **【答案】** ACD

【解析】 已标价工程量清单中，有适用于变更工程项目的，且工程变更导致的该清单项目的工程数量变化不足 15%时，采用该项目的单价，选项 A 正确。已标价的工程量清单中，没有相同或类似的工程变更项目，应由承包人提出变更工程项目的总价和单价，因此选项 B 错误。工程变更引起措施项目发生变化的，承包人提出调整措施项目费的，应事先将拟实施的方案提交发包人确认，并详细说明与原方案措施项目相比的变化情况。拟实施的方案经发承包双方确认后执行，并应按照下列规定调整措施项目费：①安全文明施工费，按照实际发生变化的措施项目调整，不得浮动；②采用单价计算的措施项目费，按照实际发生变化的措施项目按前述分部分项工程费的调整方法确定单价；③按总价（或系数）计算的措施项目费，除安全文明施工费外，按照实际发生变化的措施项目调整，但应考虑承包人报价浮动因素。因此选项 C、D 正确，选项 E 错误。

Ⅲ　物价变化类合同价款调整事项

（一）单项选择题

1. **【答案】** D

【解析】 此题主要考查采用价格指数调整价格差额的方法。由投标截止日期前 28 天计算出基准日，由此基本价格指数为 7 月份价格指数，现行价格指数采用 9 月份价格指数。2022 年 9 月的综合调价指数 $=0.3+0.25\times1.05/1+0.15\times1.21/1.1+0.30\times1.08/0.9=1.0875\approx1.088$。

2. **【答案】** C

【解析】 本题考核暂估价的调整。发包人在招标工程量清单中给定暂估价的专业工程，依法必须招标的，应当由发承包双方依法组织招标选择专业分包人。除合同另有约定外，承包人不参加投标的专业工程，应由承包人作为招标人，但拟定的招标文件、评标方法、评标结果应报送发包人批准，与组织招标工作有关的费用应当被认为已经包括在承包人的签约合同价（投标总报价）中。承包人参加投标的专业工程，应由发包人作为招标人，与组织招标工作有关的费用由发包人承担；同等条件下，应优先选择承包人中标。

3. **【答案】** B

【解析】 此题主要考查造价信息调整价格差额的方法运用。

由于施工期造价信息价上涨，所以应以 max（520，510）= 520 为基础计算合同约定的风险幅度值。

$520\times(1+5\%)=546<560$，因此该材料应上调单价为 $560-546=14$（元/m^3）。

则该材料的实际结算价 $=520+14=534$（元/m^3）。

4. **【答案】** B

【解析】 价格调整公式中的各可调因子、定值和变值权重，以及基本价格指数及其来源在投标函附录价格指数和权重表中约定。价格指数应首先采用工程造价管理机构提供的价格指数，缺乏价格指数时，可采用工程造价管理机构提供的价格代替。

5. **【答案】** D

【解析】 $5700\times(1-5\%)=5415$（元/t）<5600 元/t，因此应按照原投标价格 5700 元/t 结算。

6. **【答案】** D

【解析】 此题主要考查采用价格指数调整价格差额的方法。现行价格指数采用较高的 7 月份价格指数。

价格调整金额 $=(3000+100)\times[0.35+0.15\times105/100+0.10\times89/85+0.30\times118.6/113.4+0.10\times113/110-1]=88.94$（万元）。

7. **【答案】** B

【解析】 此题主要考查造价信息调整价格差额的方法运用。2020 年 7 月信息价上涨，应以较高的投标价格为基础计算合同约定的风险幅度值。

$100\times(1+10\%)=110$（元/m^3）。

因此碎石每吨应上调价格 $=130-110=20$（元/m^3）。

2020 年 7 月碎石实际结算价格 $=100+20=120$（元/m^3）。

8. **【答案】** D

【解析】 $\Delta P=(2000+200)\times\{0.35+[0.15\times(105\div100)+0.1\times(90\div84)+0.2\times(107.8\div104.5)+0.1\times(135\div115.6)+0.1\times(110\div110)]-1\}\approx83.03$（万元）。

9. **【答案】** B

【解析】 发包人在招标工程量清单中给定暂估价的材料和工程设备不属于依法必须招标的，由承包人按照合同约定采购，经发包人确认后以此为依据取代暂估价，调整合同价款。属于依法必须招标的，由发承包双方以招标的方式选择供应商。依法确定中标价格后，以此为依据取代暂估价，调整合同价款。

10. **【答案】** D

【解析】 首先判断价格下跌，因此基准价 $=\min(440,450)=440$（元/t）。

$440\times0.95=418$（元/t）<430 元/t，所以不对材料进行调差，因此实际结算价格等于原报价 440 元/t。

11. **【答案】** B

【解析】 $\Delta P=1500\times\{0.3+[0.1\times(90\div80)+0.1\times(102\div100)+0.15\times(120\div110)+0.15\times(110\div120)+0.20\times(120\div115)]-1\}=36.45$（万元）。

12. **【答案】** C

【解析】 承包人投标报价中材料单价高于基准单价，因此工程施工期间材料单价跌幅以基准单价为基础超过合同约定的风险幅度值时，或材料单价涨幅以投标报价为基础超过合同约定的风险幅度值时，其超过部分按实调整。

2015 年 12 月价格下跌时，2200×(1−5%)＝2090(元/t)>2000 元/t，所以应调减，结算价＝2400−[2200×(1−5%)−2000]＝2310（元/t）；

2016 年 7 月价格上涨时，2400×1.05＝2520（元/t）<2600 元/t，所以应调增，结算价＝2400+(2600−2400×1.05)＝2480（元/t）。

13. **【答案】** A

【解析】 施工期间造价管理机构发布的钢筋综合基准价格为 2800 元/t，可以判断价格是增长的，max(2400，2500)×1.05＝2625（元/t）<2800 元/t，所以应对钢材调增，调增的材料费用＝(2800−2625)×1000＝17.5（万元）。

14. **【答案】** B

【解析】 发包人在招标工程量清单中，给定暂估价的材料和工程设备不属于依法必须招标的，由承包人按照合同约定采购，经发包人确认后，以此为依据取代暂估价，调整合同价款。属于依法必须招标的，由发承包双方以招标的方式选择供应商。依法确定中标价格后，以此为依据取代暂估价，调整合同价款。承包人参加投标的专业工程，应由发包人作为招标人，与组织招标工作有关的费用由发包人承担；同等条件下，应优先选择承包人中标。

15. **【答案】** D

【解析】 $\Delta P = 3000 \times \{0.6 + [0.25 \times (110 \div 100) + 0.15 \times (4200 \div 4000)] - 1\} = 97.5$（万元）。

（二）多项选择题

1. **【答案】** BE

【解析】 由于承包人的原因导致工期延误期间国家的法律、行政法规和相关政策发生变化而引起工程造价变化的，按不利于承包人的原则调整合同价款，即调减不调增，故选项 B 正确；由于承包人原因导致工期延误使用价格调整公式调整合同价款时，应采用计划进度日期（或竣工日期）与实际进度日期（或竣工日期）的两个价格指数中较低者作为现行价格指数，故选项 E 正确。

2. **【答案】** ACE

【解析】 承包人不参加投标的专业工程，应由承包人作为招标人，但拟定的招标文件、评标方法、评标结果应报送发包人批准；与组织招标工作有关的费用应当被认为已经包括在承包人的签约合同价（投标总报价）中。承包人参加投标的专业工程，应由发包人作为招标人，与组织招标工作有关的费用由发包人承担；同等条件下，应优先选择承包人中标。因此正确答案为 ACE。

3. **【答案】** BDE

【解析】 发包人在招标工程量清单中，给定暂估价的材料和工程设备不属于依法必须招标的，由承包人按照合同约定采购，经发包人确认后以此为依据取代暂估价，调整合同价款。属于依法必须招标的，由发承包双方以招标的方式选择供应商。依法确定中标价格后，以此为依据取代暂估价，调整合同价款。承包人不参加投标的专业工程，应由承包人作为招标人，但拟定的招标文件、评标方法、评标结果应报送发包人批准；与组织招标工作有关的费用应当被认为已经包括在承包人的签约合同价（投标总报价）中。承包人参加投标的专业工程，应由发包人作为招标人，与组织招标工作有关的费用由发包人承担；同等条件下，应优先选择承包人中标。

Ⅳ 工程索赔类合同价款调整事项

（一）单项选择题

1. **【答案】** A

【解析】 本题考核索赔的费用计算。事件 1 不能索赔利润，只能索赔费用；事件 2 只能索赔工期。进一步在事件 1 中，20 个工日属于新增用工，因此承包人可向发包人索赔的费用金额 = 200×20×(1+20%) = 4800（元）。

2. **【答案】** C

【解析】 本题考核工期延误中“共同延误”的处理。初始延误者应对工程拖期负责；在初始延误发生作用期间，其他并发的延误者不承担拖期责任，因此选项 A、B 错误。具体地，如果初始延误者是发包人，则在发包人原因造成的延误期内，可给予承包人工期延长和经济补偿；如果初始延误是客观原因造成的，则在客观因素发生影响的延误期内，可给予承包人工期延长，但很难给予费用补偿；如果初始延误者是承包人，则在承包人原因造成的延误期内，既不能给予承包人工期补偿，也不能给予费用补偿，选项 C 正确。

3. **【答案】** A

【解析】 事件“基础开挖时出现勘察设计未注明溶洞”可以同时索赔工期和费用；异常恶劣天气只能索赔工期，不能索赔费用。

因此，可索赔的工期 = 3+2 = 5（天）；

可索赔的费用 = 30×160+20×200 = 8800（元）。

4. **【答案】** B

【解析】 根据《标准施工招标文件》（2007 年版）通用合同条款，引起承包人索赔的事件（详见教材表 5.1.4），选项 A 和选项 C 的事件中，承包人可以同时获得工期、费用和利润补偿；选项 D 中事件只能索赔费用；承包人只能获得工期和费用补偿的事件包括：①施工中发现文物、古迹；②施工中遇到不利物质条件，因此正确答案为选项 B。

5. **【答案】** A

【解析】 此题工期索赔运用直接法，即干扰事件 A、B 两个分项工作直接发生在关键线路上，因此可以直接将 A、B 两个干扰事件的延误时间之和作为工期索赔值，即 2+3 = 5（天）。

6. **【答案】** D

【解析】 因不可抗力事件导致的人员伤亡、财产损失及其费用增加按下列原则进行分担：

1）合同工程本身的损害、因工程损害导致第三方人员伤亡和财产损失以及运至施工场地用于施工的材料和待安装的设备的损害，由发包人承担；

2）发包人、承包人人员伤亡由其所在单位负责，并承担相应费用；

3）承包人的施工机械设备损坏及停工损失，由承包人承担；

4）停工期间，承包人应发包人要求留在施工场地的必要的管理人员及保卫人员的费用由发包人承担；

5）工程所需清理、修复费用，由发包人承担。

7. **【答案】** A

【解析】 事件 1 不能获得费用补偿。

事件 2 索赔费用 = 20×300×(1+40%) +5000 = 13400（元）。

事件 3 索赔费用 = 40×100 = 4000（元）。

总索赔费用 = 13400+4000 = 17400（元）。

8. **【答案】** B

【解析】 此题主要考查索赔的分类。选项 A、C、D 中所提的事件：发包人原因造成承包人人员工伤事故、承包人提前竣工和基准日后法律的变化均属于只能索赔费用的事件，只有选项 B 属于可以同时获得工期和费用补偿的事件，因此正确答案为 B。

9. **【答案】** C

【解析】 工程索赔既可以是承包人向发包人，也可以是发包人向承包人提出工期和（或）费用补偿要求的行为，故选项 A 错误。无论是发包人的原因还是总承包人的原因所致的索赔，分包人都只能向总承包人提出索赔要求，故选项 B 错误。由于不可抗力事件造成合同非正常终止，承包人可以向发包人提出索赔，故选项 D 错误。

10. **【答案】** B

【解析】 选项 A 属于只能索赔工期和费用的事件；选项 C 属于只能索赔费用的事件；选项 D 属于只能索赔工期的事件。更多内容请详见教材表 5. 1. 4。

11. **【答案】** B

【解析】 事件 1 不能获得费用索赔，事件 2 可以获得费用索赔，且属于新增工作。

索赔费用 = (10×100+1×900) ×(1+30%) = 2470（元）。

12. **【答案】** C

【解析】 因不可抗力造成的损失中，承包人人员伤亡、承包人的施工机械设备损坏及停工损失由承包人承担。

13. **【答案】** A

【解析】 根据《标准施工招标文件》（2007 年版）通用合同条款，下列引起承包人索赔的事件中，只能获得费用补偿的事件包括：①提前向承包人提供材料、工程设备；②因发包人原因造成承包人人员工伤事故；③承包人提前竣工；④基准日后法律的变化；⑤工程移交后因发包人原因出现的缺陷修复后的试验和试运行；⑥因不可抗力停工期间应监理人要求照管、清理、修复工程。

14. **【答案】** B

【解析】 2×[200/(800+200)]×30 = 12（万元），(800+200)×5% = 50（万元）。

因为 12 万元<50 万元，所以误期赔偿费为 12 万元。

15. **【答案】** A

【解析】 *X* 工作在关键线路上，因此 *X* 工作延误 10 天，都可以向发包人提出索赔。*Y*

工作的自由时差为20天，则总时差大于等于20天，15天小于20天，因此不会带来工期延长。最终承包人可以向发包人索赔的工期是10+0=10（天）。

16. 【答案】D

【解析】根据《标准施工招标文件》（2007年版）通用合同条款，下列引起承包人索赔的事件中，只能获得工期补偿的事件包括：①异常恶劣的气候条件导致工期延误；②因不可抗力造成工期延误。

17. 【答案】C

【解析】各事件处理结果如下：

（1）异常恶劣天气导致的停工通常不能进行费用索赔；

（2）抢修道路用工的索赔额：20×200=4000（元）；

（3）停电导致的索赔额：10×200×25%=500（元）。

总索赔费用=4000+500=4500（元）。

18. 【答案】B

【解析】共同延误的处理，首先确定“初始延误”者，它应对工程拖期负责。具体体现在：如果初始延误者是发包人原因，则在发包人原因造成的延误期内，承包人既可得到工期延长，又可得到经济补偿；如果初始延误者是客观原因，则在客观因素发生影响的延误期内，承包人可以得到工期延长，但很难得到费用补偿；如果初始延误者是承包人原因，则在承包人原因造成的延误期内，承包人既不能得到工期补偿，也不能得到费用补偿。

19. 【答案】D

【解析】根据《标准施工招标文件》（2007年版）通用合同条款，下列引起承包人索赔的事件中，只能获得费用补偿的事件包括：①提前向承包人提供材料、工程设备；②因发包人原因造成承包人人员工伤事故；③承包人提前竣工；④基准日后法律的变化；⑤工程移交后因发包人原因出现的缺陷修复后的试验和试运行；⑥因不可抗力停工期间应监理人要求照管、清理、修复工程。因此选项AC不是正确答案。选项B教材已删除。更多内容详见教材表5.1.4。

20. 【答案】D

【解析】在计算机械设备台班停滞费时，不能按机械设备台班费计算，因为台班费中包括设备使用费，按以下两种方法计算：①机械设备是承包人自有设备，一般按台班折旧费、人工费与其他费之和计算；②承包人租赁的设备，一般按台班租金加上每台班分摊的施工机械进出场费计算。

21. 【答案】C

【解析】（1）不利的地质条件施工企业可以索赔工期和费用；（2）异常恶劣气候条件导致工程停工2天，工期可以索赔，但是窝工费用不索赔。

所以工期为1+2=3（天）。费用为10×100+15×200=4000（元）。

注意：此题题干中未考虑新增工作的取费问题。

22. 【答案】C

【解析】网络图分析法是利用进度计划的网络图，分析其关键线路。如果延误的工作为关键工作，则延误的时间为索赔的工期，故选项C正确；如果延误的工作为非关键工作，当该工作由于延误超过时差而成为关键工作时，可以索赔延误时间与时差的差值，若该工作延误后仍为非关键工作，则不存在工期索赔问题，故选项A、B错误；网络图分析法适用于各种干扰事件和多种干扰事件所引起的工期索赔，故选项D错误。因此正确答案为选项C。

23. **【答案】** D

【解析】 根据《标准施工招标文件》（2007年版）通用合同条款，下列引起承包人索赔的事件中，只能获得费用补偿的事件包括：①提前向承包人提供材料、工程设备；②因发包人原因造成承包人人员工伤事故；③承包人提前竣工；④基准日后法律的变化；⑤工程移交后因发包人原因出现的缺陷修复后的试验和试运行；⑥因不可抗力停工期间应监理人要求照管、清理、修复工程。选项C教材已删除。更多内容详见教材表5.1.4。

24. **【答案】** B

【解析】 索赔费用=10×100+15×50+40000=41750（元）。

25. **【答案】** B

【解析】 因不可抗力造成的损失，承包人人员伤亡、承包人的施工机械设备损坏及停工损失由承包人承担。

26. **【答案】** C

【解析】 被延期工程分摊的总部管理费=[5000÷(2.5×10000)]×1250=250（万元）。

被延期工程的日平均总部管理费=250÷200=1.25（万元/天）。

索赔的总部管理费=1.25×10=12.5（万元）。

27. **【答案】** D

【解析】 共同延误的处理，首先确定“初始延误”者，它应对工程拖期负责。具体体现在：如果初始延误者是发包人原因，则在发包人原因造成的延误期内，承包人既可得到工期延长，又可得到经济补偿；如果初始延误是客观原因造成的，则在客观因素发生影响的延误期内，承包人可以得到工期延长，但很难得到费用补偿；如果初始延误者是承包人原因，则在承包人原因造成的延误期内，承包人既不能得到工期补偿，也不能得到费用补偿。

（二）多项选择题

1. **【答案】** ADE

【解析】 本题考核费用索赔的相关规定。根据《标准施工招标文件》（2007年版）的通用合同条款，选项B中“施工中发现文物、古迹”和选项C中“施工中遇到不利物质条件”均属于只能提出工期和费用索赔，不能提出利润索赔的事件。承包人有权利同时提出工期、费用、利润索赔的共有13个事件（详见教材表5.1.4），选项A、D、E均属于这种类型。

2. **【答案】** ADE

【解析】 详见教材表5.1.4。选项B属于只能索赔工期和费用的事件，选项C属于只能索赔费用的事件。

3. **【答案】** ACDE

【解析】索赔费用的要素一般可归结为人工费、材料费、施工机械使用费、管理费、保函手续费、利息、利润、保险费、分包费等。选项 B 中承包人管理不善造成的材料损失费用应由承包人自己承担，不能向发包人提出索赔。选项 A 和 E 属于承包人可向发包人索赔的材料费；选项 C 和选项 D 分别属于承包人可向发包人索赔的管理费和保函手续费。

4. 【答案】BCD

【解析】索赔费用的计算应以赔偿实际损失为原则，包括直接损失和间接损失。索赔费用的计算方法通常有三种，即实际费用法、总费用法和修正的总费用法。

5. 【答案】ADE

【解析】索赔费用的要素一般可归结为人工费、材料费、施工机械使用费、管理费、保函手续费、利息、利润、保险费等。其中人工费的索赔包括：由于完成合同之外的额外工作所花费的人工费用；超过法定工作时间加班劳动；法定人工费增长；因非承包商原因导致工效降低所增加的人工费用；因非承包商原因导致工程停工的人员窝工费和工资上涨费等；因此选项 A 正确。施工机械使用费的索赔包括：由于完成合同之外的额外工作所增加的机械使用费；非因承包人原因导致工效降低所增加的机械使用费；由于发包人或工程师指令错误或迟延导致机械停工的台班停滞费；因此选项 B 错误。利息的索赔包括：发包人拖延支付工程款利息；发包人迟延退还工程质量保证金的利息；发包人错误扣款的利息等；因此选项 D、E 正确。承包人垫资施工的垫资利息是否可以索赔应依据合同约定。

6. 【答案】ACDE

【解析】材料超期储存费用、现场管理费、总部管理费、保险费、保函手续费等的计算均与工期长短有关系，因此当发包人原因导致工程延期时，相应索赔费用事件能够成立。而材料保管不善造成的损坏费用不能进行索赔。因此正确答案为 ACDE。

7. 【答案】BCD

【解析】提出索赔和处理索赔都要依据下列文件或凭证：①工程施工合同文件；②国家颁布实施的法律、行政法规，是工程索赔的法律依据；部门规章以及工程项目所在地的地方性法规或地方政府规章，如果在施工合同专用条款中约定为工程合同的适用法律的，也可以作为工程索赔的依据；③工程建设强制性标准；对于不属于强制性标准的其他标准、规范和计价依据，除施工合同中有明确约定外，不能作为工程索赔的依据；④工程施工合同履行过程中与索赔事件有关的各种凭证。因此正确答案为 BCD。

8. 【答案】BCD

【解析】承包人工程索赔成立的基本条件包括：①造成费用增加或工期延误的索赔事件是因非承包人的原因发生的；②索赔事件已造成了承包人直接经济损失或工期延误；③承包人已经按照工程施工合同规定的期限和程序提交了索赔意向通知、索赔报告及相关证明材料。因此正确答案为 BCD。

9. 【答案】ACDE

【解析】见教材表 5.1.4。只要索赔结果里含有工期和费用的事件均为正确答案。选项 ACD 属于能索赔工期、费用和利润的事件，选项 E 属于只能索赔工期和费用的事件，选项 B 属于只能索赔工期的事件。

10. 【答案】BD

【解析】根据《标准施工招标文件》（2007年版）通用合同条款，下列引起承包人索赔的事件中，可同时获得工期和费用补偿，但不能获得利润补偿的事件包括：①施工中发现文物、古迹；②施工中遇到不利物质条件。目前选项E教材中已删除。更多内容见教材表5.1.4。

Ⅴ　其他类合同价款调整事项

（一）单项选择题

1. 【答案】D

【解析】此题主要考查现场签证的提出。承包人应发包人要求完成合同以外的零星项目、非承包人责任事件等工作的，发包人应及时以书面形式向承包人发出指令，提供所需的相关资料；承包人在收到指令后，应及时向发包人提出现场签证要求。

2. 【答案】D

【解析】承包人应按照现场签证内容计算价款，报送发包人确认后，作为增加合同价款，与进度款同期支付，因此选项A错误。已标价工程量清单中没有该类计日工单价的，由发承包双方按工程变更的有关规定商定计日工单价计算，选项B错误。承包人应发包人要求完成合同以外的零星项目、非承包人责任事件等工作的，发包人应及时以书面形式向承包人发出指令，提供所需的相关资料。现场签证是指发包人或其授权现场代表（包括工程监理人、工程造价咨询人）与承包人或其授权现场代表就施工过程中涉及的责任事件所作的签认证明，因此选项D正确。

（二）多项选择题

暂无真题。

第二节　工程合同价款支付与结算

一、名师考点

参见表5-3。

表5-3　工程合同价款支付与结算考点

教材点		知识点
一	工程计量	工程计量的原则与范围；不同合同类型的计量方法
二	预付款及期中支付	预付款的支付和扣回规定及方法； 期中支付价款的计算，进度款支付申请的内容
三	竣工结算	编制竣工结算文件的计价原则；竣工结算文件的审核；竣工结算款的支付规定
四	质量保证金的处理	缺陷责任期的确定；质量保证金的预留、使用及返还
五	最终结清	最终结清流程及相应规定
六	合同价款纠纷的处理	合同价款纠纷的解决途径；合同价款纠纷的处理原则；工程造价鉴定的有关规定

二、真题回顾

Ⅰ 工程计量

（一）单项选择题

1. 根据现行工程量清单计价规范，关于国有资金投资建设工程的工程计量，下列说法正确的是（　　）。(2022 年)

A. 超出合同工程范围施工但没有造成质量问题的工程应予计量

B. 合同文件中约定的各种费用支付项目应不予计量

C. 应区分单价合同与总价合同选择不同的计量方法

D. 成本加酬金合同按照总价合同的计量规定进行计量

2. 根据现行《标准施工招标文件》(2007 年版)，下列已完工程，发包人应予计量的是（　　）。(2021 年)

A. 在工程量清单内，质量验收资料不齐全的工程

B. 超出合同工程范围的工程

C. 监理人要求再次检验的合格隐蔽工程的挖填土方工程

D. 为抵御台风完成的临时设施加固工程

3. 下列施工过程中完成的工程量，发包人应予计量的是（　　）。(2020 年)

A. 承包人自行增建的临时工程工程量

B. 监理人抽检不合格返工增加的工程量

C. 承包人修复因不可抗力损坏工程增加的工程量

D. 承包人自检不合格返工增加的工程量

4. 根据《建设工程工程量清单计价规范》GB 50500，关于工程计量，下列说法中正确的是（　　）。(2017 年)

A. 合同文件中规定的各种费用支付项目应予计量

B. 因异常恶劣天气造成的返工工程量不予计量

C. 成本加酬金合同应按照总价合同的计量规定进行计量

D. 总价合同应按实际完成的工程量计算

5. 下列文件和资料中，可作为建设工程计量依据的是（　　）。(2015 年)

A. 造价管理机构发布的调价文件　　B. 造价管理机构发布的价格信息

C. 质量合格证书　　D. 各种预付款支付凭证

6. 施工合同履行期间，下列不属于工程计量范围的是（　　）。(2014 年)

A. 工程变更修改的工程量清单内容

B. 合同文件中规定的各种费用支付项目

C. 暂列金额中的专业工程

D. 擅自超出施工图纸施工的工程

（二）多项选择题

1. 关于工程计量的说法，正确的有（　　）。(2022 年)

A. 按合同文件所规定的方法、范围、内容和单位计量

B. 不符合合同文件要求的工程不予计量

C. 工程验收资料不齐全但满足工程质量要求的，应予计量

D. 因承包人原因超出合同工程范围施工，但有助于提高项目功能的工程量，发包人应予计量

E. 因承包人原因造成返工的工程量，经验收合格的，发包人应予计量

2. 工程施工中的下列情形，发包人不予计量的有（　　）。(2019 年)

A. 监理人抽检不合格返工增加的工程量

B. 承包人自检不合格返工增加的工程量

C. 承包人修复因不可抗力损坏工程增加的工程量

D. 承包人在合同范围之外按发包人要求增建的临时工程工程量

E. 工程质量验收资料缺项的工程量

3. 采用工程量清单计价的工程，在办理建设工程结算时，工程量计算的原则和方法有（　　）。(2015 年)

A. 不符合质量要求的工程不予计量

B. 应按工程量清单计量规范的要求进行计量

C. 无论何种原因，超出合同工程范围的工程均不予计量

D. 因承包人原因造成的返工工程不予计量

E. 应按合同的约定对承包人完成合同工程的数量进行计算和确认

Ⅱ　预付款及期中支付

(一) 单项选择题

1. 关于按照 $T=P-M/N$ 约定的预付款起点，下列说法正确的是（　　）。(2023 年)

A. M 代表未完成工程的金额

B. 起扣点的金额与预付款金额所占合同总额的比例负相关

C. 起扣点后，每期支付进度款应扣除本期实际发生的材料设备款

D. 该起扣点计算法，有利于发包人资金使用，但对承包人不利

2. 关于建设工程施工过程结算及进度款支付，下列说法正确的是（　　）。(2023 年)

A. 施工过程结算不应包括承包人现场签证、索赔金额

B. 发包人提供材料的金额，应按发包人实际采购单价和数量从进度款中扣除

C. 发包人对承包人工程进度款支付申请核实确认后，应出具进度款支付证书

D. 发现已签发的任何支付证书有错、漏项的，发承包人双方均有权予以修正

3. 某工程合同总额为 12000 万元，其中主要材料及构件占比 50%。合同约定的工程预付款为 3600 万元，进度款支付比例为 85%。按起扣点计算的预付款起扣点为（　　）万元。(2021 年)

A. 3600　　　　B. 4800

C. 7200　　　　D. 8400

4. 关于工程预付款的额度计算和支付，下列说法正确的是（　　）。(2021 年)

A. 采用百分比法时，预付款支付比例不得低于签约合同价的10%

B. 采用百分比法时，预付款支付比例不宜高于扣除暂列金额后的签约合同价的30%

C. 采用公式计算法时，$预付款=\frac{年度工程总价}{年度施工天数}\times 材料储备定额天数$

D. 采用公式计算法时，年度施工天数一般按360天计算

5. 某工程合同总额为20000万元，其中主要材料占比为40%，合同中约定的工程预付款为2400万元，则按起扣点计算法计算的预付款起扣点为（　　）万元。（2020年）

A. 6000　　B. 8000

C. 12000　　D. 14000

6. 关于预付款担保的说法，正确的是（　　）。（2019年）

A. 预付款担保的形式必须为银行保函

B. 预付款担保的担保金额必须高于预付款

C. 在预付款的扣回过程中，担保金额保持不变

D. 预付款保函在预付款扣回之前必须保持有效

7. 关于合同价款的期中支付，下列说法正确的是（　　）。（2019年）

A. 进度款支付周期应与发包人实际的工程计量周期一致

B. 已标价工程量清单中单价项目结算价款应按承包人确认的工程量计算

C. 承包人现场签证金额不应列入期中支付进度款，在竣工结算时一并处理

D. 政府机关、事业单位、国有企业建设工程进度款支付应不低于已完成工程价款的80%

8. 采用起扣点计算法扣回预付款的正确做法是（　　）。（2018年）

A. 从已完工程的累计合同额相当于工程预付款数额时起扣

B. 从已完工程所用的主要材料及构件的价值相当于工程预付款数额时起扣

C. 从未完工程所需的主要材料及构件的价值相当于工程预付款数额时起扣

D. 从未完工程的剩余合同额相当于工程预付款数额时起扣

9. 关于安全文明施工费的支付，下列说法正确的是（　　）。（2018年）

A. 按工期平均分摊安全文明施工费，与进度款同期支付

B. 按合同建筑安装工程费分摊安全文明施工费，与进度款同期支付

C. 在开工后的28天内预付不低于当年施工进度计划的安全文明施工费总额的60%，其余部分与进度款同期支付

D. 在正式开工前预付不低于当年施工进度计划的安全文明施工费总额的60%，其余部分与进度款同期支付

10. 关于施工合同预付款，下列说法中正确的是（　　）。（2017年）

A. 承包人预付款的担保金额通常高于发包人的预付款

B. 采用起扣点计算法抵扣预付款对承包人不利

C. 预付款的担保金额不会随着预付款的扣回而减少

D. 预付款的额度通常与主要材料和构件费用占建安费的比例相关

11. 关于施工合同工程款的期中支付，下列说法中正确的是（　　）。（2017年）

A. 进度款支付比例不低于已完成工程价款的80%并不是针对所有工程的强制性规定

B. 期中进度款的支付比例，一般不高于期中价款总额的80%

C. 综合单价发生调整的项目，其增减在竣工结算时一并结算

D. 发承包双方都对部分计量结果存在争议，直到争议解决后再支付全部进度款

12. 已知某建筑工程施工合同总额为8000万元，工程预付款按合同金额的20%计取，主要材料及构件造价占合同额的50%。则预付款起扣点为（　　）万元。(2016年)

A. 1600　　B. 4000

C. 4800　　D. 6400

13. 由发包人提供的工程材料、工程设备的金额，应在合同价款的期中支付和结算中予以扣除。具体的扣除标准是（　　）。(2016年)

A. 按签约单价和签约数量　　B. 按实际采购单价和实际数量

C. 按签约单价和实际数量　　D. 按实际采购单价和签约数量

14. 根据《建设工程工程量清单计价规范》GB 50500，发包人应在工程开工后的28天内预付不低于当年施工进度计划的安全文明施工费总额的（　　）。(2015年)

A. 30%　　B. 40%

C. 50%　　D. 60%

15. 某工程合同总价为5000万元，合同工期180天，材料费占合同总价的60%，材料储备定额天数为25天，材料供应在途中天数为5天。用公式计算法来求得该工程的预付款为（　　）万元。(2014年)

A. 417　　B. 500

C. 694　　D. 833

16. 关于施工合同履行期间的期中支付，下列说法中正确的是（　　）。(2014年)

A. 双方对工程计量结果的争议，不影响发包人对已完工程的期中支付

B. 对已签发支付证书中的计算错误，发包人不得再予修正

C. 进度款支付申请中应包括累计已完成的合同价款

D. 本周期实际支付的合同额为本期完成的合同价款合计

（二）多项选择题

1. 承包人的进度款支付申请应包括的内容有（　　）。(2021年)

A. 累计已完成的合同价款　　B. 累计已扣减的合同价款

C. 累计已实际支付的合同价款　　D. 本周期合计完成的合同价款

E. 本周期施工计划完成情况表

2. 承包人提交的已完工程进度款支付申请中，应计入本周期完成合同价款中的有（　　）。(2018年)

A. 本周期已完成单价项目的金额　　B. 本周期应支付的总价项目的金额

C. 本周期应扣回的预付款　　D. 本周期应支付的安全文明施工费

E. 本周期完成的计日工价款

3. 承包人应在每个计量周期到期后，向发包人提交已完工程进度款支付申请，支付申请包括的内容有（　　）。(2016年)

A. 累计已完成的合同价款　　B. 本周期合计完成的合同价款

C. 本周期合计应扣减的金额　　D. 累计已调整的合同金额

E. 预计下期将完成的合同价款

4. 下列关于预付款担保的说法中，正确的是（　　）。(2014 年)

A. 预付款担保应在施工合同签订后、预付款支付前提供

B. 预付款担保必须采用银行保函的形式

C. 承包人中途毁约、中止工程，发包人有权从预付款担保金额中获得预付款补偿

D. 发包人应在预付款扣完后将预付款保函退还承包人

E. 在预付款全部扣回之前预付款保函应始终保持有效，且担保金额始终保持不变

Ⅲ　竣工结算

（一）单项选择题

1. 关于工程施工项目竣工结算款的支付，下列说法正确的是（　　）。(2023 年)

A. 竣工结算款支付申请金额应包括质量保证金在内的所有未支付款项

B. 合同价款总额中应扣除经双方确认的误期赔偿费

C. 承包人有权获得的延迟支付利息，应自催告发包人支付之日起计算

D. 发包人未按规定支付竣工结算款的，承包人不得直接向人民法院申请拍卖工程

2. 除工程造价咨询合同另有约定外，工程造价咨询企业竣工结算审核通常采用的方法是（　　）。(2022 年)

A. 全面审核法　　B. 重点审核法

C. 类比审核法　　D. 抽样审核与类比审核相结合方法

3. 关于编制竣工结算文件应遵循的计价原则，下列说法正确的是（　　）。(2022 年)

A. 安全文明施工费应按原合同约定的金额计算

B. 总承包服务费应按承包人实际发生的金额计算

C. 现场签证费用应依据发承包双方签证确认的金额计算

D. 暂列金额应减去工程价款调整金额（不含索赔费用）

4. 因不可抗力解除合同的，发包人应向承包人支付的金额中不应包括（　　）。(2022 年)

A. 已实施或部分实施的措施项目应付价款

B. 为合同工程合理订购且已交付的材料和工程设备货款

C. 不可抗力事件发生后的窝工损失费

D. 撤离现场所需的合理费用

5. 因不可抗力解除承包合同的，发包人应向承包人支付的款项是（　　）。(2021 年)

A. 未完工程的利润补偿　　B. 供应商已交付材料的价款

C. 按“项”计价的措施费总额　　D. 承包人撤离现场的费用

6. 对于国有资金投资的建设工程，受发包人委托对竣工结算文件进行审核的单位是（　　）。(2020 年)

A. 工程造价咨询机构　　B. 工程设计单位

C. 工程造价管理机构　　D. 工程监理单位

7. 因承包人违约解除合同的，承包人有权向发包人申请支付（　　）。(2020 年)

A. 承包人员工遣送费　　B. 临时工程拆除费

C. 施工设备运离现场费　　D. 已实施的措施项目费

8. 编制竣工结算文件时，应按国家、省级或行业建设主管部门规定计价的是（　　）。(2019 年)

A. 劳动保险费　　B. 总承包服务费

C. 安全文明施工费　　D. 现场签证费

9. 工程量清单计价中采用单价合同的，工程竣工结算编制中一般不允许调整的是（　　）。(2018 年)

A. 分部分项工程的清单数量　　B. 安全文明施工费的清单总额

C. 已标价工程量清单综合单价　　D. 总承包服务费清单总额

10. 因不可抗力解除合同的，发包人不应向承包人支付的费用是（　　）。(2018 年)

A. 临时工程拆除费　　B. 承包人未交付材料的货款

C. 已实施的施工项目应付价款　　D. 承包人施工设备运离现场的费用

11. 发包人未按照规定的程序支付结算款时，承包人正确的做法是（　　）。(2017 年)

A. 将该工程自主拍卖

B. 将该工程折价出售

C. 将该工程抵押贷款

D. 催告发包人支付，并索要延迟付款利息

12. 关于工程量清单计价方式下竣工结算的编制原则，下列说法中正确的是（　　）。(2016 年)

A. 措施项目费按双方确认的工程量乘以已标价工程量清单的综合单价计算

B. 总承包服务费按已标价工程量清单的金额计算，不应调整

C. 暂列金额应减去工程价款调整的金额，余额归承包人

D. 工程实施过程中发承包双方已经确认的工程计量结果和合同价款，应直接进入结算

13. 关于建筑安装工程结算的编制，下列说法中正确的是（　　）。(2015 年)

A. 采用固定总价合同的，暂列金额不得调整

B. 采用固定总价合同的，税率可不按政府部门新公布的税率调整

C. 规费应按县级建设主管部门规定的费率计算

D. 现场签证费用应依据发承包双方签证资料确认的金额计算

14. 关于建设工程竣工结算审核，下列说法中正确的是（　　）。(2015 年)

A. 非国有企业投资的建设工程，不应委托工程造价咨询机构审核

B. 国有资金投资的建设工程，应当委托工程造价咨询机构审核

C. 承包人不同意造价咨询机构的结算审核结论时，造价咨询机构不得出具审核报告

D. 工程造价咨询机构的核对结论与承包人竣工结算文件不一致的，以造价机构核对结论为准

15. 关于办理有质量争议工程的竣工结算，下列说法中错误的是（　　）。(2014 年)

A. 已实际投入使用工程的质量争议，按工程保修合同执行，竣工结算按合同约定办理

B. 已竣工未投入使用工程的质量争议，按工程保修合同执行，竣工结算按合同约定办理

C. 停工、停建工程的质量争议，可在执行工程质量监督机构处理决定后办理竣工结算

D. 已竣工未验收并且未实际投入使用，其无质量争议部分的工程，竣工结算按合同约定办理

（二）多项选择题

1. 根据《建设工程工程量清单计价规范》GB 50500，关于编制工程竣工结算文件时的计价原则，下列说法正确的有（　　）。（2023 年）

A. 采用总价合同的，应在合同总价的基础上进行结算

B. 采用单价合同的，应在合同单价的基础上进行结算

C. 有材料暂估价的，暂估价材料应按照暂估价格进行结算

D. 没有暂列金额的，工程价款调整金额以暂列金额为限进行结算

E. 采用过程结算的，发承包双方已经确认的工程计量结果应直接进入结算

2. 发包人未按规定程序支付竣工结算款项的，承包人可以（　　）。（2020 年）

A. 催告发包人支付

B. 获得延迟支付利息的权利

C. 直接将工程折价

D. 直接将工程拍卖

E. 就工程拍卖价获得优先受偿权

3. 根据《建设工程工程量清单计价规范》GB 50500，关于工程竣工结算的计价原则，下列说法正确的是（　　）。（2017 年）

A. 计日工按发包人实际签证确认的事项计算

B. 总承包服务费依据合同约定金额计算，不得调整

C. 暂列金额应减去工程价款调整金额计算，余额归发包人

D. 规费和税金应按国家或省级、行业建设主管部门的规定计算

E. 总价措施项目应依据合同约定的项目和金额计算，不得调整

4. 发包人对工程质量有异议，竣工结算仍应按合同约定办理的情形有（　　）。（2017 年）

A. 工程已竣工验收的

B. 工程已竣工未验收，但实际投入使用的

C. 工程已竣工未验收且未实际投入使用的

D. 工程停建，对无质量争议的部分

E. 工程停建，对有质量争议的部分

5. 关于建设工程竣工结算的办理，下列说法中正确的有（　　）。（2014 年）

A. 竣工结算文件经发承包人双方签字确认的，应当作为工程结算的依据

B. 竣工结算文件由发包人组织编制，承包人组织核对

C. 工程造价咨询机构审核结论与承包人竣工结算文件不一致时，以造价咨询机构审核意见为准

D. 合同双方对复核后的竣工结算有异议时，可以就无异议部分的工程办理不完全竣工结算

E. 承包人对工程造价咨询企业的审核意见有异议的，可以向工程造价管理机构申请调解

Ⅳ 质量保证金的处理

（一）单项选择题

1. 关于建设工程施工质量缺陷责任期，下列说法正确的是（　　）。（2023 年）

A. 是指承包人履行质量保修的期限　　B. 一般为 1 年，最长不超过 2 年

C. 承诺从竣工验收申请之日起计算　　D. 正常应不属于质量保证金的期限

2. 关于质量保证金的预留和管理，下列说法正确的是（　　）。（2021 年）

A. 无论竣工前是否缴纳履约保证金，均需预留质量保证金

B. 实行国库集中支付的政府投资建设项目，质量保证金预留在财政部门

C. 社会投资项目的质量保证金，应预留在发包方

D. 发包人被撤销的，质量保证金应随交付资产一并移交使用单位

3. 根据《住房城乡建设部　财政部关于印发建设工程质量保证金管理办法的通知》（建质〔2017〕138 号），质量保证金总预留比例不得高于工程价款结算总额的（　　）。（2019 年）

A. 1%　　B. 2%

C. 3%　　D. 5%

4. 关于缺陷责任期，下列说法正确的是（　　）。（2018 年）

A. 缺陷责任期是指在正常使用条件下建设工程的最低保修期

B. 缺陷责任期从工程通过竣工验收之日起计

C. 缺陷责任期的期限按照《建设工程质量管理条例》的规定计取

D. 屋面防水工程的防渗漏缺陷责任期为 5 年

5. 关于工程质量保证金，下列说法正确的是（　　）。（2017 年）

A. 质量保证金总预留比例不得高于签约合同价的 5%

B. 已经缴纳履约保证金的，不得同时预留质量保证金

C. 采用工程质量保证担保的，预留质保金不得高于合同价的 2%

D. 质量保证金的返还期限一般为 2 年

6. 建设工程在缺陷责任期内，由第三方原因造成的缺陷（　　）。（2016 年）

A. 应由承包人负责维修，费用从质量保证金中扣除

B. 应由承包人负责维修，费用由发包人承担

C. 发包人委托承包人维修的，费用由第三方支付

D. 发包人委托承包人维修的，费用由发包人支付

（二）多项选择题

暂无真题。

V 最终结清

（一）单项选择题

1. 根据《标准施工招标文件》（2007 年版），关于最终结清的说法正确的是（ ）。（2022 年）

A. 是指项目竣工验收后，发包人与承包人结清全部剩余工程款项的活动

B. 承包人提交的最终结清申请中，只限于提出工程接收证书颁发后发生的索赔

C. 发包人应在收到最终结清申请单后向承包人签发竣工结算支付证书

D. 质量保证金不足以抵减工程缺陷修复费用的，由发包人承担不足部分

2. 承包人按合同约定接受了竣工结算支付证书后，应被认为已无权再提出在（ ）颁发前所发生的任何索赔。（2020 年）

A. 合同工程接收证书　　B. 质量保证金返还证书

C. 缺陷责任期终止证书　　D. 最终支付证书

3. 发包人收到承包人提交的最终结清申请单，并在规定时间内予以核实后，向承包人签发（ ）。（2019 年）

A. 工程接收证书　　B. 竣工结算支付证书

C. 缺陷责任期终止证书　　D. 最终支付证书

4. 关于建设项目最终结清阶段承包人索赔的权利和期限，下列说法中正确的是（ ）。（2017 年）

A. 承包人接受竣工结算支付证书后再无权提出任何索赔

B. 承包人只能提出工程接收证书颁发前的索赔

C. 承包人提出索赔的期限自缺陷责任期满时终止

D. 承包人提出索赔的期限自接受最终支付证书时终止

5. 建设工程最终结清的工作事项和时间节点包括：①提交最终结清申请单；②签发最终结清支付证书；③签发缺陷责任期终止证书；④最终结清付款；⑤缺陷责任期终止。按时间先后顺序排列正确的是（ ）。（2016 年）

A. ⑤③①②④　　B. ①②④⑤③

C. ③①②④⑤　　D. ①③②④⑤

6. 关于最终结清，下列说法中正确的是（ ）。（2014 年）

A. 最终结清是在工程保修期满后对剩余质量保证金的最终结清

B. 最终结清支付证书一经签发，承包人对合同内享有的索赔权利即自行终止

C. 质量保证金不足以抵减发包人工程缺陷修复费用的，应按合同约定的争议解决方式处理

D. 最终结清付款涉及政府投资资金的，应按照国库集中支付等国家相关规定和专用合同条款的约定办理

（二）多项选择题

暂无真题。

Ⅵ　合同价款纠纷的处理

（一）单项选择题

1. 根据我国司法解释，关于建设工程施工合同无效的认定和价款处理，下列说法正确的是（　　）。（2023 年）

A. 承包人超越资质等级签订建设工程施工合同，虽在工程竣工前期取得相应资质等级，仍应按无效合同处理

B. 未经发包人批准，具有劳务作业资质的承包人与分包人签订的劳务分包合同，应按无效合同处理

C. 建设工程施工合同无效，但验收合格的，可以参照合同中关于工程价款的约定，折价补偿承包人

D. 建设工程施工合同无效，且验收不合格的，由承包人承担发包人的一切损失

2. 根据《建设工程造价鉴定规范》GB/T 51262，关于施工合同争议鉴定，下列说法正确的是（　　）。（2023 年）

A. 委托人认为鉴定项目合同有效的，鉴定人应按照委托人的决定进行鉴定

B. 委托人认为鉴定项目合同无效的，鉴定人应依据项目所在地同期适用的计价依据进行鉴定

C. 项目合同对计价依据、计价方法没有约定的，由鉴定人自主选择适用的计价依据、计价方法进行鉴定

D. 鉴定项目合同对计价依据、计价方法的约定条款前后矛盾的，鉴定人应提请委托人决定适用条款

3. 关于工程合同价款纠纷的解决，下列说法正确的是（　　）。（2022 年）

A. 发承包双方约定提交总监理工程师或造价工程师解决的，属于调解

B. 发承包双方收到工程造价管理机构的解释或认定后，不得再提起仲裁或诉讼

C. 合同约定了调解人的，发承包双方不得协议调换调解人

D. 发承包双方接受调解人出具的调解书，经双方签字后作为合同的补充文件

4. 根据《建设工程造价鉴定规范》GB/T 51262，关于合同争议鉴定，下列说法正确的是（　　）。（2021 年）

A. 委托人认为鉴定项目合同有效的，应按照委托人的决定进行鉴定

B. 委托人认为鉴定项目合同无效的，应按照双方当事人商定的结果进行鉴定

C. 鉴定项目合同对计价依据和方法的约定条款前后矛盾的，应利用项目所在地同期适用的计价依据和方法进行鉴定

D. 鉴定项目合同对计价依据和方法没有约定的，鉴定人可向委托人提议参照项目所在地同时期适用的计价依据和方法进行鉴定

5. 根据《建设工程造价鉴定规范》GB/T 51262，关于鉴定期限的起算，下列说法正确的是（　　）。（2020 年）

A. 从鉴定机构函回复委托人接受委托之日起算

B. 从鉴定机构函回复委托人接受委托之日起的次日计算

C. 从鉴定人接收委托人移交证据材料之日起算

D. 从鉴定人接收委托人移交证据材料之日起的次日计算

6. 关于合同价款纠纷的处理，人民法院应予支持的是（　　）。(2019年)

A. 施工合同无效，但工程验收合格，承包人请求支付工程价款的

B. 发包人与承包人对垫资利息没有约定，承包人请求支付利息的

C. 施工合同解除后，已完工程质量不合格，承包人请求支付工程价款的

D. 未经竣工验收，发包人擅自使用工程后，以使用部分的工程质量不合格为由主张权利的

7. 某国内工程合同对欠付工程价款利息计付标准和付款时间没有约定，发生欠款事件时，下列关于利息支付的说法中错误的是（　　）。(2018年)

A. 按照中国人民银行发布的同期同类贷款利率中的高值计息

B. 建设工程已实际交付的，计息日为交付之日

C. 建设工程没有交付的，计息日为提交竣工结算文件之日

D. 建设工程未交付，工程价款也未结算的，计息日为当事人起诉之日

8. 调解是解决工程合同价款纠纷的一种途径，下列关于调解的说法中正确的是（　　）。(2017年)

A. 承包人对调解书有异议的，可以停止施工

B. 发承包双方签字认可的调解书不能作为合同的补充文件

C. 发承包双方可在合同履行期间协议调换或终止原合同约定的调解人

D. 调解人的任期在竣工结算经发承包双方确认后终止

9. 下列建设工程施工合同无效的情况下产生的价款纠纷，法院不予支持的是（　　）。(2017年)

A. 工程验收合格，承包人请求按合同支付工程价款

B. 工程验收不合格，但修复后合格，发包人要求承包人承担修复费用

C. 工程验收不合格，修复后仍不合格，承包人请求支付工程价款

D. 承包人超越资质等级签订施工合同，但竣工前取得相应资质等级，请求按照有效合同处理

10. 施工合同价款纠纷处理中，一方当事人拒不履行，另一方当事人可以请求人民法院执行的文书是（　　）。(2016年)

A. 和解协议书　　B. 造价认定书

C. 行政调解书　　D. 仲裁调解书

11. 建设工程已实际交付，但施工合同没有约定付款时间，则拖欠工程款利息的起算日期为（　　）。(2016年)

A. 提交竣工结算文件之日　　B. 确认竣工结算文件之日

C. 竣工验收合格之日　　D. 工程实际交付之日

12. 关于垫资施工合同价款纠纷处理，下列说法正确的是（　　）。(2014年)

A. 合同约定垫资利率高于中国人民银行发布的同期同类贷款利率的，按合同约定返还垫资利息

B. 当事人对垫资没有约定的，按照工程欠款处理

C. 当事人对垫资利息没有约定的，按中国人民银行发布的同期同类贷款利率计算利息

D. 垫资达到合同总价一定比例以上时，为无效合同

13. 某工程施工合同对于工程款付款时间约定不明、工程尚未交付、工程价款也未结算，现承包人起诉，发包人工程欠款利息应从（　　）之日计付。（2014 年）

A. 工程计划交付　　B. 提交竣工结算文件

C. 当事人起诉　　D. 监理工程师暂定付款

（二）多项选择题

1. 关于和解方式解决建设工程施工合同纠纷，下列说法正确的有（　　）。（2023 年）

A. 和解是指当事人在自愿互谅的基础上自行解决争议的一种方式

B. 和解方式具有简便易行，能经济、及时解决纠纷的特点

C. 和解解决纠纷应邀请第三方见证，或者在第三方的组织下进行

D. 和解达成一致的应签订和解协议，和解协议对双方均具有约束力

E. 一方拒不履行和解协议的，双方当事人可以请求人民法院执行

2. 根据《建设工程造价鉴定规范》GB/T 51262，关于鉴定意见书的鉴定意见，下列说法正确的有（　　）。（2022 年）

A. 鉴定意见可同时包括确定性意见、推断性意见、供选择性意见

B. 当鉴定事项内容事实清楚，证据充分，应做出确定性意见

C. 当鉴定事项内容客观，事实较清楚，但证据不够充分，应做出供选择性意见

D. 当鉴定项目合同约定矛盾，可按不同约定做出供选择性意见

E. 当事人相互协商一致达成的书面妥协性意见，应纳入供选择性意见

3. 有效的仲裁协议是申请仲裁的前提，仲裁协议达到有效必须同时具备的内容有（　　）。（2021 年）

A. 请求仲裁的意思表示　　B. 仲裁事项

C. 仲裁期限　　D. 仲裁费用

E. 选定的仲裁委员会

4. 为保证建设工程仲裁协议有效，合同双方签订的仲裁协议中必须包括的内容有（　　）。（2020 年）

A. 请求仲裁的意思表示　　B. 仲裁事项

C. 选定的仲裁员　　D. 选定的仲裁委员会

E. 仲裁结果的执行方式

5. 关于工程签证争议的鉴定，下列做法正确的有（　　）。（2019 年）

A. 签证明确了人工、材料、机具台班数量及价格的，按签证的数量和价格计算

B. 签证只有用工数量没有人工单价的，其人工单价比照鉴定项目人工单价下浮计算

C. 签证只有材料用量没有价格的，其材料价格按照鉴定项目相应材料价格计算

D. 签证只有总价款而无明细表述的，按总价款计算

E. 签证中零星工程数量与实际完成数量不一致时，按签证的数量计算

三、真题解析

Ⅰ 工程计量

（一）单项选择题

1. 【答案】C

【解析】工程量必须按照相关工程国家现行工程量计算规范规定的工程量计算规则计算。因承包人原因造成的超出合同工程范围施工或返工的工程量，发包人不予计量。通常区分单价合同和总价合同规定不同的计量方法，成本加酬金合同按照单价合同的计量规定进行计量。单价合同工程量必须以承包人完成合同工程应予计量的且依据国家现行工程量计算规范计算得到的工程量确定。采用工程量清单方式招标形成的总价合同，工程量应按照与单价合同相同的方式计算。采用经审定批准的施工图纸及其预算方式发包形成的总价合同，除按照工程变更规定引起的工程量增减外，总价合同中各项目的工程量是承包人用于结算的最终工程量。

工程计量的范围包括：工程量清单及工程变更所修订的工程量清单的内容；合同文件中规定的各种费用支付项目，如费用索赔、各种预付款、价格调整、违约金等。

2. 【答案】C

【解析】当监理人对已经覆盖的隐蔽工程要求重新检查且检查结果合格时，承包人可以获得费用补偿，因此属于发包人应予计量的范围。

3. 【答案】C

【解析】此题主要考查工程计量的原则和范围。在计量时，不符合合同文件要求的工程不予计量，因承包人原因造成的超出合同工程范围施工或返工的工程量不予计量，因此选项 ABD 错误。

4. 【答案】A

【解析】工程计量的范围包括：工程量清单及工程变更所修订的工程量清单的内容；合同文件中规定的各种费用支付项目，如费用索赔、各种预付款、价格调整、违约金等，因此选项 A 正确。因异常恶劣天气造成的返工工程量应给予计量，选项 B 错误。成本加酬金合同按照单价合同的计量规定进行计量，故选项 C 错误。总价合同计量时，要区分形成合同的方式，若采用工程量清单方式招标形成的总价合同，工程量应按照与单价合同相同的方式计算；若采用经审定批准的施工图纸及其预算方式发包形成的总价合同，除按照工程变更规定引起的工程量增减外，总价合同各项目的工程量是承包人用于结算的最终工程量，因此选项 D 错误。

5. 【答案】C

【解析】工程计量的依据包括：工程量清单及说明、合同图纸、工程变更令及其修订的工程量清单、合同条件、技术规范、有关计量的补充协议、质量合格证书等。因此正确答案为 C。

6. 【答案】D

【解析】工程计量的原则包括下列三个方面：①不符合合同文件要求的工程不予计

量；②按合同文件所规定的方法、范围、内容和单位计量；③因承包人原因造成的超出合同工程范围施工或返工的工程量，发包人不予计量。

（二）多项选择题

1.【答案】AB

【解析】工程计量的原则包括下列三个方面：

（1）不符合合同文件要求的工程不予计量。即工程必须满足设计图纸、技术规范等合同文件对其在工程质量上的要求，同时有关的工程质量验收资料齐全、手续完备，满足合同文件对其在工程管理方面的要求。

（2）按合同文件所规定的方法、范围、内容和单位计量。

（3）因承包人原因造成的超出合同工程范围施工或返工的工程量，发包人不予计量。

2.【答案】ABE

【解析】因承包人原因造成的超出合同工程范围施工或返工的工程量，发包人不予计量。工程计量时，要求工程质量验收资料要齐全，如果缺项则不能计量。因此正确答案为 ABE。

3.【答案】ADE

【解析】按合同文件所规定的方法、范围、内容和单位计量，在计量中要严格遵循这些文件的规定，并且一定要结合起来使用，因此选项 B 错误。因承包人原因造成的超出合同工程范围施工或返工的工程量，发包人不予计量，故选项 C 错误。工程计量的原则包括下列三个方面：①不符合合同文件要求的工程不予计量；②按合同文件所规定的方法、范围、内容和单位计量；③因承包人原因造成的超出合同工程范围施工或返工的工程量，发包人不予计量。因此正确答案为 ADE。

Ⅱ　预付款及期中支付

（一）单项选择题

1.【答案】B

【解析】本题考核预付款扣回的起扣点扣回法。①公式中，M 代表工程预付款总额。②设预付款金额所占合同总额的比例为 a，则 $T=M/a-M/N$，显而易见，T 与 a 负相关，选项 B 正确。③从未施工工程尚需的主要材料及构件的价值相当于工程预付款数额时起扣，起扣点后每次结算工程价款时，按材料所占比重扣减工程价款，至工程竣工前全部扣清，故选项 C 错误。④该方法对承包人比较有利，最大限度占用了发包人的流动资金，但是，不利于发包人资金使用，选项 D 错误。

2.【答案】C

【解析】本题考核施工过程结算的内容。①结算价款的调整：承包人现场签证和得到发包人确认的索赔金额列入本周期应增加的金额中；由发包人提供的材料、工程设备金额，应按照发包人签约提供的单价和数量从工程进度款中扣除，因此选项 A、B 错误。②发包人应在收到承包人工程进度款支付申请后，根据计量结果和合同约定对申请内容予以核实，确认后向承包人出具进度款支付证书。③工程进度款支付证书的修正：发现已签发的任何支付证书有错、漏或重复的数额，发包人有权予以修正，承包人也有权提出修正申请，选项 D 错误。

3.【答案】B

【解析】起扣点 = 12000−3600/50% = 4800（万元）。

4.【答案】B

【解析】采用百分比法，包工包料工程的预付款的支付比例不得低于签约合同价（扣除暂列金额）的 10%，不宜高于签约合同价（扣除暂列金额）的 30%。采用公式计算法时，预付款 = $\frac{\text{年度工程总价}\times\text{材料比例}}{\text{年度施工天数}}\times$材料储备定额天数。采用公式计算法时，年度施工天数一般按 365 天计算。

5.【答案】D

【解析】此题主要考查预付款的扣回。$T=P-\frac{M}{N}$ = 20000−2400/40% = 14000（万元）。

6.【答案】D

【解析】预付款担保的主要形式为银行保函。预付款担保的担保金额通常与发包人的预付款是等值的。预付款一般逐月从工程进度款中扣除，预付款担保的担保金额也相应逐月减少。承包人的预付款保函的担保金额根据预付款扣回的数额相应扣减，但在预付款全部扣回之前一直保持有效。因此正确答案为 D。

7.【答案】D

【解析】进度款支付周期，应与合同约定的工程计量周期一致，选项 A 错误。已标价工程量清单中单价项目结算价款，承包人应按工程计量确认的工程量与综合单价计算，因此选项 B 错误。

8.【答案】C

【解析】起扣点计算法是从未施工工程尚需的主要材料及构件的价值相当于工程预付款数额时起扣。

9.【答案】C

【解析】发包人应在工程开工后的 28 天内预付不低于当年施工进度计划的安全文明施工费总额的 60%，其余部分按照提前安排的原则进行分解，与进度款同期支付。

10.【答案】D

【解析】预付款担保的担保金额通常与发包人的预付款是等值的。起扣点计算法对承包人比较有利，最大限度地占用了发包人的流动资金，但是，显然不利于发包人资金使用。预付款一般逐月从工程进度款中扣除，预付款担保的担保金额也相应逐月减少。因此选项 ABC 错误。

11.【答案】A

【解析】政府机关、事业单位、国有企业建设工程进度款支付应不低于已完成工程价款的 80%；同时，在确保不超出工程总概（预）算以及工程决（结）算工作顺利开展的前提下，除按合同约定保留不超过工程价款总额 3%的质量保证金外，进度款支付比例可由发承包双方根据项目实际情况自行确定。综合单价发生调整的，以发承包双方确认调整的综合单价计算进度款，故选择 C 错误。若发承包双方对有的清单项目的计量结果出现争议，发包人应对无争议部分的工程计量结果向承包人出具进度款支付证书，故选项 D 错误。

12. 【答案】C

【解析】$T=P-\frac{M}{N}$

$T=8000-(8000\times20\%)/50\%=4800$（万元）。

13. 【答案】A

【解析】由发包人提供的工程材料、工程设备的金额，应按照发包人签约提供的单价和数量从进度款支付中扣除，列入本周期应扣减的金额中，故 A 正确。

14. 【答案】D

【解析】根据《建设工程工程量清单计价规范》GB 50500，发包人应在工程开工后的 28 天内预付不低于当年施工进度计划的安全文明施工费总额的 60%。

15. 【答案】A

【解析】此题中在途中天数 5 天是干扰项。预付款 =（5000×60%/180）×25 = 416.67（万元）。

16. 【答案】C

【解析】若发承包双方对有的清单项目的计量结果出现争议，发包人应对无争议部分的工程计量结果向承包人出具进度款支付证书，故选项 A 错误。发现已签发的任何支付证书有错、漏或重复的数额，发包人有权予以修正，承包人也有权提出修正申请，选项 B 错误。本周期实际支付的合同额不等同于本期完成的合同价款，选项 D 错误。

（二）多项选择题

1. 【答案】ACD

【解析】进度款支付申请的内容包括：

1）累计已完成的合同价款。

2）累计已实际支付的合同价款。

3）本周期合计完成的合同价款，其中包括：①本周期已完成单价项目的金额；②本周期应支付的总价项目的金额；③本周期已完成的计日工价款；④本周期应支付的安全文明施工费；⑤本周期应增加的金额。

4）本周期合计应扣减的金额，其中包括：①本周期应扣回的预付款；②本周期应扣减的金额。

5）本周期实际应支付的合同价款。

2. 【答案】ABDE

【解析】本周期合计完成的合同价款包括：①本周期已完成单价项目的金额；②本周期应支付的总价项目的金额；③本周期已完成的计日工价款；④本周期应支付的安全文明施工费；⑤本周期应增加的金额。因此正确答案为 ABDE。

3. 【答案】ABC

【解析】进度款支付申请的内容包括：①累计已完成的合同价款；②累计已实际支付的合同价款；③本周期合计完成的合同价款；④本周期合计应扣减的金额；⑤本周期实际应支付的合同价款。

4.【答案】CD

【解析】预付款担保是指承包人与发包人签订合同后领取预付款前，承包人正确、合理使用发包人支付的预付款而提供的担保。如果承包人中途毁约、中止工程，使发包人不能在规定期限内从应付工程款中扣除全部预付款，则发包人有权从该项担保金额中获得补偿。预付款担保的主要形式为银行保函。预付款担保的担保金额通常与发包人的预付款是等值的。预付款一般逐月从工程进度款中扣除，预付款担保的担保金额也相应逐月减少。承包人的预付款保函的担保金额根据预付款扣回的数额相应扣减，但在预付款全部扣回之前一直保持有效。选项 D 相关内容教材已删除。

Ⅲ 竣工结算

（一）单项选择题

1.【答案】B

【解析】本题考核竣工结算款的支付。①承包人提交的竣工结算款支付申请包括：竣工结算合同价款总额、累计已实际支付的合同价款、应扣留的质量保证金和实际应支付的竣工结算款金额，选项 A 错误。②提前竣工奖励和误期赔偿费均列入竣工结算文件中，提前竣工奖励与结算款一并支付，误期赔偿费在结算款中扣除，选项 B 正确。③发包人未按照规定的程序支付竣工结算款的，承包人可催告发包人支付，并有权获得延迟支付的利息；发包人在竣工结算支付证书签发后或者在收到承包人提交的竣工结算款支付申请规定时间内仍未支付的，除法律另有规定外，承包人可与发包人协商将该工程折价，也可直接向人民法院申请将该工程依法拍卖，故选项 C、D 错误。

2.【答案】A

【解析】竣工结算审核应采用全面审核法，除委托咨询合同另有约定外，不得采用重点审核法、抽样审核法或类比审核法等其他方法。

3.【答案】C

【解析】在采用工程量清单计价的方式下，工程竣工结算的编制应当遵循下列计价原则：

（1）分部分项工程和措施项目中的单价项目应依据双方确认的工程量与已标价工程量清单的综合单价计算；如发生调整，以发承包双方确认调整的综合单价计算。

（2）措施项目中的总价项目应依据合同约定的项目和金额计算；如发生调整，以发承包双方确认调整的金额计算，其中安全文明施工费必须按照国家或省级、行业建设主管部门的规定计算。

（3）其他项目应按下列规定计价：

① 计日工应按发包人实际签证确认的事项计算；

② 暂估价应由发承包双方按照《建设工程工程量清单计价规范》GB 50500 的相关规定计算；

③ 总承包服务费应依据合同约定金额计算，如发生调整，以发承包双方确认调整的金额计算；

④ 施工索赔费用应依据发承包双方确认的索赔事项和金额计算；

⑤ 现场签证费用应依据发承包双方签证资料确认的金额计算；

⑥ 暂列金额应减去工程价款调整（包括索赔、现场签证）金额计算，如有余额归发包人。

（4）规费和税金应按照国家或省级、行业建设主管部门的规定计算。

4. **【答案】** C

【解析】 由于不可抗力解除合同的，发包人除应向承包人支付合同解除之日前已完成工程但尚未支付的合同价款，还应支付下列金额：

（1）合同中约定应由发包人承担的费用。

（2）已实施或部分实施的措施项目应付价款。

（3）承包人为合同工程合理订购且已交付的材料和工程设备货款。发包人一经支付此项货款，该材料和工程设备即成为发包人的财产。

（4）承包人撤离现场所需的合理费用，包括员工遣送费和临时工程拆除、施工设备运离现场的费用。

（5）承包人为完成合同工程而预期开支的任何合理费用，且该项费用未包括在本款其他各项支付之内。

5. **【答案】** D

【解析】 由于不可抗力解除合同的，发包人除应向承包人支付合同解除之日前已完成工程但尚未支付的合同价款，还应支付下列金额：

（1）合同中约定应由发包人承担的费用。

（2）已实施或部分实施的措施项目应付价款。

（3）承包人为合同工程合理订购且已交付的材料和工程设备货款。发包人一经支付此项货款，该材料和工程设备即成为发包人的财产。

（4）承包人撤离现场所需的合理费用，包括员工遣送费和临时工程拆除、施工设备运离现场的费用。

（5）承包人为完成合同工程而预期开支的任何合理费用，且该项费用未包括在本款其他各项支付之内。

6. **【答案】** A

【解析】 此题主要考查竣工结算文件的审核。国有资金投资建设工程的发包人，应当委托具有相应资质的工程造价咨询机构对竣工结算文件进行审核，故正确答案为A。

7. **【答案】** D

【解析】 此题主要考查违约解除合同的价款结算与支付。因承包人违约解除合同时，承包人有权向发包人申请支付合同解除时承包人已完成的全部合同价款以及按施工进度计划已运至现场的材料和工程设备货款，故选项D正确。

8. **【答案】** C

【解析】 安全文明施工费必须按照国家、省级或行业建设主管部门的规定计算。

9. **【答案】** C

【解析】 采用单价合同的，在合同约定风险范围内的综合单价应固定不变，并应按合同约定进行计量，且应按实际完成的工程量进行计量。因此正确答案为C。

10. 【答案】B

【解析】承包人为合同工程合理订购且已交付的材料和工程设备货款，发包人应向承包人支付。故承包人未交付材料的货款发包人不应向承包人支付。

11. 【答案】D

【解析】发包人未按照规定的程序支付竣工结算款的，承包人可催告发包人支付，并有权获得延迟支付的利息，故选项D正确。发包人在竣工结算支付证书签发后或者在收到承包人提交的竣工结算款支付申请规定时间内仍未支付的，除法律另有规定外，承包人可与发包人协商将该工程折价，也可直接向人民法院申请将该工程依法拍卖。

12. 【答案】D

【解析】措施项目中的单价项目应依据双方确认的工程量与已标价工程量清单的综合单价计算，故选项A错误；总承包服务费应依据合同约定金额计算，如发生调整的，以发承包双方确认调整的金额计算，故选项B错误；暂列金额应减去工程价款调整（包括索赔、现场签证）金额计算，如有余额归发包人，故选项C错误；发承包双方在合同工程实施过程中已经确认的工程计量结果和合同价款，在竣工结算办理中应直接进入结算，故选项D正确。

13. 【答案】D

【解析】采用总价合同的，应在合同总价基础上，对合同约定能调整的内容及超过合同约定范围的风险因素进行调整；采用单价合同的，在合同约定风险范围内的综合单价应固定不变，并应按合同约定进行计量，且应按实际完成的工程量进行计量。规费和税金应按照国家或省级、行业建设主管部门的规定计算。现场签证费用应依据发承包双方签证资料确认的金额计算。因此正确答案为D。

14. 【答案】B

【解析】国有资金投资建设工程的发包人，应当委托具有相应资质的工程造价咨询机构对竣工结算文件进行审核，选项B正确。非国有资金投资的建筑工程发包人对竣工结算文件有异议的，应当在答复期内向承包人提出，并可以在提出异议之日起的约定期限内与承包人协商；发包人在协商期内未与承包人协商或者经协商未能与承包人达成协议的，应当委托工程造价咨询机构进行竣工结算审核，故选项A错误。工程造价咨询机构审核意见与承包人提交的竣工结算文件不一致的，应提交给承包人复核；工程造价咨询机构收到承包人提出的异议后，应再次复核，故选项C和D错误。

15. 【答案】B

【解析】发包人对工程质量有异议，拒绝办理工程竣工结算的，按以下情形分别处理：①已经竣工验收或已竣工未验收但实际投入使用的工程，其质量争议按该工程保修合同执行，竣工结算按合同约定办理；②已竣工未验收且未实际投入使用的工程以及停工、停建工程的质量争议，双方应就有争议的部分委托有资质的检测鉴定机构进行检测，根据检测结果确定解决方案，或按工程质量监督机构的处理决定执行后办理竣工结算，无争议部分的竣工结算按合同约定办理。

（二）多项选择题

1. 【答案】ABE

【解析】本题考核竣工结算的编制原则。①采用总价合同的，应在合同总价基础上，对合同约定能调整的内容及超过合同约定范围的风险因素进行调整；采用单价合同的，在合同约定风险范围内的综合单价应固定不变，并应按合同约定进行计量，且应按实际完成的工程量进行计量。故选项A、B正确。②有材料暂估价的，属于依法必须招标的，由承包人按照合同约定采购，经发包人确认后以此为依据取代暂估价，调整合同价款；属于依法必须招标的，由发承包双方以招标的方式选择供应商，依法确定的中标价格取代暂估价，调整合同价款，选项C错误。③设立暂列金额并不能保证合同结算价格就不会再出现超过合同价格的情况，是否超出合同价格完全取决于工程量清单编制人对暂列金额预测的准确性，以及工程建设过程是否出现了其他事先未预测到的事件，选项D错误。④发承包双方在合同工程实施过程中已经确认的工程计量结果和合同价款，在竣工结算办理中应直接进入结算，选项E正确。

2.【答案】ABE

【解析】此题主要考查竣工结算款的支付。发包人未按照规定的程序支付竣工结算款的，承包人可催告发包人支付，并有权获得延迟支付的利息。发包人在竣工结算支付证书签发后或者在收到承包人提交的竣工结算款支付申请规定时间内仍未支付的，除法律另有规定外，承包人可与发包人协商将该工程折价，也可直接向人民法院申请将该工程依法拍卖，并且承包人就该工程折价或拍卖的价款优先受偿。因此正确选项为ABE。

3.【答案】ACD

【解析】总承包服务费应依据合同约定金额计算，如发生调整，以发承包双方确认调整的金额计算，选项B错误。总价措施项目应依据合同约定的项目和金额计算，如发生调整，以发承包双方确认调整的金额计算，其中安全文明施工费必须按照国家或省级、行业建设主管部门的规定计算，故选项E错误。

4.【答案】ABD

【解析】发包人对工程质量有异议，拒绝办理工程竣工结算的，按以下情形分别处理：①已经竣工验收或已竣工未验收但实际投入使用的工程，其质量争议按该工程保修合同执行，竣工结算按合同约定办理；②已竣工未验收且未实际投入使用的工程以及停工、停建工程的质量争议，双方应就有争议的部分委托有资质的检测鉴定机构进行检测，根据检测结果确定解决方案，或按工程质量监督机构的处理决定执行后办理竣工结算，无争议部分的竣工结算按合同约定办理。因此正确答案为ABD。

5.【答案】ADE

【解析】竣工结算文件由承包人组织编制，选项B错误。工程造价咨询机构审核结论与承包人竣工结算文件不一致时，应进入复核程序，选项C错误。其余选项表述正确。选项E教材中已删除。

Ⅳ　质量保证金的处理

（一）单项选择题

1.【答案】B

【解析】本题考核缺陷责任期的确定。缺陷责任期是指承包人按照合同约定承担缺陷修复义务，且发包人预留质量保证金（已缴纳履约保证金的除外）的期限。缺陷责任期从工程通过竣工验收之日起计，一般为 1 年，最长不超过 2 年，由发、承包双方在合同中约定。

2.【答案】D

【解析】缺陷责任期内，实行国库集中支付的政府投资项目，质量保证金的管理应按国库集中支付的有关规定执行。其他政府投资项目，质量保证金可以预留在财政部门或发包方。缺陷责任期内，如发包人被撤销，质量保证金随交付使用资产一并移交使用单位，由使用单位代行发包人职责。社会投资项目采用预留质量保证金方式的，发承包双方可以约定将质量保证金交由金融机构托管。

3.【答案】C

【解析】根据《住房城乡建设部　财政部关于印发建设工程质量保证金管理办法的通知》（建质〔2017〕138 号），质量保证金总预留比例不得高于工程价款结算总额的 3%。

4.【答案】B

【解析】缺陷责任期从工程通过竣工验收之日起计，一般为 1 年，最长不超过 2 年，由发承包双方在合同中约定。

5.【答案】B

【解析】发包人应按照合同约定方式预留质量保证金，质量保证金总预留比例不得高于工程价款结算总额的 3%。在工程项目竣工前，已经缴纳履约保证金的，发包人不得同时预留工程质量保证金。采用工程质量保证担保、工程质量保险等其他方式的，发包人不得再预留质量保证金。质量保证金的返还期限一般为 1 年。综上，正确答案为 B。

6.【答案】D

【解析】由第三方原因造成的缺陷，发包人负责组织维修，承包人不承担费用，且发包人不得从质量保证金中扣除费用。若发包人委托承包人维修的，费用由发包人支付。因此正确答案为 D。

（二）多项选择题

暂无真题。

V　最终结清

（一）单项选择题

1.【答案】B

【解析】最终结清，是指合同约定的缺陷责任期终止后，承包人已按合同规定完成全部剩余工作且质量合格的，发包人与承包人结清全部剩余款项的活动。承包人按合同约定接受了竣工结算支付证书后，应被认为已无权再提出在合同工程接收证书颁发前所发生的任何索赔。承包人在提交的最终结清申请中，只限于提出工程接收证书颁发后发生的索赔；提出索赔的期限自接受最终支付证书时终止。最终结清时，如果承包人被扣留的质量保证金不足以抵减发包人工程缺陷修复费用的，承包人应承担不足部分的补偿责任。

2.【答案】A

【解析】此题主要考查最终结清付款。承包人按合同约定接受了竣工结算支付证书后，应被认为已无权再提出在合同工程接收证书颁发前所发生的任何索赔；承包人在提交的最终结清申请中，只限于提出工程接收证书颁发后发生的索赔，故正确答案为A。

3.【答案】D

【解析】发包人收到承包人提交的最终结清申请单后在规定时间内予以核实，向承包人签发最终支付证书。

4.【答案】D

【解析】承包人按合同约定接受了竣工结算支付证书后，应被认为已无权再提出在合同工程接收证书颁发前所发生的任何索赔，选项A错误。承包人在提交的最终结清申请中，只限于提出工程接收证书颁发后发生的索赔，选项B错误。提出索赔的期限自接受最终支付证书时终止，选项C错误，选项D正确。

5.【答案】A

【解析】(1)缺陷责任期终止；(2)承包人已按合同规定完成全部剩余工作且质量合格的，发包人签发缺陷责任期终止证书；(3)承包人可按合同约定的份数和期限向发包人提交最终结清申请单；(4)最终支付证书；(5)最终结清付款。故正确答案为A。

6.【答案】D

【解析】最终结清是在缺陷责任期满后对剩余质量保证金的最终结清，故选项A错误。提出索赔的期限自接受最终支付证书时终止，故选项B错误。最终结清时，如果承包人被扣留的质量保证金不足以抵减发包人工程缺陷修复费用的，承包人应承担不足部分的补偿责任，故选项C错误。最终结清付款涉及政府投资资金的，按照国库集中支付等国家相关规定和专用合同条款的约定办理。承包人对发包人支付的最终结清款有异议的，按照合同约定的争议解决方式处理。

（二）多项选择题

暂无真题。

Ⅵ　合同价款纠纷的处理

（一）单项选择题

1.【答案】C

【解析】本题考核施工合同无效的价款纠纷处理。当事人请求按照无效合同处理，人民法院不予支持的情形包括：①承包人超越资质等级许可的业务范围签订建设工程施工合同，在建设工程竣工前取得相应资质等级；②具有劳务作业法定资质的承包人与总承包人、分包人签订的劳务分包合同；③发包人能够办理建设工程规划许可证等规划审批手续而未办理，并以未办理审批手续为由请求确认建设工程施工合同无效的。因此选项A、B均错误。关于建设工程施工合同无效的处理方式，需要区分验收是否合格：建设工程施工合同无效，但建设工程经验收合格的，可以参照合同关于工程价款的约定折价补偿承包人；建设工程施工合同无效，且建设工程经验收不合格的，又需要进一步区分修复后验收是否合格；两种情形应分别进行处理，因此选项C正确，选项D错误。

2.【答案】D

【解析】本题考核争议鉴定方法中施工合同争议的鉴定。各选项的释义如下：①委托人认为鉴定项目合同有效的，鉴定人应根据合同约定进行鉴定。②委托人认为鉴定项目合同无效的，鉴定人应按照委托人的决定进行鉴定。③鉴定项目合同对计价依据、计价方法没有约定的，鉴定人可向委托人提出“参照鉴定项目所在地同时期适用的计价依据、计价方法和签约时的市场价格信息进行鉴定”的建议，鉴定人应按照委托人的决定进行鉴定。④鉴定项目合同对计价依据、计价方法约定条款前后矛盾的，鉴定人应提请委托人决定适用条款；委托人暂不明确的，鉴定人应按不同的约定条款分别作出鉴定意见，供委托人判断使用。

3. 【答案】D

【解析】双方进行和解的方式包括协商和解、监理或造价工程师暂定。发承包双方或一方在收到工程造价管理机构书面解释或认定后仍可按照合同约定的争议解决方式提请仲裁或诉讼。合同履行期间，发承包双方可以协议调换或终止任何调解人，但发包人或承包人都不能单独采取行动。发承包双方接受调解书的，经双方签字后作为合同的补充文件，对发承包双方具有约束力，双方都应立即遵照执行。

4. 【答案】D

【解析】委托人认为鉴定项目合同有效的，鉴定人应根据合同约定进行鉴定。委托人认为鉴定项目合同无效的，鉴定人应按照委托人的决定进行鉴定。鉴定项目合同对计价依据、计价方法没有约定的，鉴定人可向委托人提出“参照鉴定项目所在地同时期适用的计价依据、计价方法和签约时的市场价格信息进行鉴定”的建议，鉴定人应按照委托人的决定进行鉴定。

5. 【答案】D

【解析】此题主要考查鉴定期限。鉴定期限从鉴定人接收委托人按照规定移交证据材料之日起的次日计算。在鉴定过程中，经委托人认可，等待当事人提交、补充或者重新提交证据、勘验现场等所需的时间，不计入鉴定期限。

6. 【答案】A

【解析】建设工程施工合同无效，但建设工程经验收合格的，可以参照合同关于工程价款的约定折价补偿承包人，因此选项 A 正确。当事人对垫资和垫资利息有约定，承包人请求按照约定返还垫资及其利息的，人民法院应予支持，但是约定的利息计算标准高于垫资时的同期贷款市场报价利率的部分除外；当事人对垫资利息没有约定，承包人请求支付利息的，人民法院不予支持，选项 B 错误。施工合同解除后，已完工程质量不合格，需要对不合格的建设工程进行修复，承包人请求支付工程价款，人民法院是否支持取决于修复质量是否合格，因此选项 C 错误。建设工程未经竣工验收，发包人擅自使用后，又以使用部分质量不符合约定为由主张权利的，人民法院不予支持，故选项 D 错误。

7. 【答案】A

【解析】利息从应付工程价款之日开始计付。当事人对付款时间没有约定或者约定不明的，下列时间视为应付款时间：①建设工程已实际交付的，计息日为交付之日；②建设工程没有交付的，计息日为提交竣工结算文件之日；③建设工程未交付，工程价款也未结算的，计息日为当事人起诉之日。因此正确答案为 A。

8. 【答案】C

【解析】除非并直到调解书在协商和解或仲裁裁决、诉讼判决中做出修改，或合同已经解除，承包人应继续按照合同实施工程，故选项 A 错误。如果调解人已就争议事项向发承包双方提交了调解书，而任一方在收到调解书后 28 天内，均未发出表示异议的通知，则调解书对发承包双方均具有约束力，故选项 B 错误。合同履行期间，发承包双方可以协议调换或终止任何调解人，但发包人或承包人都不能单独采取行动，故选项 C 正确。在最终结清支付证书生效后，调解人的任期即终止，故选项 D 错误。

9. 【答案】C

【解析】A 选项，建设工程施工合同无效，但建设工程经验收合格，承包人请求参照合同约定支付工程价款的，应予支持。B 选项，修复后的建设工程经验收合格，发包人请求承包人承担修复费用的，应予支持。C 选项，修复后的建设工程经验收不合格，承包人请求支付工程价款的，不予支持。D 选项，承包人超越资质等级许可的业务范围签订建设工程施工合同，在建设工程竣工前取得相应资质等级，当事人请求按照无效合同处理的，不予支持。

10. 【答案】D

【解析】当事人应当履行发生法律效力的法院判决或裁定、仲裁裁决、法院或仲裁调解书，拒不履行的，对方当事人可以请求人民法院执行，故 D 正确。

11. 【答案】D

【解析】利息从应付工程价款之日开始计付。当事人对付款时间没有约定或者约定不明的，下列时间视为应付款时间：①建设工程已实际交付的，为交付之日；②建设工程没有交付的，为提交竣工结算文件之日；③建设工程未交付，工程价款也未结算的，为当事人起诉之日。

12. 【答案】B

【解析】当事人对垫资和垫资利息有约定，承包人请求按照约定返还垫资及其利息的，应予支持，但是约定的利息计算标准高于中国人民银行发布的同期同类贷款利率的部分除外。当事人对垫资没有约定的，按照工程欠款处理。当事人对垫资利息没有约定，承包人请求支付利息的，不予支持。无效合同的范围中不涉及垫资比例的规定，因此正确答案为 B。

13. 【答案】C

【解析】利息从应付工程价款之日开始计付。当事人对付款时间没有约定或者约定不明的，下列时间视为应付款时间：①建设工程已实际交付的，计息日为交付之日；②建设工程没有交付的，计息日为提交竣工结算文件之日；③建设工程未交付，工程价款也未结算的，计息日为当事人起诉之日。

（二）多项选择题

1. 【答案】ABD

【解析】本题考核“和解”这一合同价款纠纷解决途径。各选项的释义如下：①发生合同争议时，当事人应首先考虑通过和解解决争议。和解是指当事人在自愿互谅的基础上自行解决争议的一种方式。②和解解决方式简便易行，能经济、及时地解决纠纷，同时有利于维护合同双方的友好合作关系。③和解可以通过双方的协商和解、监理或造价工程师暂定两种方式进行，不需要第三方见证，选项 C 错误。④协商达成一致的，双方应签订书面和解协议，和解协议对发承包双方均有约束力。⑤如果协商不能达成一致协议，发包人或承包人都可以按合同约定的其他方式解决争议，选项 E 错误。

2. 【答案】ABD

【解析】鉴定意见可同时包括确定性意见、推断性意见、供选择性意见。当鉴定项目或鉴定事项内容事实清楚，证据充分，应做出确定性意见；当鉴定项目或鉴定事项内容客观，事实较清楚，但证据不够充分，应做出推断性意见；当鉴定项目合同约定矛盾或鉴定事项中部分内容证据矛盾，委托人暂不明确要求鉴定人分别鉴定的，可分别按照不同的合同约定或证据，做出供选择性意见，由委托人判断使用。当事人互相协商一致，达成书面妥协性意见应纳入确定性意见。

3. 【答案】ABE

【解析】在民商事仲裁中，有效的仲裁协议是申请仲裁的前提，有效的仲裁协议的内容应当包括：请求仲裁的意思表示、仲裁事项、选定的仲裁委员会。

4. 【答案】ABD

【解析】此题主要考查仲裁的争议解决方式。仲裁协议的内容应当包括：请求仲裁的意思表示、仲裁事项、选定的仲裁委员会，因此正确答案为 ABD。

5. 【答案】ACD

【解析】当事人因工程签证费用发生争议的应按以下规定进行鉴定：①签证明确了人工、材料、机具台班数量及其价格的，按签证的数量和价格计算；②签证只有用工数量没有人工单价的，其人工单价按照工作技术要求比照鉴定项目相应工程人工单价适当上浮计算；③签证只有材料、机具台班用量没有价格的，其材料和台班价格按照鉴定项目相应工程材料和台班价格计算；④签证只有总价款而无明细表述的，按总价款计算。因此选项 A、C、D 正确，选项 E 教材已删除。

第三节 工程总承包和国际工程合同价款结算

一、名师考点

参见表 5-4。

表 5-4 工程总承包和国际工程合同价款结算考点

教材点		知识点
一	工程总承包合同价款的结算	工程总承包合同价款调整与施工合同调整的差异； 工程总承包合同价款结算与施工合同结算的差异
二	国际工程合同价款的结算	国际工程合同价款调整与国内情况的差异； 国际工程合同价款结算与国内情况的差异

注：此节教材几经大改，致使很多历年真题无法使用。

二、真题回顾

Ⅰ　工程总承包合同价款的结算

（一）单项选择题

1. 根据《建设项目工程总承包合同（示范文本）》GF-2020-0216，关于工程总承包价款结算中的最终结清支付，下列说法正确的是（　　）。（2022 年）

A. 发包人应在颁发竣工付款证书后 7 天内完成支付

B. 最终结清款不包括质量保证金及缺陷责任期内的增减费用

C. 发包人逾期支付在 56 天内的，不应支付利息

D. 发包人逾期支付超过 56 天的，按照贷款市场报价利率的两倍支付利息

2. 某工程总承包合同的专用合同条件约定，其他项目清单中依法必须招标的专业工程暂估价项目由承包人作为招标人发包。关于该专业工程的招标，下列说法正确的是（　　）。（2021 年）

A. 招标文件不需发包人批准

B. 评标方案不需发包人批准，仅将评标结果报发包人备案即可

C. 组织招标的费用由承包人承担

D. 该专业工程中标价格不会影响总承包人的合同价款

3. 对于工程总承包合同中，质量保证金的扣留与返还，下列做法正确的是（　　）。（2019 年）

A. 扣留金额的计算中应考虑预付款的支付、扣回及价格调整的金额

B. 不论是否缴纳履约保证金，均须扣留质量保证金

C. 缺陷责任期满即须返还剩余质量保证金

D. 延长缺陷责任期时，应相应延长剩余质量保证金的返还期限

（二）多项选择题

1. 根据《建设项目工程总承包合同（示范文本）》GF-2020-0216 通用合同条件，关于工程总承包合同价款结算，下列说法正确的有（　　）。（2023 年）

A. 总承包合同为总价合同，除合同对价款调整另有约定外，合同价格不做调整

B. 承包人应按合同约定支付各项税费，并根据税费的变化进行合同价格调整

C. 价格清单中列出的工程量，应视为要求承包人实际实施的工程量

D. 合同中可以约定工程的某些部分按照实际完成的工程量进行计量和支付

E. 采用价格指数法调价时，未列入合同《价格指数权重表》的费用不进行调整

2. 根据现行《标准设计施工总承包招标文件》（2012 年版），工程总承包项目合同中的暂列金额可用于支付签订合同时（　　）。（2020 年）

A. 不可预见的变更设计费用

B. 不可预见的变更施工费用

C. 已知必然发生，但暂时无法确定价格的专业工程费用

D. 已知必然发生，但暂时无法确定价格的工程设备购置费用

E. 以计日工方式的工程变更费用

Ⅱ 国际工程合同价款的结算

（一）单项选择题

1. 国际工程管理中，如果承包商认为其建议被业主采纳后能够降低业主实施工程的费用，可随时向工程师提交一份书面建议书，该书面建议书的编制费用应由（　　）承担。（2023 年）

A. 业主　　B. 承包商

C. 设计单位　　D. 工程师

2. 根据 2017 版《FIDIC 施工合同条件》，关于国际工程承包合同中的暂定金额，下列说法正确的是（　　）。（2022 年）

A. 仅用于“暂定金额条款”项下任何部分工程的实施

B. 不包括以计日工方式支付的金额

C. 不能用于支付承包人购买的工程设备和材料

D. 只能按工程师的指示使用，并对合同价格做相应调整

3. 根据 2017 版《FIDIC 施工合同条件》，关于工程变更类合同价款的调整，下列说法正确的是（　　）。（2021 年）

A. 合同中任何工程量的变化都构成变更

B. 合同中任何工作的删减都构成变更

C. 不论何种变更都必须由工程师发出指令

D. 承包人在任何情况下都不应对永久工程做出更改

4. 根据 2017 版《FIDIC 施工合同条件》，关于国际工程变更与合同价款调整，下列说法正确的是（　　）。（2020 年）

A. 合同中任何工作的工程量变化均能调整合同价款

B. 不论何种变更，均须由工程师发出变更指令

C. 在明确构成工程变更的情况下，承包商仍须按程序发出索赔通知

D. 承包商提出的对业主有利的工程变更建议书的编制费用，应由业主承担

5. 根据 2017 版《FIDIC 施工合同条件》，关于物价波动引起的价格调整，下列说法正确的是（　　）。（2019 年）

A. 在通用条款中规定了调价公式

B. 调价公式不适用于基于实际费用或现行价格计算价值的工程

C. 调价公式中所列各项费用要素的权重一经约定，合同实施过程中不得调整

D. 调价公式中的固定系数，在合同实施过程中可视情况调整

6. 根据 2017 版《FIDIC 施工合同条件》通用条款，因工程量变更可以调整合同规定费率或价格的必要条件是（　　）。（2018 年）

A. 实际分项工程量变化大于 15%

B. 该分项工程量的变更与相对应费率的乘积超过了中标合同金额的 0.01%

C. 工程量的变更直接导致该部分工程的单位工程量费用的变动超过了 2%

D. 该部分工程量变更导致直接费受到损失

7. 根据2017版《FIDIC施工合同条件》，如果承包商不能按时收到业主的付款，承包商有权就未付款额收取延误支付期间的融资费，融资费计息方式是（　　）。(2016年)

A. 按星期计算单利　　B. 按星期计算复利

C. 按月计算单利　　D. 按月计算复利

8. 根据2017版《FIDIC施工合同条件》，关于合同价款调整的规定，下列说法中正确的是（　　）。(2015年)

A. 工程量的变更与对应费率的乘积超过了中标总金额的1%时，才予调整

B. 实际测量工程量比工程量表中工程量变动超过10%时，可调整相应单价

C. 工程师要求改变施工顺序的，不应调整合同价款

D. 承包人配合工程检验所发生的剥露和覆盖，不应调整合同价款

9. 在2017版《FIDIC施工合同条件》中，工程师确认用于永久工程的材料和设备符合预支条件，在确定其实际费用后，期中支付证书中应增加该费用的（　　）作为工程材料和预备预支款。(2014年)

A. 50%　　B. 60%

C. 70%　　D. 80%

（二）多项选择题

1. 根据2017版《FIDIC施工合同条件》，关于国际工程承包的工程变更，下列说法正确的有（　　）。(2022年)

A. 可以在颁发工程接收证书前提出变更

B. 工程师有权依照变更程序的规定发出变更指令

C. 工程师必须在业主同意后依照变更程序的规定发出变更指令

D. 承包人可基于价值工程主动建议变更

E. 工程变更范围可以是合同中任何工作工程量的变化

2. 根据2017版《FIDIC施工合同条件》，调整工程量清单中某项工作的合同价款需满足的条件有（　　）。(2021年)

A. 工程量变化超过工程量清单的15%以上

B. 工程量变化与工程量清单相对应价格的乘积超过中标合同金额的0.01%

C. 工程量变化直接导致该项工程的单位工程量费用的变动超过10%

D. 不是工程量清单中规定的“固定费用”项目

E. 不是工程量清单中规定的不因工程量变化而调整单价的项目

3. 根据2017版《FIDIC施工合同条件》，关于工程变更的说法，正确的有（　　）。(2019年)

A. 不论何种变更，均须工程师发出变更指令

B. 在明确构成工程变更的情况下，承包商享有工期顺延和调价的权利，无须再发出索赔通知

C. 承包商建议的变更是指承包商基于价值工程主动提出建议而形成的变更

D. 对于变更工程重新确定费率或价格，在没有可供参考依据且缺乏合同约定的条件

下，利润率按5%计取

E. 承包商基于价值工程主动提出建议引起的变更批准后，变更永久工程的设计增加的设计费由发包人承担

4. 在国际工程承包中，根据2017版《FIDIC施工合同条件》，因工程量变更可以调整合同规定费率或价格的条件包括（　　）。(2017年)

A. 实际工程量比工程量表中规定的工程量的变动超过10%

B. 该工程量的变更与相对应费率的乘积超过了中标金额的0.01%

C. 由于工程量的变动直接造成单位工程费用的变动超过1%

D. 原工程量全部删减，其替代工程的费用对合同总价无影响

E. 该部分工程量是合同中规定的“固定费率项目”

三、真题解析

Ⅰ　工程总承包合同价款的结算

（一）单项选择题

1. 【答案】D

【解析】最终结清申请单应列明质量保证金、应扣除的质量保证金、缺陷责任期内发生的增减费用。发包人应在颁发最终结清证书后7天内完成支付。发包人逾期支付的，按照贷款市场报价利率（LPR）支付利息；逾期支付超过56天的，按照贷款市场报价利率（LPR）的两倍支付利息。

2. 【答案】C

【解析】对于依法必须招标的暂估价项目，专用合同条件约定由承包人作为招标人的，招标文件、评标方案、评标结果应报送发包人批准，与组织招标工作有关的费用应当被认为已经包括在承包人的签约合同价中。

3. 【答案】D

【解析】当采用“按合同约定，在支付工程进度款时逐次预留，直至预留的质量保证金总额达到专用合同条件约定的金额或比例为止”方式时，质量保证金的计算基数不包括预付款的支付、扣回以及价格调整的金额，选项A错误。在工程项目竣工前，承包人已经提供履约担保的，发包人不得同时要求承包人提供质量保证金，选项B错误。缺陷责任期满，发包人向承包人颁发缺陷责任期终止证书后，承包人可向发包人申请返还质量保证金。发包人在接到承包人返还质量保证金申请后，应于规定期限内将质量保证金返还承包人，逾期未返还的，应承担违约责任，选项C错误。

（二）多项选择题

1. 【答案】ADE

【解析】本题考核工程总承包合同价款的结算。根据《建设项目工程总承包合同（示范文本）》GF-2020-0216通用合同条件：①总承包合同为总价合同，除根据合同相关增减金额的约定进行调整外，合同价格不做调整，选项A正确。②承包人应支付根据法律规定或合同约定应由其支付的各项税费，除由于法律变化引起的调整事件外，合同价格

不应因任何因素进行调整，选项 B 错误。③价格清单列出的任何数量仅为估算的工作量，不得将其视为要求承包人实施的工程的实际或准确的工作量，选项 C 错误。④合同约定工程的某部分按照实际完成的工程量进行支付的，应按照专用合同条款的约定进行计量和估价，并据此调整合同价格，选项 D 正确。⑤采用价格指数法调价时，未列入合同《价格指数权重表》的费用不因市场变化而调整，选项 E 正确。

2. **【答案】** ABE

【解析】 暂列金额是指招标文件中给定的，用于在签订协议书时尚未确定或不可预见变更的设计、施工及其所需材料、工程设备、服务等的金额，包括以计日工方式支付的金额，因此选项 A、B、E 正确。无论是专业工程暂估价还是材料/设备暂估价都单独列项，不包含在暂列金额中，选项 C、D 错误。

Ⅱ　国际工程合同价款的结算

（一）单项选择题

1. **【答案】** B

【解析】 本题考核国际工程合同价款调整中工程变更的内容。国际工程管理中，工程变更包括工程师指示的变更和承包商建议的变更，其中承包商的建议包括两类：一类是工程师征求承包商的建议，另一类是承包商基于价值工程主动提出的建议。如果承包商认为其建议被业主采纳后能够缩短工程工期，降低业主实施、维护或运营工程的费用等，那么他可以随时向工程师提交一份书面建议，此类建议属于承包商基于价值工程主动提出的建议，该类建议书由承包商自费编制。

2. **【答案】** D

【解析】 暂定金额是指业主在合同中明确规定用于“暂定金额条款”项下任何部分工程的实施或提供永久设备、材料或服务的一笔金额。对于每一笔暂定金额，工程师可指示由承包商实施工作（包括提供永久设备、材料或服务），并按照合同规定的变更程序商定或决定合同价格的调整。工程师可以要求承包商提交为其实施全部或部分工作以及永久设备、材料、专业工程、服务采购的供应商和（或）分包商提供的报价单；随后，工程师可以发出书面通知或者指示承包商接受其中一份报价，但该项指示不能被视为对指定分包商的指定，也不构成对其他指令的撤销。每一笔暂定金额仅按照工程师的指示，全部或部分地使用，并相应地调整合同价格；支付给承包商的此类总金额仅应包括工程师指示的且与暂定金额有关的工作、供货或服务的款项。

3. **【答案】** C

【解析】 工程变更包括工程师指示的变更和承包商建议的变更，不论何种变更，都必须由工程师发出变更指令。

4. **【答案】** B

【解析】 此题主要考查国际工程合同价款的调整。合同中任何工作的工程量变化不一定构成变更，因此选项 A 错误。工程变更包括工程师指示的变更和承包商建议的变更，不论何种变更，都必须由工程师发出变更指令，故选项 B 正确。2017 版《FIDIC 施工合同条件》规定，在明确构成工程变更的情况下，承包商当然享有工期顺延和调价的权利，无须再依据索赔程序发出索赔通知，因此选项 C 错误。当承包商基于价值工程主动提出建议时，承包商应自费编制此类建议书，故选项 D 错误。

5. **【答案】** B

【解析】 2017 版《FIDIC 施工合同条件》将该调价公式从通用条款删除，放入专用条款的“费用指数报表”中，供双方当事人选用，故选项 A 错误。调价公式不适用于基于实际费用或现行价格计算价值的工程，选项 B 正确。如果由于工程变更，使得数据调整表中所列各项费用要素的权重（系数）变得不合理、失衡或者不适用时，应对其进行调整，选项 C 错误。对于合同中没有约定可以调整的部分，其费用的任何涨落均不给予补偿，同时固定系数代表合同支付中不予调整的部分，一般不予调整，选项 D 错误。

6. **【答案】** B

【解析】 当某项工程的工程量变化同时满足下列条件时，对该项工程的估价应当适用新的费率或价格：①该项工程实际测量的工程量变化超过工程量清单或其他报表中规定工程量的 10%以上；②该项工程工程量的变化与工程量清单或其他报表中相对应费率或价格的乘积超过中标合同金额的 0.01%；③工程量的变更直接导致该项工程的单位工程量费用的变动超过 1%；④该项工程并非工程量清单或其他报表中规定的“固定费率项目”“固定费用”和其他类似涉及单价不因工程量的任何变化而调整的项目。因此正确答案为 B。

7. **【答案】** D

【解析】 承包商不能按时收到业主的付款，承包商有权就未付款额从业主应当支付之日起，按月计算复利，收取延误支付期间的融资费用，故选项 D 正确。

8. **【答案】** B

【解析】 当某项工程的工程量变化同时满足下列条件时，对该项工程的估价应当适用新的费率或价格：①该项工程实际测量的工程量变化超过工程量清单或其他报表中规定工程量的 10%以上；②该项工程工程量的变化与工程量清单或其他报表中相对应费率或价格的乘积超过中标合同金额的 0.01%；③工程量的变更直接导致该项工程的单位工程量费用的变动超过 1%；④该项工程并非工程量清单或其他报表中规定的“固定费率项目”“固定费用”和其他类似涉及单价不因工程量的任何变化而调整的项目。因此正确答案为 B。

9. **【答案】** D

【解析】 在 2017 版《FIDIC 施工合同条件》中，工程师确认用于永久工程的材料和设备符合预支条件，在确定其实际费用后，期中支付证书中应增加该费用的 80%作为工程材料和预备预支款。

（二）多项选择题

1. **【答案】** ABD

【解析】 在颁发工程接收证书前的任何时间，工程师有权依照变更程序的规定发出变更指令，除非允许的特殊情形，承包商应当受变更指令的约束并毫不迟延地立即执行。据此，选项 A 和 B 正确，选项 C 错误。

工程变更包括工程师指示的变更和承包商建议的变更，不论何种变更，都必须由工程师发出变更指令。承包商的建议包括两类：一类是工程师征求承包商的建议；另一类是承包商基于价值工程主动提出的建议。因此选项D正确。工程变更的范围包括合同中任何工作的工程量的变化，但此类变化不一定构成变更，故选项E错误。

2. **【答案】** BDE

【解析】 当某项工程的工程量变化同时满足下列条件时，对该项工程的估价应当适用新的费率或价格：①该项工程实际测量的工程量变化超过工程量清单或其他报表中规定工程量的10%以上；②该项工程工程量的变化与工程量清单或其他报表中相对应费率或价格的乘积超过中标合同金额的0.01%；③工程量的变更直接导致该项工程的单位工程量费用的变动超过1%；④该项工程并非工程量清单或其他报表中规定的“固定费率项目”“固定费用”和其他类似涉及单价不因工程量的任何变化而调整的项目。

3. **【答案】** ABD

【解析】 工程变更包括工程师指示的变更和承包商建议的变更，不论何种变更，都必须由工程师发出变更指令，选项A正确。在明确构成工程变更的情况下，承包商享有工期顺延和调价的权利，无须再依据索赔程序发出索赔通知，选项B正确。承包商建议的变更包括两类：一类是工程师征求承包商的建议；另一类是承包商基于价值工程主动提出的建议，选项C错误。选项D说法正确，注意数字。承包商基于价值工程主动提出建议引起的变更批准后，除非双方另有约定，变更永久工程的设计增加的设计费由承包人自费完成，选项E错误。

4. **【答案】** ABC

【解析】 当某项工程的工程量变化同时满足下列条件时，对该项工程的估价应当适用新的费率或价格：①该项工程实际测量的工程量变化超过工程量清单或其他报表中规定工程量的10%以上；②该项工程工程量的变化与工程量清单或其他报表中相对应费率或价格的乘积超过中标合同金额的0.01%；③工程量的变更直接导致该项工程的单位工程量费用的变动超过1%；④该项工程并非工程量清单或其他报表中规定的“固定费率项目”“固定费用”和其他类似涉及单价不因工程量的任何变化而调整的项目。因此正确答案为ABC。

第六章　建设项目竣工决算和新增资产价值的确定

一、本章概览

参见图6-1。

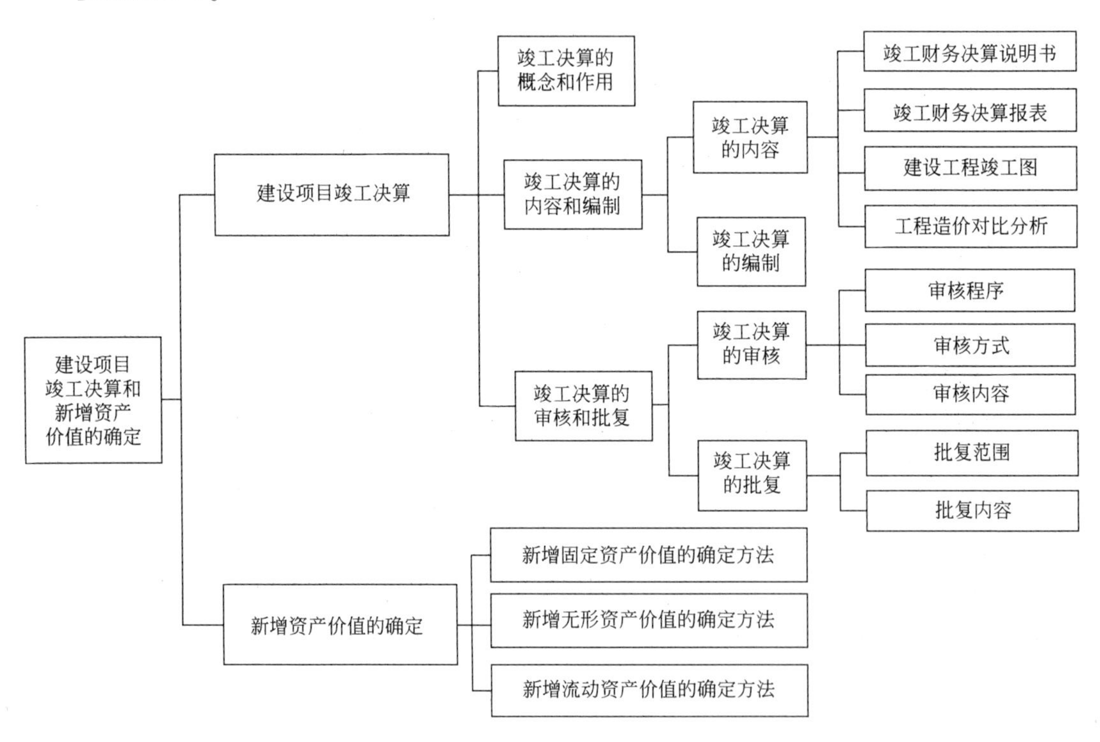

图6-1　“建设项目竣工决算和新增资产价值的确定”框架图

二、考情分析

参见表6-1。

表6-1　　2021~2023年第六章各节考点分值分布表

考试年度	2023年					2022年					2021年				
题型	单选题		多选题		分值	单选题		多选题		分值	单选题		多选题		分值
第一节　建设项目竣工决算	2道	2分	1道	2分	4分	1道	1分	0道	0分	1分	1道	1分	0道	0分	1分

续表

考试年度	2023 年					2022 年					2021 年				
题型	单选题		多选题		分值	单选题		多选题		分值	单选题		多选题		分值
第二节　新增资产价值的确定	1 道	1 分	0 道	0 分	1 分	1 道	1 分	1 道	2 分	3 分	1 道	1 分	1 道	2 分	3 分
本章小计	3 道	3 分	1 道	2 分	5 分	2 道	2 分	1 道	2 分	4 分	2 道	2 分	1 道	2 分	4 分
本章得分	5 分					4 分					4 分				

第一节　建设项目竣工决算

一、名师考点

参见表 6-2。

表 6-2　　建设项目竣工决算考点

教材点		知识点
一	竣工决算的内容和编制	竣工决算的内容；竣工财务决算说明书、竣工财务决算报表的构成、建设工程竣工图编制要求等；竣工决算的编制
二	竣工决算的审核和批复	竣工决算的审核程序、审核方式、审核内容；竣工决算的批复范围

二、真题回顾

Ⅰ　竣工决算的内容和编制

（一）单项选择题

1. 编制建设项目竣工决算文件时，下列建设项目投资支出，应计入待核销基建支出的是（　　）。(2023 年)

A. 报废工程净损失、设备盘亏及损毁支出

B. 办公生活用家具、器具购置支出

C. 软件研发不能计入设备投资的软件购置支出

D. 不能形成资产的城市绿化、水土保持支出

2. 下列建设项目竣工决算文件中，能够反映基本建设项目的全部资金来源和资金占用情况的是（　　）。(2023 年)

A. 基本建设项目概况表　　B. 基本建设项目交付使用资产明细表

C. 基本建设项目交付使用资产总表　　D. 基本建设项目竣工财务决算表

3. 关于建设项目竣工决算编制中的工程造价对比分析，下列说法正确的是（　　）。(2022 年)

A. 应对工程建设其他费逐一对比　　B. 应对所有实物工程量进行对比
C. 应对新增固定资产价值进行对比　　D. 应对所有工程单价进行对比

4. 竣工决算中，用来反映建设项目的全部资金来源和资金占用情况，作为考核和分析投资效果的文件是（　　）。(2021 年)

A. 基本建设项目概况表　　B. 建设项目竣工财务决算表
C. 基本建设项目交付使用资产总表　　D. 建设项目交付使用资产明细表

5. 根据《基本建设项目建设成本管理规定》（财建〔2016〕504 号），建设项目的建设成本包括（　　）。(2020 年)

A. 为项目配套的专用送变电站投资　　B. 非经营性项目转出投资支出
C. 非经营性的农村饮水工程　　D. 项目建设管理费

6. 在建设项目竣工决算报表中，用于考核和分析投资效果，落实结余资金，并作为报告上级核销基本建设支出依据的是（　　）。(2019 年)

A. 基本建设项目概况表　　B. 基本建设项目竣工财务决算表
C. 基本建设项目交付使用资产总表　　D. 基本建设项目交付使用资产明细表

7. 竣工决算文件中，主要反映竣工工程建设成果和经验，全面考核分析工程投资与造价的书面总结文件是（　　）。(2018 年)

A. 竣工财务决算说明书　　B. 工程竣工造价对比分析
C. 竣工财务决算报表　　D. 工程竣工验收报告

8. 下列竣工财务决算说明书的内容，一般在项目概况部分予以说明的是（　　）。(2017 年)

A. 项目资金计划及到位情况　　B. 项目进度、质量情况
C. 项目建设资金使用与结余情况　　D. 主要技术经济指标的分析、计算情况

9. 竣工财务决算的基本建设项目概况表中，应列入非经营性项目转出投资支出的项目是（　　）。(2016 年)

A. 产权属于本单位的城市绿化　　B. 不能形成资产的城市绿化
C. 产权属于本单位的专用道路　　D. 产权不属于本单位的专用道路

10. 建设项目竣工财务决算应编制基本建设项目概况表，下列选项中应计入基本建设项目概况表“非经营性项目转出投资支出”的是（　　）。(2014 年)

A. 水土保持，城市绿化费用　　B. 产权不归属本单位的专用道路建设费
C. 报废工程建设费　　D. 产权归本单位的地下管道建设费

11. 关于建设工程竣工图的绘制和形成，下列说法中正确的是（　　）。(2016 年)

A. 凡按图竣工没有变动的，由发包人在原施工图上加盖“竣工图”标志
B. 凡在施工过程中发生设计变更的，一律重新绘制竣工图
C. 平面布置发生重大改变的，一律由设计单位负责重新绘制竣工图
D. 重新绘制的新图，应加盖“竣工图”标志

（二）多项选择题

1. 编制建设项目竣工决算必须满足的条件包括（　　）。(2018 年)

A. 经批准的初步设计所决定的工程内容已完成

B. 单项工程或建设项目竣工结算已完成

C. 收尾工程竣工结算已完成

D. 预留费用不超过规定比例

E. 涉及工程质量纠纷的事项已处理完毕

2. 根据财政部、国家发展改革委、住房和城乡建设部的有关文件，竣工决算的组成文件包括（　　）。(2017 年)

A. 工程竣工验收报告　　B. 工程竣工图

C. 设计概算施工图预算　　D. 工程竣工结算

E. 工程竣工造价对比分析

3. 下列各项中属于竣工财务决算说明书内容的是（　　）。(2015 年)

A. 基本建设项目概况

B. 工程竣工造价对比分析

C. 基建结余资金等分配情况

D. 基本建设项目管理及决算中存在的问题、建议

E. 决算与概算的差异和原因分析

Ⅱ　竣工决算的审核和批复

(一) 单项选择题

暂无真题。

(二) 多项选择题

下列竣工决算的审核内容，属于项目核算管理情况审核的有（　　）。(2023 年)

A. 单位、单项工程造价是否在合理范围内

B. 建设成本核算是否准确

C. 转出投资是否已落实接收单位

D. 项目资金使用情况

E. 决算内容和格式是否符合国家有关规定

三、真题解析

Ⅰ　竣工决算的内容和编制

(一) 单项选择题

1. **【答案】** D

【解析】 本题考核竣工财务决算报表中基本建设项目概况表中基建支出的内容。基建支出包括形成各类资产价值的建设成本，还包括不形成资产价值、按照规定应核销的非经营项目的待核销基建支出和转出投资。其中，建筑安装工程投资支出、设备及工器具投资支出、待摊投资支出和其他投资支出构成建设项目的建设成本；待核销基建支出的内容则包括非经营性项目发生的江河清障、水土保持、城市绿化等不能形成资产的支出，以及项目未被批准、项目取消和项目报废前已发生的支出，以及非经营性项目发生的农村沼气工程、农村安全饮水工程等涉及家庭或者个人的支出，形成资产产权归属家庭或

者个人的，因此选项 D 的描述是正确的。选线 A 中内容属于建设成本中的待摊投资构成，选项 B 和 C 中内容属于建设成本中的其他投资支出。

2. 【答案】D

【解析】本题考核竣工财务决算报表中建设项目竣工财务决算表的作用和性质。建设项目竣工财务决算表是竣工财务决算报表的一种，用来反映竣工的建设项目从开工到竣工为止全部资金来源和资金占用情况，是考核和分析投资效果的依据。

3. 【答案】A

【解析】批准的概算是考核建设工程造价的依据。在分析时，可先对比整个项目的总概算，然后将建筑安装工程费、设备工器具费和其他工程费用逐一与竣工决算表中所提供的实际数据和相关资料及批准的概算、预算指标、实际的工程造价进行对比分析，以确定竣工项目总造价是节约还是超支，并在对比的基础上，总结先进经验，找出节约和超支的内容和原因，提出改进措施。在实际工作中，应主要分析以下内容：①考核主要实物工程量；②考核主要材料消耗量；③考核建设单位管理费、措施费和间接费的取费标准；④主要工程子目的单价和变动情况。

4. 【答案】B

【解析】竣工财务决算表是竣工财务决算报表的一种，建设项目竣工财务决算表是用来反映建设项目的全部资金来源和资金占用情况，是考核和分析投资效果的依据。该表反映竣工的建设项目从开工到竣工为止全部资金来源和资金运用的情况。

5. 【答案】D

【解析】建设项目的建设成本包括建筑安装工程投资支出、设备工器具投资支出、待摊投资支出和其他投资支出，其中项目建设管理费属于待摊投资支出之一，因此选项 D 正确。选项 A、B、C 中涉及的“为项目配套的专用送变电站投资”“非经营性项目转出投资支出”和“非经营性的农村饮水工程”属于基建支出但不属于建设成本。

6. 【答案】B

【解析】竣工财务决算表是竣工财务决算报表的一种，建设项目竣工财务决算表是用来反映建设项目的全部资金来源和资金占用情况，是考核和分析投资效果的依据。该表反映竣工的建设项目从开工到竣工为止全部资金来源和资金运用的情况。它是考核和分析投资效果，落实结余资金，并作为报告上级核销基本建设支出和基本建设拨款的依据。因此正确答案为 B。

7. 【答案】A

【解析】竣工财务决算说明书主要反映竣工工程建设成果和经验，是对竣工决算报表进行分析和补充说明的文件，是全面考核分析工程投资与造价的书面总结，是竣工决算报告的重要组成部分。因此正确答案为 A。

8. 【答案】B

【解析】项目概况一般从进度、质量、安全和造价方面进行分析说明。进度方面主要说明开工和竣工时间，对照合理工期和要求工期分析是提前还是延期；质量方面主要根据竣工验收委员会或相当一级质量监督部门的验收评定等级、合格率和优良品率；安全方面主要根据劳动工资和施工部门的记录，对有无设备和人身事故进行说明；造价方面主要对照概算造价，说明节约或超支的情况，用金额和百分率进行分析说明。因此正确答案为 B。

9.【答案】D

【解析】注意与待核销基建支出的区别。非经营性项目转出投资支出是指非经营项目为项目配套的专用设施投资，包括专用道路、专用通信设施、送变电站、地下管道等，其产权不属于本单位的投资支出，故选项 D 正确。

10.【答案】B

【解析】注意与待核销基建支出的区别。非经营性项目转出投资支出是指非经营项目为项目配套的专用设施投资，包括专用道路、专用通信设施、送变电站、地下管道等，其产权不属于本单位的投资支出，故选项 B 正确。

11.【答案】D

【解析】凡按图竣工没有变动的，由承包人在原施工图上加盖“竣工图”标志后，即作为竣工图，故选项 A 错误；凡在施工过程中，虽有一般性设计变更，但能将原施工图加以修改补充作为竣工图的，可不重新绘制，由承包人负责在原施工图（必须是新蓝图）上注明修改的部分，并附以设计变更通知单和施工说明，加盖“竣工图”标志后，作为竣工图，故选项 B 错误；凡结构形式改变、施工工艺改变、平面布置改变、项目改变以及其他重大改变，不宜再在原施工图上修改、补充时，应重新绘制改变后的竣工图。由原设计原因造成的，由设计单位负责重新绘制，由施工原因造成的，由承包人负责重新绘图，故选项 C 错误；由其他原因造成的，建设单位自行绘制或委托设计单位绘制。承包人负责在新图上加盖“竣工图”标志，并附以有关记录和说明，作为竣工图，故选项 D 正确。

（二）多项选择题

1.【答案】ABDE

【解析】编制工程竣工决算应具备下列条件：①经批准的初步设计所决定的工程内容已完成。②单项工程或建设项目竣工结算已完成。③收尾工程投资和预留费用不超过规定的比例。④涉及法律诉讼、工程质量纠纷的事项已处理完毕。⑤其他影响工程竣工决算编制的重大问题已解决。因此正确答案为 ABDE。

2.【答案】BE

【解析】竣工决算是由竣工财务决算说明书、竣工财务决算报表、工程竣工图、工程竣工造价对比分析四部分组成。因此正确答案为 BE。

3.【答案】ACDE

【解析】工程竣工造价对比分析和竣工财务决算说明书都是竣工决算的组成文件。竣工财务决算说明书主要反映竣工工程建设成果和经验，是对竣工决算报表进行分析和补充说明的文件，是全面考核分析工程投资与造价的书面总结，是竣工决算报告的重要组成部分，其内容主要包括：①项目概况；②会计账务的处理、财产物资清理及债权债务的清偿情况；③项目建设资金计划及到位情况，财政资金支出预算、投资计划及到位情况；④项目建设资金使用、项目结余资金等分配情况；⑤项目概（预）算执行情况及分析，竣工实际完成投资与概算差异及原因分析；⑥尾工工程情况；⑦历次审计、检查、审核、稽查意见及整改落实情况；⑧主要技术经济指标的分析、计算情况；⑨项目管理经验、主要问题和建议；⑩预备费动用情况；⑪项目建设管理制度执行情况、政府采购情况、合同履行情况；⑫征地拆迁补偿情况、移民安置情况；⑬需说明的其他事项。因此正确答案为ACDE。

Ⅱ 竣工决算的审核和批复

（一）单项选择题

暂无真题。

（二）多项选择题

【答案】 BCE

【解析】 本题考核竣工决算的审核内容。审核的主要内容包括工程价款结算、项目核算管理、项目建设资金管理、项目基本建设程序执行及建设管理、概（预）算执行、交付使用资产及尾工工程等。其中项目核算管理情况审核包括：①建设成本核算是否准确；②待摊费用支出及其分摊是否合理合规；③待核销基建支出有无依据、是否合理合规；④转出投资有无依据、是否已落实接收单位；⑤决算报表所填列的数据是否完整，表内和表间勾稽关系是否清晰、正确；⑥决算的内容和格式是否符合国家有关规定；⑦决算资料报送是否完整，决算数据之间是否存在错误等，故选项BCE属于项目核算管理情况审核内容。选项A中内容属于工程价款结算审核，选项D中内容属于项目建设资金管理审核范畴。

第二节 新增资产价值的确定

一、名师考点

参见表6-3。

表6-3 新增资产价值的确定考点

教材点		知识点
一	新增固定资产价值的确定方法	新增固定资产价值的范畴、注意事项；共同费用的分摊方法
二	新增无形资产价值的确定方法	无形资产的计价原则和计价方法
三	新增流动资产价值的确定方法	流动资产的基本构成和计价原则

二、真题回顾

Ⅰ 新增固定资产价值的确定方法

（一）单项选择题

1. 某工业建设项目及其甲车间的竣工决算资料如下表所示。甲车间应分摊的项目建设管理费为（　　）万元。（2023年）

竣工决算资料

项目名称	建筑工程费（万元）	安装工程费（万元）	需安装设备费（万元）	不需安装设备费（万元）	项目建设管理费（万元）
建设项目竣工决算	6000	1000	2000	500	120
甲车间竣工决算	1000	300	600	300	

A. 20.00　　B. 22.29
C. 25.33　　D. 27.79

2. 某工业建设项目及其单项工程甲的竣工决算如下表所示，则甲工程应分摊的建设单位管理费和土地征用费合计为（　　）万元。(2021 年)

竣工决算表 1

费用名称	建筑工程	安装工程	需安装设备	建设单位管理费	土地征用费	设计费
建设项目竣工决算(万元)	6000	1000	3000	500	1200	100
甲单项工程竣工决算(万元)	2000	600	1500	—	—	—

A. 585.71　　B. 605.00
C. 631.43　　D. 697.00

3. 某建设项目及其单项工程甲的竣工决算如下表所示，则该工程应分摊的地质勘察费为（　　）万元。(2021 年)

竣工决算表 2

项目名称	建筑工程	安装工程	需安装设备	地质勘察费
建设项目竣工决算（万元）	8000	1000	4000	200
甲单项工程竣工决算（万元）	2000	300	1000	—

A. 48.00　　B. 50.00
C. 50.80　　D. 51.10

4. 某建设项目由 A、B 两车间组成，其中 A 车间的建筑工程费为 6000 万元，安装工程费为 2000 万元，需安装设备费为 2400 万元；B 车间建筑工程费为 2000 万元，安装工程费为 1000 万元，需安装设备费用为 1200 万元；该建设项目的土地征用费为 2000 万元，则 A 车间应分摊的土地征用费是（　　）万元。(2020 年)

A. 1500.00　　B. 1454.55
C. 1884.96　　D. 1040.80

5. 某工业建设项目及其中 K 车间的各项建设费用明细如下表所示，则 K 车间应分摊的建设单位管理费为（　　）万元。(2017 年)

各项建设费用明细

项目名称	建设工程费（万元）	安装工程费（万元）	需安装设备费（万元）	建设单位管理费（万元）
建设项目	6000	1000	3000	210
K 车间	2000	500	1500	—

A. 70　　B. 75

C. 84　　D. 105

6. 关于建设项目竣工运营后的新增资产，下列说法正确的是（　　）。(2015 年)

A. 新增资产按资产性质分为固定资产、流动资产和无形资产三大类

B. 分期分批交付生产或使用的工程，待工程全部交付使用后，一次性计算新增固定资产增值

C. 凡购置达到固定资产标准不需安装的工器具，应在交付使用后计入新增固定资产价值

D. 企业库存现金、存货及建设单位管理费中未计入固定资产的各项费用等，应在交付使用后计入新增流动资产价值

（二）多项选择题

1. 关于新增固定资产价值的确定，下列说法正确的有（　　）。(2021 年)

A. 以单项工程为核算对象

B. 单项工程建成经有关部门验收合格，即应计算新增固定资产价值

C. 单项工程中不构成生产系统的生活服务网点，在建成并交付后，也要计算新增固定资产价值

D. 随设备一起采购的但未达到固定资产标准的工器具，应随设备一起计算新增固定资产价值

E. 进行生产工艺流程设计费的分摊比例计算时，不需安装的设备也要考虑在内

2. 根据现行财务制度和企业会计准则，新增固定资产价值的内容包括（　　）。(2020 年)

A. 专有技术　　B. 建设单位管理费

C. 土地征用费　　D. 银行存款

E. 建筑工程设计费

3. 关于新增固定资产价值的确定，下列说法中正确的有（　　）。(2016 年)

A. 以单位工程为对象计算

B. 以验收合格、正式移交生产或使用为前提

C. 分期分批交付生产的工程，按最后一批交付时间统一计算

D. 包括达到固定资产标准不需要安装的设备和工器具的价值

E. 是建设项目竣工投产后所增加的固定资产价值

Ⅱ　新增无形资产价值的确定方法

（一）单项选择题

暂无真题。

（二）多项选择题

1. 关于建设项目形成无形资产的计价原则，下列说法正确的有（　　）。（2022年）

A. 投资者按无形资产作为资本金投入的，按评估确认的金额计价

B. 购入的无形资产，按采购合同签约价款计价

C. 自创的无形资产，按开发中实际支出计价

D. 接受捐赠的无形资产，按照发票账单所载金额或者同类无形资产市场价计价

E. 无形资产入账后，应在其有效使用期内分期摊销

2. 一般不作为无形资产入账，但当涉及转让事项时才做无形资产核算的有（　　）。（2019年）

A. 自创专利权

B. 自创专有技术

C. 自创商标权

D. 出让方式取得土地使用权

E. 划拨方式取得土地使用权

3. 土地使用权的取得方式影响竣工结算新增资产的核定，下列土地使用权的作价应作为无形资产核算的有（　　）。（2014年）

A. 通过支付土地出让金取得的土地使用权

B. 通过行政划拨取得的土地使用权

C. 通过有偿转让取得的出让土地使用权

D. 已补交土地出让价款，作价入股的土地使用权

E. 租借房屋的土地使用权

三、真题解析

Ⅰ　新增固定资产价值的确定方法

（一）单项选择题

1. **【答案】**C

【解析】本题考核待摊投资的分摊方法。待摊投资的分摊原则为：用地与工程准备费、工程勘察和建筑设计费等按建筑工程造价比例分摊；生产工艺流程设计费按生产设备（包括需安装设备和不需安装设备）购置费比例分摊；项目建设管理费、联合试运转费、工程保险费和建设期利息等按建筑工程、安装工程、需安装设备价值总额比例分摊。

甲车间应分摊的项目建设管理费

$=[(1000+300+600)/(6000+1000+2000)]\times120\approx25.33$（万元）。

2. **【答案】**B

【解析】此题主要考查新增固定资产共同费用的分摊方法。一般情况下，建设单位管理费按建筑工程、安装工程、需安装设备价值总额等按比例分摊；土地征用费按建筑工程造价比例分摊，因此：

甲工程应分摊的建设单位管理费$=[(2000+600+1500)/(6000+1000+3000)]\times500=205$（万元）；

甲工程应分摊的土地征用费$=(2000/6000)\times1200=400$（万元）；

甲工程应分摊的建设单位管理费和土地征用费之和=205+400=605（万元）。

备注：新版教材中将土地征用费名称改为用地与工程准备费。

3.【答案】B

【解析】该工程应分摊的地质勘察费=200×2000/8000=50.0（万元）。

4.【答案】A

【解析】此题主要考查新增固定资产共同费用的分摊方法。一般情况下土地征用费按建筑工程造价比例分摊，因此：

A车间应分摊的土地征用费=[6000/(6000+2000)]×2000=1500.00（万元）。

5.【答案】C

【解析】应分摊的建设单位管理费

=[(2000+500+1500)/(6000+1000+3000)]×210=84（万元）。

6.【答案】C

【解析】按照新的财务制度和企业会计准则，新增资产按资产性质可分为固定资产、流动资产、无形资产等。一次交付生产或使用的工程一次计算新增固定资产价值，分期分批交付生产或使用的工程，应分期分批计算新增固定资产价值。凡购置达到固定资产标准不需安装的设备、工器具，应在交付使用后计入新增固定资产价值。建设单位管理费应在交付使用分摊计入各单项工程的固定资产中，故选项D错误。

（二）多项选择题

1.【答案】ACE

【解析】新增固定资产价值的计算是以独立发挥生产能力的单项工程为对象的；对于单项工程中不构成生产系统，但能独立发挥效益的非生产性项目，如住宅、食堂、医务所、托儿所、生活服务网点等，在建成并交付使用后，也要计算新增固定资产价值；生产工艺流程设计费按生产设备内（包括需安装设备和不需安装设备）购置费比例分摊。

2.【答案】BCE

【解析】此题主要考查新增固定资产价值的确定。新增固定资产价值包括建筑工程费、安装工程费，需安装设备费以及可能需要在整个建设项目或两个以上单项工程进行分摊的建设单位管理费、土地征用费、地质勘察和建筑工程设计费、生产工艺流程系统设计费等，因此正确选项为BCE。专利权、专有技术、商标权、著作权等属于无形资产，银行存款属于流动资产，故选项A、D错误。

3.【答案】BDE

【解析】新增固定资产价值是建设项目竣工投产后所增加的固定资产的价值，它是以价值形态表示的固定资产投资最终成果的综合性指标。新增固定资产价值的计算是以独立发挥生产能力的单项工程为对象的。单项工程建成经有关部门验收鉴定合格，正式移交生产或使用，即应计算新增固定资产价值。一次交付生产或使用的工程一次计算新增固定资产价值，分期分批交付生产或使用的工程，应分期分批计算新增固定资产价值。新增固定资产价值的内容包括：已投入生产或交付使用的建筑、安装工程造价；达到固定资产标准的设备、工器具的购置费用；增加固定资产价值的其他费用。

Ⅱ　新增无形资产价值的确定方法

（一）单项选择题

暂无真题。

（二）多项选择题

1. **【答案】** ACDE

【解析】 无形资产的计价原则包括：

（1）投资者按无形资产作为资本金或者合作条件投入时，按评估确认或合同协议约定的金额计价。

（2）购入的无形资产，按照实际支付的价款计价。

（3）企业自创并依法申请取得的，按开发过程中的实际支出计价。

（4）企业接受捐赠的无形资产，按照发票账单所载金额或者同类无形资产市场价计价。

（5）无形资产计价入账后，应在其有效使用期内分期摊销，即企业为无形资产支出的费用应在无形资产的有效期内得到及时补偿。

2. **【答案】** BCE

【解析】 本题应注意题干的表达。自创专利权、出让方式取得土地使用权一般可以直接作为无形资产入账，因此不作为正确答案。

3. **【答案】** ACD

【解析】 当建设单位向土地管理部门申请土地使用权并为之支付一笔出让金时，土地使用权作为无形资产核算；当建设单位获得土地使用权是通过行政划拨的，这时土地使用权就不能作为无形资产核算；在将土地使用权有偿转让、出租、抵押、作价入股和投资，按规定补交土地出让价款时，才作为无形资产核算。因此正确答案为ACD。